国防科技大学学术著作出版基金资助

分组密码的攻击方法与实例分析

李 超 孙 兵 李瑞林 著

科 学 出 版 社

北 京

内 容 简 介

本书以美国AES计划和欧洲NESSIE计划等推出的著名分组密码算法为背景，系统地介绍分组密码的攻击方法和实例分析，包括差分密码攻击、线性密码攻击、高阶差分密码攻击、截断差分密码攻击、不可能差分密码攻击、积分攻击、插值攻击和相关密钥攻击等主要攻击方法的基本原理及其应用实例.

本书可以作为密码学专业和信息安全专业高年级本科生和研究生的选修课教材，也可以作为从事密码理论和方法研究的科技人员的参考书.

图书在版编目(CIP)数据

分组密码的攻击方法与实例分析/李超，孙兵，李瑞林著. —北京：科学出版社，2010

ISBN 978-7-03-026609-5

Ⅰ. ①分… Ⅱ. ①李… ②孙… ③李… Ⅲ. ①密码学 Ⅳ. ①TN918.1

中国版本图书馆CIP数据核字（2010)第017449号

责任编辑：赵彦超／责任校对：郑金红
责任印制：徐晓晨／封面设计：王 浩

科 学 出 版 社 出版
北京东黄城根北街16号
邮政编码：100717
http://www.sciencep.com

北京凌奇印刷有限责任公司 印刷
科学出版社发行 各地新华书店经销
*
2010年5月第 一 版 开本：B5(720×1000)
2020年6月第八次印刷 印张：15 1/2
字数：295 000

POD定价： 78.00元
（如有印装质量问题，我社负责调换）

序

随着计算机网络和通信技术的飞速发展, 人们对信息的安全存储、处理和传输的需要越来越迫切, 信息的安全保护问题已经显得十分突出, 人们正面临着信息安全的巨大挑战. 作为信息安全理论和技术的基础, 密码学扮演着十分重要的角色. 分组密码作为对称密码学的重要分支, 已经在信息安全领域中得到了广泛应用.

分组密码的研究内容主要包括分组密码的设计与分析, 两者相互作用, 共同推动着分组密码理论的发展. 对于从事密码学相关领域的研究人员来说, 深刻理解分组密码的分析方法是从事分组密码理论与应用研究的前提. 自 20 世纪 90 年代差分密码分析和线性密码分析提出以来, 分组密码的分析理论有了长足的发展, 但有关分组密码分析的理论成果大多散落在国内外与密码学相关的学术会议论文集上, 专门讲述分组密码攻击方法的著作并不多见.

国防科技大学李超教授及其课题组多年来从事分组密码相关理论的研究, 取得了一系列学术成果, 这些成果相继发表在国内外重要期刊和学术会议论文集上, 引起了国内外密码学者的高度关注. 最近, 他们结合自身在密码分析方面的工作体会, 编写了《分组密码的攻击方法与实例分析》, 通过对一些具体密码算法的实例分析, 系统论述了分组密码攻击方法的基本原理与应用.

我相信, 本书的出版对于从事分组密码的理论与应用研究将具有十分重要的参考价值.

冯登国

2009 年 12 月于北京

前　言

分组密码算法是许多密码系统的核心要素，是保障信息机密性和完整性的重要技术．分组密码的研究主要围绕分组密码的设计、分析、工作模式、快速实现和检测等方面展开．分组密码的设计与分析是一对既相互对立又相互统一的矛盾体，二者的互动决定了分组密码的发展．分组密码的安全性分析为分组密码的设计提供了源源不断的新鲜思想，而各种深思熟虑的设计又给分组密码的分析提出了严峻的挑战．只有对分组密码分析具有深刻的理解和敏锐的洞察，才有可能设计出安全高效的分组密码．

近年来，随着美国 AES 计划和欧洲 NESSIE 计划的实施，针对美国高级加密标准 AES 和欧洲分组密码标准 Camellia, MSITY1 以及 SHACAL-2 等算法的安全性分析已经成为分组密码研究中的热点问题．在 SHA-3 计划中，可以发现很多基于分组密码组件设计的 Hash 函数，有些算法甚至直接使用 AES 算法的组件．之所以基于分组密码设计 Hash 函数，是因为密码设计者对现有分组密码算法特别是 AES 算法的安全性有足够的信心．对这些基于分组密码的 Hash 函数的安全性分析必将促进分组密码的设计与分析理论的发展．因此，掌握分组密码的分析技术对研究分组密码的安全性和 Hash 函数的安全性至关重要．

考虑到分组密码的攻击方法是密码学领域的难点问题，且大量关于分组密码设计与分析的学术论文散见于密码学与信息安全的国际会议论文集，特别是与密码学密切相关的 EUROCRYPT, CRYPTO, ASIACRYPT, FSE, CHES 和 SAC 等国际会议．为便于国内从事分组密码理论与方法研究的研究生和年轻学者对分组密码的攻击方法有一个比较系统和深入的了解，我们试图对国际上最近 20 年已有的分组密码攻击方法进行梳理，通过对一些具体的分组密码算法的实例分析，介绍分组密码攻击方法的原理与实践．在写作过程中，我们特别注重自身对分组密码攻击方法的理解，书中部分内容包含了作者及其课题组成员近年来在分组密码攻击方面所取得的研究成果．

全书共分 10 章．第 1 章给出分组密码的基本概念；第 2 章介绍 8 个典型的分组密码算法；第 3 章介绍差分密码分析的原理与实例分析；第 4 章介绍线性密码分析的原理与实例分析；第 5 章介绍高阶差分密码分析的原理与实例分析；第 6 章介绍截断差分密码分析的原理与实例分析；第 7 章介绍不可能差分密码分析的原理与实例分析；第 8 章介绍积分攻击的原理与实例分析；第 9 章介绍插值攻击的原理与实例分析；第 10 章介绍相关密钥攻击的原理与实例分析．

冯克勤教授、裴定一教授和冯登国研究员等对本书的写作给予了极大的鼓励和支持, 科学出版社的责任编辑为本书的出版付出了辛勤的劳动, 在此表示深深的感谢! 全书的编写工作得到了国防科技大学理学院密码与信息安全实验室全体师生的积极配合, 特别是密码算法分析小组的魏悦川博士、张鹏博士、唐学海博士、王美一硕士等给予了全力协作和密切配合, 在此一并对他们表示衷心的感谢!

本书的出版得到国防科技大学学术著作出版基金和数学学科建设基金的资助. 此外, 本书部分成果来自课题组受资助的项目: 国家自然科学基金 (No: 60573028; 60803156)、信息安全国家重点实验室开放基金 (No: 01-07)、东南大学移动通信国家重点实验室开放基金 (No: w200805; w200807) 以及国防科技大学基础研究基金 (No: JC090201) 的资助, 在此一并表示感谢!

限于作者的水平, 书中难免存在不妥之处, 恳请读者批评指正.

作 者

2009 年 9 月 16 日

目　　录

第 1 章　分组密码的基本概念

1.1　分组密码概述

分组密码是对称密码学的一个重要分支, 在信息安全领域发挥着极其重要的作用, 其研究的主要内容包括分组密码的设计和分析这两个既相互对立又相互统一的方面. 一方面, 针对已有的密码分析手段, 密码设计者总希望设计出可以抵抗所有已知攻击的密码算法; 另一方面, 对已有的密码算法, 密码分析者总希望可以找到算法的某些安全缺陷. 这两方面的研究共同推动了分组密码理论的发展.

分组密码的设计理念源于 Shannon1949 年发表的经典论文 *Communication Theory of Secret System*[37], 其公开研究始于 20 世纪 70 年代末 DES 算法[14] 的公布, 分组密码理论及应用的飞速发展则得益于 20 世纪 90 年代末美国的 AES 计划[43] 和本世纪初欧洲的 NESSIE 计划[44].

Shannon 在文献 [37] 中从抵抗统计攻击的角度出发, 提出了设计加密算法的 "混淆" 与 "扩散" 准则, 这一准则至今仍是设计分组密码所要遵循的重要原则之一. 此外, 他还创造性地从信息论的角度特别是信息熵出发构建数学模型以研究密码的安全性, 提出了 "完善保密性"、"唯一解距离" 和 "随机密码" 等诸多概念, 从而将密码学提升到了科学的范畴. 尽管如此, 在 20 世纪 70 年代以前, 对分组密码研究的公开文献微乎其微, 其理论研究相对滞后.

1977 年, 美国国家标准局 (National Bureau of Standards, NBS) 公布了著名的数据加密标准 DES(Data Encryption Standard) 算法. 尽管 DES 算法正逐步退出历史舞台, 但它对分组密码理论的发展起到了举足轻重的作用. 首先, 算法的公布促使民间开展了对分组密码的研究, 使得分组密码的设计与分析逐渐褪去神秘的面纱; 其次, 通过对 DES 算法安全性的研究, 分组密码的分析理论日渐成熟, 主要结果包括差分密码分析和线性密码分析两个方面.

在 CRYPTO 1990 上, Biham 等发表了对 DES 算法差分分析的论文[8]. 这篇文章发表后, 密码学界用差分密码分析的方法对几乎所有已知的密码算法进行了安全性分析. 1993 年, Matsui 在 EUROCRYPTO 上公布了对 DES 算法线性密码分析的结果[33]. 随后, 人们利用各种技巧改进了对 DES 算法的差分和线性密码分析, 结果表明, 完整 16 轮 DES 算法对差分和线性密码分析都是不免疫的.

计算机技术的发展是促使密码理论不断进步的又一重要因素. 计算机技术, 特别是并行计算和分布式计算的发展使得穷尽搜索 DES 算法的 56 比特密钥成为可能, 加上差分密码分析和线性密码分析技术的出现, 56 比特密钥的 DES 算法逐渐不能满足人们的安全需求. 1997 年, 美国国家标准技术研究所 (National Institute of Standard Technology, NIST) 发起了一场推选用于保护敏感的联邦信息的对称密码算法的活动, 即 AES(Advanced Encryption Standard) 计划. 1998 年, NIST 宣布接受 15 个候选分组密码算法并提请全世界密码研究者协助分析这些候选算法, 包括对每个算法的安全性和效率特性进行初步检验. NIST 考察了这些初步的研究结果, 选定 MARS, RC6, Rijndael, Serpent 和 Twofish 等 5 个分组密码算法作为参加决赛的算法, 经公众对决赛算法进行进一步的分析和评论, 2000 年, NIST 决定推荐 Rijndael 作为高级加密标准 (AES).

继美国推出 AES 计划以后, 欧洲于 2000 年启动了新欧洲签名、完整性和加密计划 ——NESSIE(New European Schemes for Signatures, Integrity, and Encryption) 计划, 以适应 21 世纪信息安全发展的全面需求. 该计划为期 3 年, 主要目的就是通过公开征集和进行公开透明的测试、评估, 提出一套高效的密码标准, 以保持欧洲工业界在密码学研究领域的领先地位. 2003 年, NESSIE 工作组公布了包括分组密码、公钥密码、认证码、杂凑函数和数字签名等在内的 17 个标准算法, 其中 Camellia, MISTY1, SHACAL-2 三个分组密码算法连同 AES 算法一起作为欧洲新世纪的分组密码标准算法.

在 AES 计划和 NESSIE 计划中, 密码学界对分组密码的设计与分析理论都进行了广泛而深入的研究, 分组密码理论日趋完善, 人们对设计出安全高效的分组密码算法较有信心. 也正是因为人们对分组密码算法安全性具有足够的信心, 在 SHA-3 计划中[45], 超过半数的 Hash 函数都采用了分组密码的设计理念, 甚至直接采用分组密码的组件. 随着 SHA-3 计划的实施, 分组密码的设计与分析理论必将得到更进一步的发展.

1.2 分组密码的设计原理

分组密码的数学模型如下:

记 $\mathbb{F}_2$ 为二元域, $\mathbb{F}_2^n$ 和 $\mathbb{F}_2^m$ 分别为 $\mathbb{F}_2$ 上的 n 和 m 维向量空间, $S_K \subseteq \mathbb{F}_2^m$, 那么一个以 $\mathbb{F}_2^n$ 为明文和密文空间、S_K 为密钥空间的分组密码就可以表示为如下两个映射:

$$E: \mathbb{F}_2^n \times S_K \to \mathbb{F}_2^n, \quad D: \mathbb{F}_2^n \times S_K \to \mathbb{F}_2^n.$$

上述两个映射满足对任意 $k \in S_K$, $E(\cdot, k)$ 和 $D(\cdot, k)$ 都是 $\mathbb{F}_2^n$ 上的置换, 并且互为逆置换. 通常称 $E(\cdot, k)$ 为固定密钥 k 时的加密函数, $D(\cdot, k)$ 为固定密钥 k 时的解密函数. 上述模型中明文和密文的长度均为 n, 而密钥的长度为 $l = \log_2 |S_K|$.

分组密码的设计就是找到一种算法, 能在密钥的控制下从一个足够大且足够好的置换子集合中简单而迅速地选出一个置换, 用来对当前的明文进行加密变换. 一个好的分组密码应该是既难破译又容易实现, 也就是说, 加密函数 $E(\cdot,k)$ 和解密函数 $D(\cdot,k)$ 是很容易计算的, 但要从方程 $y=E(x,k)$ 或 $x=D(y,k)$ 中解出 k 应该是一个困难问题.

1.2.1 分组密码的设计原则

分组密码的设计通常遵循如下两个原则：安全性原则和实现原则.

安全性原则包含混淆原则、扩散原则和抗现有攻击原则. 混淆原则是指所设计的密码应该使明文、密文和密钥三者之间的依赖关系非常复杂以至于攻击者无法理出相互之间的关系, 从而这种依赖性对密码分析者来说是无法利用的; 扩散原则是指所设计的密码应该使得明文和密钥的每一比特影响密文的许多比特, 从而便于隐蔽明文的统计特性, 该准则强调输入的微小改变将导致输出的多位变化; 抗现有攻击的原则是指所设计的密码应该抵抗已有的各种攻击方法.

实现原则包含软件实现原则和硬件实现原则. 软件实现原则是指密码算法应该尽可能使用子块和简单的运算, 比如采用 8, 16, 32 位的字进行模加运算、移位运算或者异或运算等; 硬件实现原则是指密码算法应该保证加密和解密的相似性, 即加密和解密过程应该仅仅是密钥的使用方式不同, 以便同样的器件既可以用来加密也可以用来解密.

通常采用迭代手段使得设计出的算法符合上述原则：一种方法是构造密码学性质强的迭代函数, 从而可以减少迭代次数; 另一种方法是构造密码学性质相对弱的迭代函数, 但迭代次数相对较多. 在实际构造中通常采用后者, 即把密码学性质较弱的函数迭代多次以满足安全性原则和实现原则.

1.2.2 分组密码的结构

目前通用的密码算法都采用了迭代结构, 根据算法采用结构的不同, 现行主要结构可分为 Feistel 结构、SPN 结构和 Lai-Massey 结构等.

(1) Feistel 结构

Feistel 结构是 20 世纪 60 年代末 IBM 公司的 Feistel 和 Tuchman 在设计 Lucifer 分组密码时提出的, 后因 DES 算法的广泛使用而流行.

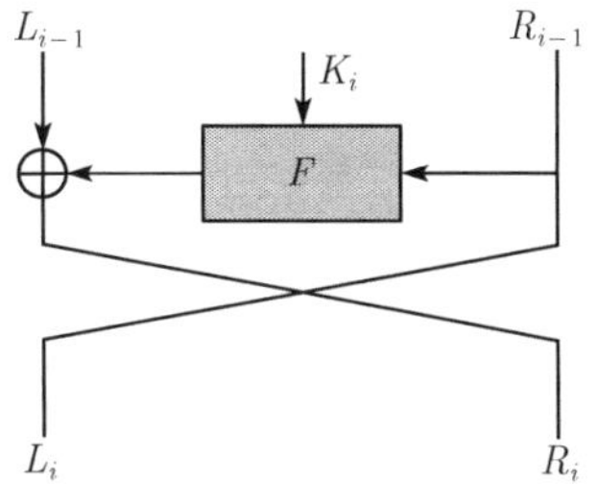

图 1.1 Feistel 结构示意图

对于分组长度为 $2n$ 的 r 轮 Feistel 结构的密码, 参考图 1.1, 加密流程如下：

给定 $2n$ 比特的明文 P, 首先将其分为左右两个 n 比特部分, 不妨记 L_0 是 P 的左边 n 比特, R_0 是 P 的右边 n 比特, 则 $P=L_0R_0$. 然后根据如下规则, 进行 r

轮完全相同的运算. 对于 $i = 1, 2, \cdots, r$, 令

$$\begin{cases} L_i = R_{i-1}, \\ R_i = L_{i-1} \oplus F(R_{i-1}, K_i), \end{cases}$$

这里 "$\oplus$" 表示异或运算, $F: \mathbb{F}_2^n \times \mathbb{F}_2^m \to \mathbb{F}_2^n$ 是轮函数, $K_1, K_2, \cdots, K_r$ 是由种子密钥 K 根据密钥扩展方案得到的轮密钥, m 为轮密钥的长度. 在加密的最后一轮, 不需要做 "左右交换", 即密文为 $C = R_r L_r$, 这主要是为了使算法加密和解密流程一致.

在密码设计中, 加解密一致的算法在实现时往往可以节省资源. 但注意到 Feistel 结构的密码扩散较慢, 因为算法至少需要两轮才有可能改变输入的每一比特.

(2) SPN 结构

SPN 结构每轮一般由一个轮密钥控制的可逆非线性函数 S 和一个可逆线性变换 P 组成. SPN 密码的结构非常清晰, S 变换层起混淆作用, P 变换层起扩散作用. 与 Feistel 结构相比, SPN 结构数据扩散更快, 而且, 当给出 S 变换层和 P 变换层的某些安全性指标后, 设计者可以给出算法抗差分密码分析和线性密码分析的可证明安全, 但 SPN 结构密码的加解密通常不具有一致性, 从而在实现时需要更多的资源.

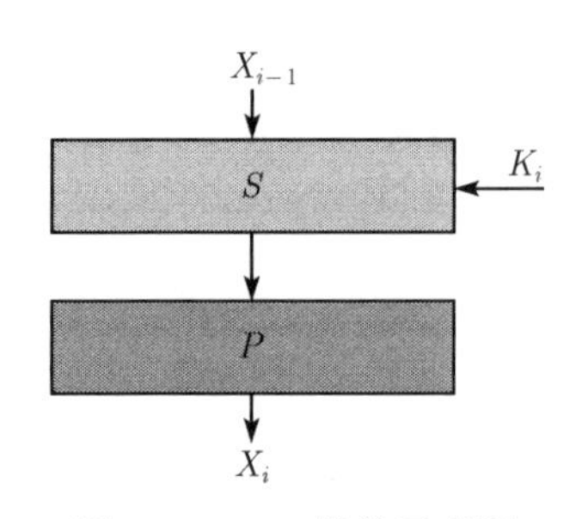

图 1.2　SPN 结构示意图

对于分组长度为 n 的 r 轮 SPN 结构密码, 参考图 1.2, 加密流程如下:

给定 n 比特的明文 P, 令 $P = X_0$; 然后根据如下规则, 进行 r 轮完全相同的运算. 对于 $i = 1, 2, \cdots, r$, 令

$$\begin{cases} Y = S(X_{i-1}, K_i), \\ X_i = P(Y). \end{cases}$$

在 SPN 结构密码中, 最后一轮中的 P 变换通常由密钥加代替.

(3) Lai-Massey 结构

Lai-Massey 结构是 Lai 和 Massey 设计 IDEA 算法时提出的一种结构, Junod 和 Vaudenay 根据 Lai-Massey 结构设计了 FOX 算法. 通常情况下, Lai-Massey 结构也具有加解密一致的优点.

对于分组长度为 $2n$ 的 r 轮 Lai-Massey 结构密码, 参考图 1.3, 加密流程如下:

给定 $2n$ 比特的明文 P, 首先将其分为左右两个 n 比特部分, 不妨记 L_0 是 P 的左边 n 比特, R_0 是 P 的右边 n 比特, 则 $P = L_0 R_0$. 然后根据如下规则, 进行 r 轮完全相同的运算. 对于 $i = 1, 2, \cdots, r$, 令

$$\begin{cases} T = F(L_{i-1} \oplus R_{i-1}, K_i), \\ L_i = L_{i-1} \oplus T, \\ R_i = R_{i-1} \oplus T. \end{cases}$$

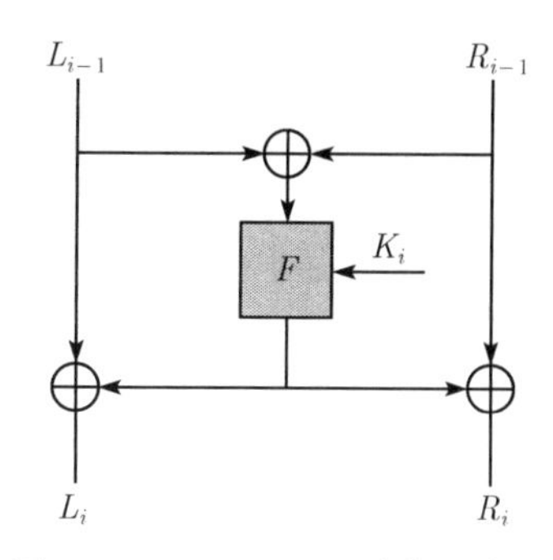

图 1.3 Lai-Massey 结构示意图

整体结构是分组密码算法的重要特征, 不同结构对轮函数的选取以及各种平台上的性能都有很大的影响. 除了上述三种主流结构外, 整体结构还包括广义 (非) 平衡 Feistel 结构、MISTY 结构以及各种结构的混合使用. 另外, 很多密码算法的轮函数采用了不同的结构. 如 Camellia 算法整体采用 Feistel 结构, 但轮函数采用了 SPN 结构; FOX 算法整体采用 Lai-Massey 结构, 轮函数采用 SPS 结构; SMS4 算法采用了广义非平衡 Feistel 结构, 轮函数采用了 SPN 结构. 设计一个算法采用何种结构主要依赖于算法的性能要求、子模块的构造以及整体结构的安全性等因素.

1.3 分组密码的分析方法

衡量一个密码算法的安全性有两种基本方法: 一是实际安全性, 二是无条件安全性, 又称理论安全性. 实际安全性是根据破译密码系统所需的计算量来评价其安全性的, 如 RSA 系统的安全性就是基于大整数分解的困难性, 但是必须注意到, 随着计算机技术发展, 现在固若金汤的 RSA 系统在不久的将来也可能不堪一击. 理论安全性则与对手的计算能力或时间无关, 破译一个密码算法所做的任何努力都不会优于随机选择即碰运气.

如果攻击者能够恢复算法的密钥, 这样的攻击称为 "密钥恢复攻击". 如果攻击者能够根据已有的信息, 在不知道密钥的情况下可以预测某些未知明文所对应的密文, 也可以称这个算法被部分攻破. 如无特殊说明, 本书所说的攻击都指 "密钥恢复攻击".

1.3.1 密码分析中常见的假设和原则

研究密码算法的理论安全性往往都基于 Kerckhoffs 假设:

Kerckhoffs 假设 在密码分析中, 除了密钥以外, 密码分析者知道密码算法的每一个设计细节.

根据 Kerckhoffs 假设可知, 密码算法的安全性应依赖密钥的保密性, 而不是算法本身的保密性.

在密码体制的基本模型中, 密码分析者的任务就是获取适量的明文及其相应的

密文, 通过分析这些明文和密文得到密钥信息. 根据攻击环境的不同可以将密码攻击分为如下四种类型:

(1) 唯密文攻击. 密码分析者拥有一个或更多用同一个密钥加密的密文, 通过对这些截获的密文进行分析得出明文或密钥.

(2) 已知明文攻击. 密码分析者拥有一些明文和用同一个密钥加密这些明文的密文, 通过对这些已知明文和相应密文的分析来恢复密钥.

(3) 选择明文攻击. 密码分析者可以随意选择自己想要的明文并加密, 根据选择的明文和相应的密文来恢复密钥.

(4) 选择密文攻击. 密码分析者可以随意选择自己想要的密文并解密, 根据选择的密文和相应的明文来恢复密钥.

1.3.2 强力攻击

对任意一个分组密码, 都存在如下 4 种攻击方法:

(1) 穷尽密钥搜索. 在唯密文攻击下, 攻击者利用所有可能的密钥对一个或多个密文进行解密, 直至得到有意义的明文; 在已知明文攻击或选择明文攻击时, 攻击者利用所有可能的密钥对一个已知明文加密, 直到加密结果与正确的密文相符合. 穷尽密钥搜索理论上可以破译任何分组密码算法, 但它的效率是最低的, 在实际密码分析中, 通常将穷尽密钥搜索与其他分析方法结合使用.

(2) 字典攻击. 攻击者收集明密文对, 并将它们编排成一个 “字典”, 当看到一个密文时, 攻击者检查这个密文是否在字典中, 如果在, 则攻击者获得该密文对应的明文.

(3) 查表攻击. 该方法是选择明文攻击, 攻击者利用所有可能的密钥对同一个明文加密, 将密钥和对应的密文存储起来. 当获得该明文及相应密文后, 攻击者只需从存储表中找到相对应的密钥即可.

(4) 时间–空间权衡攻击. 这是一种选择明文攻击方法, 由 Hellmma 提出[18], 通过结合使用穷尽密钥搜索攻击和查表攻击, 在选择明文攻击中用时间换取空间, 因此该方法比穷尽密钥搜索攻击的时间复杂度小, 比查表攻击的空间复杂度低.

除了上述 4 种通用的攻击方法, 在对一个具体的分组密码算法进行安全性分析时, 根据算法的特点, 往往会有其他不同的攻击方法. 而比较不同攻击算法的优劣, 最主要的指标是数据复杂度、时间复杂度和空间复杂度. 数据复杂度是指为了实现一个特定的攻击所需要的数据总和; 时间复杂度是指密码分析者为了恢复密钥, 对采集到的数据进行分析和处理所消耗的时间; 空间复杂度是指为了完成攻击所需要的存储空间.

一般而言, 假设分组长度为 n, 密钥长度为 k, 则穷尽搜索的数据复杂度、时间复杂度和空间复杂度分别为 1, 2^k 和 1, 字典攻击的数据复杂度、时间复杂度和空

间复杂度分别为 2^n, 1 和 2^n, 查表攻击的数据复杂度、时间复杂度和空间复杂度分别为 2^k, 1 和 2^k, 如果一个攻击方法, 当其相应的时间复杂度、数据复杂度或空间复杂度中某一项指标比 (1), (2) 和 (3) 对应的指标低时, 就称从理论上破译了这个算法, 当然, 这离现实破译可能还有很大的差距. 这里需要注意的是, 在很多攻击方法中, 人们更倾向于以穷尽搜索的复杂度作为指标来度量一个攻击算法的优劣.

对分组密码算法的安全性分析主要包括以下三个方面：一是基于数学方法研究算法的安全性, 二是结合物理实现方式研究算法的安全性, 三是研究算法在不同使用模式下的安全性.

1.3.3 基于数学方法研究算法的安全性

基于数学方法研究算法的安全性主要包括两个方面的内容：一是研究如何将密码算法与随机置换区分开. 在密码分析时, 对于同一个指标, 首先计算其在随机置换下的值, 然后计算在某个密码算法中对应的值. 如果这两个值具有明显的差别, 那么该指标可以将密码算法与随机置换区分开. 在密码分析中, 如果对于某些特定形式的明文输入, 对应的密文遵循某种特殊的规律, 就称寻找到该算法一个有效的区分器. 二是研究如何获得密码算法的密钥信息. 对迭代分组密码而言, 密码分析者首先寻找简化轮数对应算法的有效区分器, 然后通过猜测区分器之外的部分轮密钥来验证区分器的正确性. 若某个密钥猜测值使得解密后所得的值不满足区分器要求, 则该猜测值是错误密钥.

一般而言, 对于给定的分组密码算法, 如果能够找到该密码算法的一个有效的区分器, 通常都可以得到其部分或全部密钥信息. 因此, 寻找有效的区分器是密码分析中的一个主要问题, 如差分密码分析和线性密码分析就是通过寻找密码算法的差分和线性区分器从而实现对该密码算法的破译. 这里需要注意的是, 对某个算法, 即便采用同一个区分器, 不同的攻击者可能有不同的恢复密钥的方法, 而这些方法所对应的攻击复杂度也不尽相同.

当找到密码算法的有效区分器后, 恢复密钥通常有两种方法：一是统计方法, 针对每一个密钥猜测值, 该方法按照一定的规则 (一般与区分器有关) 对收集到的明密文进行统计分析, 最后具有明显统计优势的值可能就是正确的密钥; 二是代数方法求解, 该方法将加解密所对应的变换利用方程组进行表示, 通过一定的数学方法, 求解方程组的根进而获得密钥信息.

下面给出常见的几种攻击方法：

(1) 差分密码分析[8] 是分组密码分析方法中最重要的分析方法之一. 该攻击方法是 Biham 和 Shamir 在 1990 年针对 DES 算法提出的一种攻击手段, 通过观察具有特定输入差分的明文对经过加密后的密文对的差分形式来恢复密钥. 差分密码分析方法有很多变种, 如不可能差分密码分析、高阶差分密码分析、截断差分密码分析等, 在某些情形下, 这些变种的攻击方法可以更加有效地分析一个算法的安全性.

(2) 高阶差分的概念由来学嘉给出[31], Knudsen 首次给出了高阶差分密码分析的模型和攻击实例[25]. 一般的差分只比较一对输入/输出, 高阶差分采用类似高阶导数的概念, 对差分函数再求差分, 它在特征为 2 的有限域上实质是在一个更大的线性空间上对函数值求和. 高阶差分密码分析对很多密码算法构成威胁, 如 Knudsen 等设计的 $\mathcal{KN}$ 密码具有很强的抗差分密码分析和线性密码分析的能力, 但是利用高阶差分密码分析则可轻易将其破解.

(3) 截断差分密码分析首先由 Knudsen 提出[25]. 与经典差分不同的是, 截断差分仅仅考虑差分的部分性质, 如常用的字节特征只考虑差分的有无, 而不考虑差分的具体值, 这种方法对基于字节构造的分组算法十分有效, 因此, 对此类密码而言, 截断差分是一个主要的潜在安全威胁.

(4) 不可能差分密码分析是差分密码分析的另一个变种, 这个概念由 Biham 和 Knudsen 分别独立提出[4,22]. Knudsen 研究 DEAL 算法安全性时发现, 如果一个 Feistel 结构密码的轮函数是双射, 则算法存在 "天然的 5 轮不可能差分"[22], 从而对 6 轮密码的安全性构成威胁; 在 CRYPTO 1999 上, Biham 等在研究 Skipjack 算法安全性时系统提出不可能差分的概念[4], 并在 FSE 1999 上系统阐述了如何采用 "中间相遇" 的方法[5] 寻找不可能差分. 不可能差分密码分析是对简化轮数的 Rijndael 算法和 Camellia 算法最有效的攻击手段, 也是目前研究的热点之一.

(5) 线性密码分析是日本学者 Matsui 在 EROCRYPT 1993 上提出的攻击方法[33], 如果密码算法输入、输出比特的某个线性组合对应着高概率偏差的线性表达式, 就可以根据该表达式对算法进行恢复密钥攻击. 线性密码分析也有很多变种, 如多重线性密码分析、非线性密码分析等.

(6) 中间相遇攻击最早由 Diffie 和 Hellman 在 1977 年分析 DES 算法时提出[13], 它是一种时间–空间权衡攻击方法. 之后, 中间相遇的思想被应用于不可能差分密码分析, 成为不可能差分区分器的主要寻找方法之一.

(7) 碰撞攻击最初由 Gilbert 和 Minier 在分析 Rijndael 算法的安全性时提出[15], 该攻击根据密码组件的特性对加密流程某些中间变换进行组合而获得含有常数和密钥的 "有效" 的表达式, 通过研究该表达式的碰撞特性来恢复密钥信息. 吴文玲等将该方法系统地推广至对 Camellia 算法的攻击[16,40,41].

(8) Square 攻击是 Daemen 等在分析 Square 密码算法的安全性时提出的一种攻击方法[11], 通过对具有特殊形式的明文集合加密, 然后根据对应密文集合的变化规律来猜测正确密钥. 这一攻击对大多以字节为变换单位的密码算法是有效的, 特别对 AES 算法, 该攻击方法给出了较好的攻击结果.

(9) Knudsen 提出的积分攻击是 Square 攻击的更一般形式[26]. Biryukov 和

Shamir 提出的 Multiset 攻击[1] 和 Lucks 提出的 Saturation 攻击[28] 均属于这一类攻击; Z'aba 等在 FSE 2008 上提出的基于比特的积分攻击[42] 和孙兵等在 FSE 2009 上提出的高次积分攻击[36] 可以看作积分攻击的必要补充. 由于积分攻击对很多算法均有效, 因此成为目前研究的热点之一.

(10) 插值攻击由 Jakobsen 和 Knudsen 提出[20], 如果一个密码算法对于固定的密钥是低次多项式函数, 或者这个多项式的项数较少, 可以估算出来, 则通过插值的方法可以得到其代数表达式, 从而有可能恢复出密钥; 孙兵等在 FSE 2009 上改进了插值攻击的方法[36]. 在改进的插值攻击中, 多项式函数的某些项的系数可以精确计算出来, 从而利用有限域上的 Fourier 变换也可以求出相应的密钥. 另外, 如果密文可以写作两个多项式的商, 且这两个多项式的项数可以估计出来, 那么同样可以恢复出相应的密钥.

(11) 非满射攻击首先由 Rijmen, Preneel 和 Win 给出[34], 当 Feisel 结构密码的轮函数不是满射时, 就可以利用其输出分布的不均匀性对算法实施攻击. 由于 SPN 结构密码采用的函数均是单射, 因此非满射攻击对 SPN 结构密码一般无效. 针对 n-Cell 结构算法, 李瑞林等提出了一种如何在各个组件都是满射的密码算法中构造非满射区分器的方法[27].

(12) 代数攻击由 Courtoi 和 Pieprzyk 提出[10], 该攻击方法主要通过求解一个多变元的代数方程组来恢复密钥. 尽管部分密码学者认为这可能是对 AES 算法最具威胁的攻击, 但这一方法目前仍受到很多密码学者的质疑. 该攻击对序列密码比较有效, 由此推动了密码学界对布尔函数的代数免疫度的研究.

(13) 滑动攻击由 Biryukov 和 Wagner 提出[2], 该方法对分析轮函数比较弱且密钥扩展方案呈现某种周期性的迭代分组密码时较为有效, 若将算法的轮变换向前或向后平移若干轮后, 所得的算法与另一个算法几乎相同, 则对该密码可实施滑动攻击. 这个攻击方法的最大特点就是攻击方法与密码加密轮数无关.

(14) 相关密钥攻击由 Biham 和 Knudsen 研究 LOKI 算法时分别独立提出[3,23], 该方法与其他密码分析方法不同之处在于它更多地考虑了密钥扩展算法的性质, 攻击的假设更加苛刻, 该思想提出后, 人们对一系列分组密码的密钥扩展算法进行了研究, 并将其推广至相关密钥差分攻击. 一般而言, 若密钥扩展算法的密码学性质强, 如不同轮密钥之间不具有简单的递归性质、线性逼近, 甚至相等的情况, 算法可以抵抗相关密钥攻击.

(15) 相关密码攻击是伍宏军提出的攻击方法[39], 如果一个密码算法有不同轮数的输出, 且采用相同的密钥扩展算法, 则低轮密码的输出可以看作高轮密码的中间状态, 据此攻击者可以获得密钥信息.

(16) 差分–线性密码分析最初由 Langford 和 Hellman 提出[29], 该攻击方法将算法一分为二, 对其中一部分寻找概率为 1 的截断差分区分器, 而另一部分寻找满足特定形式且高概率偏差的线性区分器, 然后通过特殊的方法将两者组合起来构成新的更加有效的区分器, 这种方法对 8 轮 DES 算法的攻击更加有效. Biham 等对这种攻击进行了改进, 指出可以使用概率小于 1 的差分区分器[7].

(17) Boomerang 攻击首先由 Wagner 提出[38], 与差分–线性密码分析方法类似, 该攻击方法仍将算法一分为二, 但是对其中的每一部分都寻找有效的差分区分器, 然后通过特殊的技术手段将这两个区分器连接起来构成新的区分器. 一个抵抗传统差分密码分析的算法仍可能受到 Booerang 攻击的威胁. 对该攻击的改进主要有 Amplified Boomerang 攻击[21] 和 Rectangle 攻击[6] 两种.

1.3.4 结合物理实现方式研究算法的安全性

传统的基于数学方法研究算法的安全性, 一般将算法的加密或解密流程视为一个带秘密参数的变换, 仅仅通过获得变换的输入和输出来推测密钥信息. 20 世纪末, 密码界出现了一种新的攻击方法, 这种攻击方法除了基于传统的数学方法外, 还结合了算法具体实现时所处的物理环境. 攻击者通过探测算法在加解密过程中泄露的某些物理参量如时间、能量、电磁、温度、声音等所表征的信息差异, 来推断密钥的信息. 这种结合物理实现的攻击方法一般被称为侧信道攻击. 侧信道攻击对密码系统所形成的威胁是一个综合性的问题, 涉及算法设计、软硬件实现等诸多方面. 目前比较常见的侧信道攻击方法主要包括计时攻击、能量分析、故障攻击、电磁攻击和缓存攻击等.

1.3.5 不同使用模式下的算法安全性

分组密码的工作模式包括加密模式、认证模式和认证加密模式三种. 它们以分组密码为基本工具, 设计满足现实需求的密码方案. 分组密码的加密模式可以保护数据的机密性, 认证模式可以保护数据的完整性, 而认证加密模式既提供机密性保护, 又提供完整性保护.

分组密码工作模式的研究始终伴随着分组密码理论的发展, 新的分组密码标准推出的同时都会伴随着相应工作模式的研究. 因此, AES 推出之后的近几年, 国外对分组密码工作模式做了大量研究, 取得了很多研究成果, 而工作模式也已不局限于传统意义上的保密工作模式、认证模式和认证保密模式, 还有可变长度的分组密码以及如何用分组密码实现杂凑技术等. 如 SHA-3 计划中, 很多 Hash 函数都可以看作是在特定使用模式下的分组密码.

1.4 本书的内容安排

本书主要研究基于数学方法的密码攻击方法, 包括基于统计思想的攻击方法和基于代数思想的攻击方法, 内容安排如下：

第 2 章介绍 8 个典型的分组密码算法, 第 3~10 章依次讲解各种密码分析方法. 第 3~4 章详细介绍差分密码分析和线性密码分析的基本原理及其在 DES, Camellia 和 SMS4 算法中的应用; 第 5~7 章围绕 AES, Camellia, CLEFIA 和 ARIA 等算法, 依次讲述高阶差分密码分析、截断差分密码分析以及不可能差分密码分析等差分密码分析的主要变形; 第 8 章主要以 AES, Camellia 算法为例, 讲述积分攻击的基本原理和实例分析; 第 9 章研究插值攻击的基本原理和方法, 包括多项式插值攻击和有理分式插值攻击两种; 第 10 章研究相关密钥攻击, 主要以 LOKI 和 AES 算法为例介绍相关密钥攻击的原理和方法.

参 考 文 献

[1] Biryukov A, Shamir A. Structural Cryptanalysis of SASAS[C]. EUROCRYPT 2001, LNCS 2045. Springer-Verlag, 2001: 394–405.

[2] Biryukov A, Wagner D. Slide attack[C]. FSE 1999, LNCS 1636. Springer-Verlag, 1999: 245–259.

[3] Biham E. New types of cryptanalytic attacks using related keys[C]. EUROCRYPT 1993, LNCS 765. Springer-Verlag, 1994: 398–409.

[4] Biham E, Biryukov A, Shamir A. Cryptanalysis of Skipjack reduced to 31 rounds using impossible differentials[C]. EUROCRYPT 1999, LNCS 1592. Springer-Verlag, 1999: 12–23.

[5] Biham E, Biryukov A, Shamir A. Miss in the middle attacks on IDEA and Khufu[C]. FSE 1999, LNCS 1636. Springer-Verlag, 1999: 124–138.

[6] Biham E, Dunkelman O, Keller N. The rectangle attack-rectangling the Serpent[C]. EUROCRYPT 2001, LNCS 2045. Springer-Verlag, 2001: 340–357.

[7] Biham E, Dunkelman O, Keller N. Enhancing differential-linear cryptanalysis[C]. ASIACRYPT 2002, LNCS 2501. Springer-Verlag, 2002: 254–266.

[8] Biham E, Shamir A. Differential cryptanalysis of DES-like cryptosystems (Extended Abstract) [C]. Crypto 1990, LNCS 537. springer-verlag, 1991: 2–21.

[9] Bruce S, Kelsey J. Unbalanced Feistel networks and block cipher design[C]. FSE 1996, LNCS 1039. Springer-Verlag, 1996: 121–144.

[10] Courtois N T, Pieprzyk J. Cryptanalysis of block ciphers with overdefined systems of equations[C]. ASIACRYPT 2002, LNCS 2501. Springer-Verlag, 2002: 267–287.

[11] Daemen J, Knudsen L, Rijmen V. The block cipher Square[C]. FSE 1997, LNCS 1267. Springer-Verlag, 1997: 149–165.

[12] Daemen J, Rijmen V. The design of Rijndael: AES—The Advanced Encryption Standard[M]. Springer, 2002.

[13] Diffie W, Hellman M. Exhaustive cryptanalysis of the NBS data encryption standard[J].

Comput., 1977, 10: 74–84.

[14] FIPS 46-3. Data Encryption Standard[S]. National Institute of Standards and Technology, 1977.

[15] Gilbert H, Minier M. A collision attack on 7 rounds Rijndael[C]. AES, 2000.

[16] Guan J, Zhang Z. Improved collision attack on reduced round Camellia[C]. CANS 2006, LNCS 4301. Springer-Verlag, 2006: 182–190.

[17] Hong D, Sung J, Moriai S, Lee S, Lim J. Impossible differential cryptanalysis of Zodiac[C]. FSE 2001, LNCS 2355. Springer-Verlag, 2002: 300–311.

[18] Hellman M. A cryptanalytic time-memory trade off[J]. IEEE transaction on information theory, 1980, IT-26(4): 401–406.

[19] Hu Y, Zhang Y, Xiao G. Integral cryptanalysis of SAFER+[J]. Electronic Letters, 1999, 35(17): 1458–1459.

[20] Jakobsen T, Knudsen L. The interpolation attack on block cipher[C]. FSE 1997, LNCS 1008. Springer-Verlag, 1997: 28–40.

[21] Kelsey J, Kohno T, Schneier B. Amplified boomerang attacks against reduced-round MARS and Serpent[C]. FSE 2000, LNCS 1978. Springer-Verlag, 2001: 75–93.

[22] Knudsen L. DEAL—a 128-bit block cipher[R]. AES Proposal, 1998.

[23] Knudsen L. Cryptanalysis of LOKI[C]. ASIACRYPT 1991, LNCS 739. Springer-Verlag, 1993: 22–35.

[24] Knudsen L. Cryptanalysis of LOKI91[C]. AUSCRYPT 1992, LNCS 718. Springer-Verlag, 1992: 196–208.

[25] Knudsen L. Truncated and high order differentials[C]. FSE 1995, LNCS 1008. Springer-Verlag, 1995: 196–211.

[26] Knudsen L, Wagner D. Integral cryptanalysis[C]. FSE 2002, LNCS 2365. Springer-Verlag, 2002: 112–127.

[27] Li R, Sun B, Li C. Distinguishing attacks on a kind of generalized unbalanced Feistel Network[EB]. http://eprint.iacr.org/2009/360.

[28] Lucks S. The saturation attack—a bait for Twofish[C]. FSE 2001, LNCS 2365. Springer-Verlag, 2002: 1–15.

[29] Langford S, Hellman M. Differential-linear cryptanalysis[C]. CRYPTO 1994, LNCS 839. Springer-Verlag, 1994: 17–25.

[30] Lai X. On the design and security of block ciphers[D]. Diss. ETH No. 9752. Zürich, 1992.

[31] Lai X. High order derivatives and differential cryptanalysis[M]. Communications and Cryptography. Kluwer Academic Press, 1994: 227–233.

[32] Lai X, Massey J. A proposal for a new block encryption standard[C]. EUROCRYPT 1990, LNCS 473. Springer-Verlag, 1991: 389–404.

[33] Matsui M. Linear cryptanalysis method for DES cipher[C]. EUROCRYPT 1993, LNCS 765. Springer-Verlag, 1993: 386–397.

[34] Rijmen V, Preneel B, Win E. On weaknesses of non-surjective round functions[J]. Designs, Codes and Cryptography, 1997, 12(3): 253–266.

[35] Sun B, Li R, Qu L, Li C. SQUARE attack on block ciphers with low algebraic degree[J]. To appear in Sci China Ser F-Inf Sci.

[36] Sun B, Qu L, Li C. New cryptanalysis of block ciphers with low algebraic degree[C]. FSE 2009, LNCS 5665. Springer-Verlag, 2009: 180–192.

[37] Shannon C E. Communication theory of secret system[J]. Bell System Technical Journal. 1949, 28: 656–715.

[38] Wagner D. The boomerang attack[C]. FSE 1999, LNCS 1636. Springer-Verlag, 1999: 156–170.

[39] Wu H. Related-cipher attacks[C]. ICICS 2002, LNCS 2513. Springer-Verlag, 2002: 447–455.

[40] Wu W, Feng D. Collision attack on reduced-round Camellia[J]. Science in China F-series, 2005(481): 78–90.

[41] Wu W, Feng D, Chen H. Collision attack and pseudorandomness of reduced-round Camellia[C]. SAC 2004, LNCS 3357. Springer-Verlag, 2005: 252–266.

[42] Z'aba M, Raddum H, Henricksen M, Dawson E. Bit-pattern based integral attack[C]. FSE 2008, LNCS 5086. Springer-Verlag, 2008: 363–381.

[43] AES 计划主页. http://csrc.nist.gov/encryption/aes/[EB].

[44] NESSIE 计划主页. http://www.cryptonessie.org.[EB].

[45] SHA-3 计划主页. http://www.nist.gov/encryption/sha-3/[EB].

[46] 冯登国. 密码分析学 [M]. 清华大学出版社, 2001.

[47] 冯登国, 裴定一. 密码学导引 [M]. 科学出版社, 2001.

[48] 冯登国, 吴文玲. 分组密码的设计与分析 [M]. 清华大学出版社, 2000.

[49] 中国密码学会组编. 中国密码学发展报告 2007[M]. 电子工业出版社, 2008.

[50] 中国密码学会组编. 中国密码学发展报告 2008[M]. 电子工业出版社, 2009.

第 2 章　典型分组密码算法

本章介绍 8 个著名的分组密码算法, 按照算法公布的时间顺序依次为: 美国数据加密标准 DES、国际数据加密算法 IDEA、美国高级加密标准 AES、欧洲加密标准 Camellia 算法、韩国加密标准 ARIA 算法、瑞士 MediaCrypt AG 公司设计的 FOX 算法、中国无线局域网使用的 SMS4 算法和日本索尼公司设计的 CLEFIA 算法. 如果按照算法所属结构分类, 属于 Feistel 结构的有 DES 算法、Camellia 算法; 属于广义 Feistel 结构的有 SMS4 算法和 CELFIA 算法; 属于 SPN 结构的有 AES 算法、ARIA 算法; 属于 Lai-Massay 结构的有 IDEA 算法、FOX 算法. 这些算法在它们所处的时期非常有名且具有代表性, 很多分组密码的分析方法都是在对这些算法进行攻击的基础上系统总结而来. 本章简单介绍这些算法的设计背景, 重点介绍算法的加密、解密流程和密钥扩展方案.

2.1　数据加密标准 DES

1972 年, 美国国家标准局启动一项旨在保护计算机数据安全的发展规划, 并于次年征集计算机数据加密算法. 1977 年, NBS 颁布了联邦信息加密标准 DES[6], 该算法由 IBM 公司研制, 其前身是 Lucifer 算法. 1978 年, DES 得到美国工业企业的认可; 1979 年, DES 得到美国银行协会的认可; 1980 年和 1984 年, DES 分别得到美国标准协会和国际标准化组织的认可.

从 1977 年开始, 美国国家保密局 (National Security Agency, NSA) 每隔 5 年组织对 DES 进行评估, 以考虑是否将其继续作为联邦加密标准. 最后一次评估是在 1994 年, 由于计算机计算能力的提高以及密码分析技术的进步, 考虑到 DES 的密钥量只有 56 比特, NBS 决定从 1998 年 12 月起不再使用 DES.

1997 年 1 月, RSA 数据安全公司提出 "秘密密钥挑战" 竞赛, 并悬赏一万美金破译 DES. 由美国科罗拉多州的程序员 Verser 汇集 Internet 的闲散计算资源, 通过分布式计算程序, 在数万名志愿者的协同工作下, 从 3 月 13 日 ~6 月 17 日, 耗时近 96 天时间, 成功地找到了 DES 的密钥. 1998 年, 破译 DES 的专用硬件设备也被制造出来. 鉴于此, 美国国家标准技术研究所在全世界范围内公开征集高级加密标准 AES 以代替 DES.

即便如此, DES 算法的出现, 仍是分组密码发展史上的一件大事, 它对推动现代分组密码的理论研究起到了举足轻重的作用, 其设计思想至今仍然具有重要的参考价值.

DES 算法的分组长度是 64 比特, 密钥长度为 56 比特, 属于 Feistel 结构密码, 迭代轮数为 16 轮. Feistel 结构密码的一大特点是加解密一致, 因此算法实现时占用资源少、效率高. 采用 DES 算法加密时, 64 比特的明文首先经过一个初始置换, 然后通过由轮密钥控制的 16 轮迭代变换, 最后再通过初始置换的逆变换进而得到密文. 下面分别介绍 DES 算法的加密、解密流程和密钥扩展方案.

2.1.1 加密流程

DES 算法的加密流程可参考图 2.1, 分为如下三个步骤:

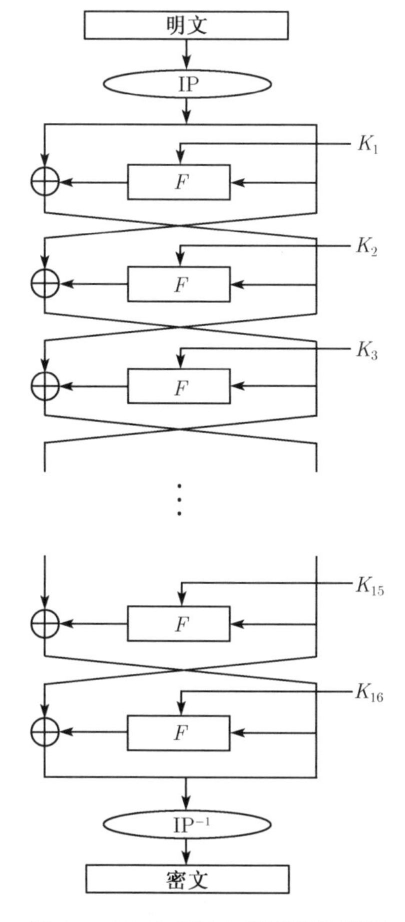

图 2.1 DES 算法加密流程示意图

(1) 64 比特的明文 $X = x_1x_2\cdots x_{64}$ 先经过初始置换 IP, 获得 IP(X).

(2) 令 IP(X) $= L_0R_0$, 其中 L_0 为 IP(X) 的左半部分 32 比特, R_0 为 IP(X) 的右半部分 32 比特. 将 L_0R_0 按照如下方式迭代 16 轮, 得到 $L_{16}R_{16}$.

$$\begin{cases} L_i = R_{i-1}, \\ R_i = L_{i-1} \oplus F(R_{i-1}, K_i), \end{cases} \quad 1 \leqslant i \leqslant 16,$$

其中 F 表示轮函数, $K_i(1 \leqslant i \leqslant 16)$ 表示第 i 轮的轮密钥.

(3) 对 $R_{16}L_{16}$ 应用初始逆置换 IP^{-1}, 得到密文 $Y = \mathrm{IP}^{-1}(R_{16}L_{16})$.

下面分别介绍初始置换 IP、初始逆置换 IP^{-1} 和轮函数 F.

初始置换 IP 的定义见表 2.1, 它将输入的第 58 比特置换为输出的第 1 比特, 将输入的第 50 比特置换为输出的第 2 比特, 依次类推, 最后将输入的第 7 比特置换为输出的第 64 比特. 初始逆置换 IP^{-1} 的定义见表 2.2.

表 2.1　初始置换 IP

58	50	42	34	26	18	10	2
60	52	44	36	28	20	12	4
62	54	46	38	30	22	14	6
64	56	48	40	32	24	16	8
57	49	41	33	25	17	9	1
59	51	43	35	27	19	11	3
61	53	45	37	29	21	13	5
63	55	47	39	31	23	15	7

表 2.2　初始逆置换 IP^{-1}

40	8	48	16	56	24	64	32
39	7	47	15	55	23	63	31
38	6	46	14	54	22	62	30
37	5	45	13	53	21	61	29
36	4	44	12	52	20	60	28
35	3	43	11	51	19	59	27
34	2	42	10	50	18	58	26
33	1	41	9	49	17	57	25

轮函数 F 的输入为 32 比特的变量 R 和 48 比特的变量 K, 输出为 32 比特的变量 $F(R, K)$. 轮函数 F 由扩展函数 E、密钥加运算、替换函数 S 和置换函数 P 依次构成, 参考图 2.2, 具体计算流程如下:

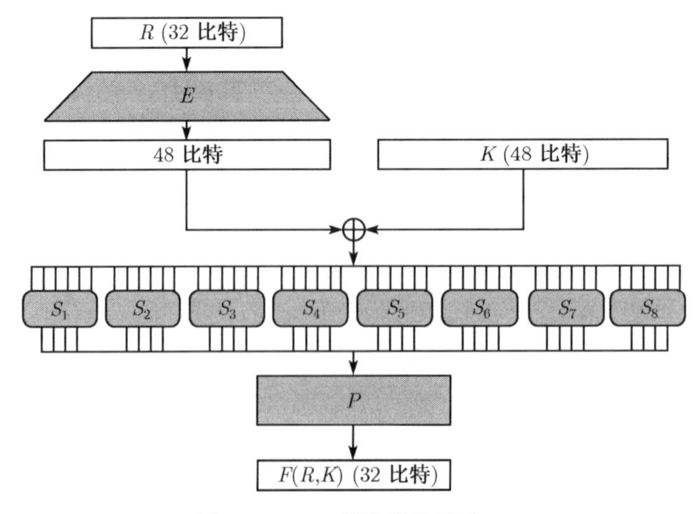

图 2.2　DES 算法的轮函数 F

(1) 32 比特变量 R 经过扩展变换 E 得到 48 比特变量 $E(R)$. 扩展变换参见表 2.3, 它将 $R = r_1r_2\cdots r_{32}$ 从左至右分为 8 组, 每组 4 个比特, 并将每组 $r_{4j+1}r_{4j+2}r_{4j+3}r_{4j+4}$ 变换为 $r_{4j}r_{4j+1}r_{4j+2}r_{4j+3}r_{4j+4}r_{4j+5}$, 其中 $j = 0, 1, \cdots, 7$, r_0 定义为 r_{32}, r_{33} 定义为 r_1.

表 2.3 扩展置换 *E*

32	1	2	3	4	5
4	5	6	7	8	9
8	9	10	11	12	13
12	13	14	15	16	17
16	17	18	19	20	21
20	21	22	23	24	25
24	25	26	27	28	29
28	29	30	31	32	1

(2) $E(R)$ 与 48 比特变量 K 逐位异或, 获得 $B = E(R) \oplus K$.

(3) 将 $B = b_1b_2\cdots b_{48}$ 从左至右分为 8 组, 每组 6 个比特, 记为 $B_1B_2B_3B_4B_5B_6$ B_7B_8, 其中 $B_i = b_{6i-5}\cdots b_{6i}$, $i = 1, \cdots, 8$. 将 $B_1B_2B_3B_4B_5B_6B_7B_8$ 并行地通过 8 个 6×4 的 S 盒: S_1, S_2, $\cdots$, S_8, 得到 32 比特变量 $C = C_1C_2C_3C_4C_5C_6C_7C_8$, 其中 $C_i = S_i(B_i)$. S 盒的定义见表 2.4, 它们的输入为 6 比特, 输出为 4 比特. 以 S_1 为例, 输入为 $b_1b_2b_3b_4b_5b_6$, 首先计算 $s = (b_1b_6)_2 = 2b_1 + b_6$, $t = (b_2b_3b_4b_5)_2 = 8b_2 + 4b_3 + 2b_4 + b_5$, 将 S_1 对应的表中第 s 行, 第 t 列对应的元素作为 S_1 的输出.

表 2.4 DES 算法的 *S* 盒

		0	1	2	3	4	5	6	7	8	9	10	11	12	13	14	15
S_1	0	14	4	13	1	2	15	11	8	3	10	6	12	5	9	0	7
	1	0	15	7	4	14	2	13	1	10	6	12	11	9	5	3	8
	2	4	1	14	8	13	6	2	11	15	12	9	7	3	10	5	0
	3	15	12	8	2	4	9	1	7	5	11	3	14	10	0	6	13
S_2	0	15	1	8	14	6	11	3	4	9	7	2	13	12	0	5	10
	1	3	13	4	7	15	2	8	14	12	0	1	10	6	9	11	5
	2	0	14	7	11	10	4	13	1	5	8	12	6	9	3	2	15
	3	13	8	10	1	3	15	4	2	11	6	7	12	0	5	14	9
S_3	0	10	0	9	14	6	3	15	5	1	13	12	7	11	4	2	8
	1	13	7	0	9	3	4	6	10	2	8	5	14	12	11	15	1
	2	13	6	4	9	8	15	3	0	11	1	2	12	5	10	14	7
	3	1	10	13	0	6	9	8	7	4	15	14	3	11	5	2	12
S_4	0	7	13	14	3	0	6	9	10	1	2	8	5	11	12	4	15
	1	13	8	11	5	6	15	0	3	4	7	2	12	1	10	14	9
	2	10	6	9	0	12	11	7	13	15	1	3	14	5	2	8	4
	3	3	15	0	6	10	1	13	8	9	4	5	11	12	7	2	14
S_5	0	2	12	4	1	7	10	11	6	8	5	3	15	13	0	14	9
	1	14	11	2	12	4	7	13	1	5	0	15	10	3	9	8	6
	2	4	2	1	11	10	13	7	8	15	9	12	5	6	3	0	14
	3	11	8	12	7	1	14	2	13	6	15	0	9	10	4	5	3

续表

		0	1	2	3	4	5	6	7	8	9	10	11	12	13	14	15
$\boldsymbol{S}_6$	0	12	1	10	15	9	2	6	8	0	13	3	4	14	7	5	11
	1	10	15	4	2	7	12	9	5	6	1	13	14	0	11	3	8
	2	9	14	15	5	2	8	12	3	7	0	4	10	1	13	11	6
	3	4	3	2	12	9	5	15	10	11	14	1	7	6	0	8	13
$\boldsymbol{S}_7$	0	4	11	2	14	15	0	8	13	3	12	9	7	5	10	6	1
	1	13	0	11	7	4	9	1	10	14	3	5	12	2	15	8	6
	2	1	4	11	13	12	3	7	14	10	15	6	8	0	5	9	2
	3	6	11	13	8	1	4	10	7	9	5	0	15	14	2	3	12
$\boldsymbol{S}_8$	0	13	2	8	4	6	15	11	1	10	9	3	14	5	0	12	7
	1	1	15	13	8	10	3	7	4	12	5	6	11	0	14	9	2
	2	7	11	4	1	9	12	14	2	0	6	10	13	15	3	5	8
	3	2	1	14	7	4	10	8	13	15	12	9	0	3	5	6	11

表 2.5　置换 P

16	7	20	21
29	12	28	17
1	15	23	26
5	18	31	10
2	8	24	14
32	27	3	9
19	13	30	6
22	11	4	25

(4) 32 比特变量 C 通过置换 P, 将 $P(C)$ 作为 $F(R,K)$ 的输出. P 置换参见表 2.5, 它将输入的第 16 比特置换为输出的第 1 比特, 将输入的第 7 比特置换为输出的第 2 比特, 依次类推, 将输入的第 25 比特置换为输出的第 32 比特.

2.1.2　解密流程

假设 DES 算法的加密轮密钥为 $(K_1,K_2,\cdots,K_{16})$, 那么只需将解密轮密钥变为加密轮密钥的逆序, 即 $(K_{16},K_{15},\cdots,K_1)$, DES 算法的解密流程就可以采用与加密流程完全相同的结构和轮函数, 理由如下:

定义如下两个变换 $\sigma(L,R)=(R,L)$ 和 $\tau_K(L,R)=(L\oplus F(R,K),R)$, 其中 F 为 DES 加密算法的轮函数, 容易验证 $\sigma^{-1}=\sigma$ 和 $\tau_K^{-1}=\tau_K$, 即 σ 和 τ_K 为对合变换. DES 加密算法的第 i 轮变换 $(L_i,R_i)=(R_{i-1},F(R_{i-1},K_i)\oplus L_{i-1})$ 可表示为 $(L_i,R_i)=\sigma\circ\tau_{K_i}(L_{i-1},R_{i-1})$, 从而完整的 16 轮加密过程可以表示如下:

$$Y=E_K(X)=\mathrm{IP}^{-1}\circ\tau_{K_{16}}\circ\sigma\circ\tau_{K_{15}}\circ\cdots\circ\sigma\circ\tau_{K_2}\circ\sigma\circ\tau_{K_1}\circ\mathrm{IP}(X),$$

故解密算法为

$$\begin{aligned}X&=E_K^{-1}(Y)\\&=\left(\mathrm{IP}^{-1}\circ\tau_{K_{16}}\circ\sigma\circ\tau_{K_{15}}\circ\cdots\circ\sigma\circ\tau_{K_2}\circ\sigma\circ\tau_{K_1}\circ\mathrm{IP}\right)^{-1}(Y)\\&=\mathrm{IP}^{-1}\circ\tau_{K_1}^{-1}\circ\sigma^{-1}\circ\tau_{K_2}^{-1}\circ\cdots\circ\sigma^{-1}\circ\tau_{K_{15}}^{-1}\circ\sigma^{-1}\circ\tau_{K_{16}}^{-1}\circ\left(\mathrm{IP}^{-1}\right)^{-1}(Y)\\&=\mathrm{IP}^{-1}\circ\tau_{K_1}\circ\sigma\circ\tau_{K_2}\circ\cdots\circ\sigma\circ\tau_{K_{15}}\circ\sigma\circ\tau_{K_{16}}\circ\mathrm{IP}(Y).\end{aligned}$$

可见, 一个 r 轮 Feistel 密码之所以能够保持加解密一致, 正是通过 "前 $r-1$ 轮交错迭代两个对合变换, 而第 r 轮只采用其中一个对合变换" 来实现的.

2.1.3 密钥扩展方案

DES 算法的密钥扩展方案较为简单, 给定 56 比特的种子密钥 K, 每隔 7 比特添加 1 个校验位比特, 将包含校验位比特的密钥比特位置依次标记为 $1, 2, \cdots, 64$, 其中第 8, 16, 24, 32, 40, 48, 56, 64 为 8 个校验位.

参考图 2.3, 密钥扩展算法 KS 描述如下:

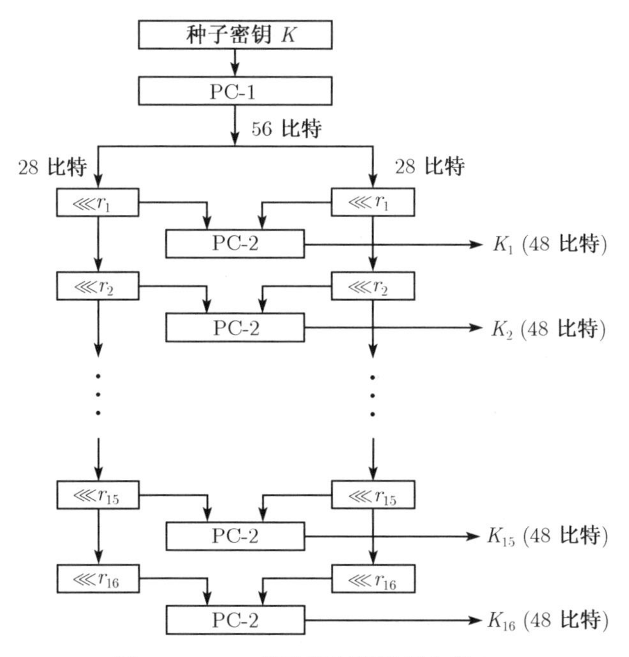

图 2.3 DES 算法的密钥扩展方案 KS

(1) 用选择函数 PC-1(见表 2.7) 置换表 2.6 中阴影部分的 56 比特密钥, 记 PC-1(K)=C_0D_0, C_0 与 D_0 分别为 PC-1(K) 左半部分 28 比特和右半部分 28 比特.

(2) 将 C_0D_0 按照如下方式迭代 16 轮, 得到轮密钥 K_i:

$$\begin{cases} C_i = C_{i-1} \lll r_i, \\ D_i = D_{i-1} \lll r_i, \qquad i = 1, \cdots, 16, \\ K_i = \text{PC-2}(C_iD_i), \end{cases}$$

其中 PC-2 表示从 56 比特中选取 48 比特, 见表 2.8. $\lll$ 表示循环左移, r_i 是与轮数有关的循环移位常量, 取值为 1 或 2, 见表 2.9.

表 2.6　DES 种子密钥的比特位置标识

1	2	3	4	5	6	7	8
9	10	11	12	13	14	15	16
17	18	19	20	21	22	23	24
25	26	27	28	29	30	31	32
33	34	35	36	37	38	39	40
41	42	43	44	45	46	47	48
49	50	51	52	53	54	55	56
57	58	59	60	61	62	63	64

表 2.7　选择函数 PC-1

57	49	41	33	25	17	9
1	58	50	42	34	26	18
10	2	59	51	43	35	27
19	11	3	60	52	44	36
63	55	47	39	31	23	15
7	62	54	46	38	30	22
14	6	61	53	45	37	29
21	13	5	28	20	12	4

表 2.8　选择函数 PC-2

14	17	11	24	1	5
3	28	15	6	21	10
23	19	12	4	26	8
16	7	27	20	13	2
41	52	31	37	47	55
30	40	51	45	33	48
44	49	39	56	34	53
46	42	50	36	29	32

表 2.9　DES 密钥扩展算法中第 i 轮的循环左移量

i	1	2	3	4	5	6	7	8	9	10	11	12	13	14	15	16
r_i	1	1	2	2	2	2	2	2	1	2	2	2	2	2	2	1

2.2　国际数据加密算法 IDEA

国际数据加密算法 IDEA(International Data Encryption Algorithm)[11] 的前身是建议加密标准 PES(Proposed Encryption Standard)[12], 由 Lai 和 Massey 在 1990 年欧密会上提出. 由于该算法采用了全新的结构和轮函数, 而且其 128 比特的密钥长度被认为比 DES 算法的 56 比特具有更多的安全余量, 因此设计者希望 PES 能够作为新的加密标准. 在 1991 年的欧洲密码年会上, 设计者针对 PES 算法的轮函数作出调整, 使得算法能更加有效地抵抗差分密码分析, 修订版本的算法称为改进的建议加密标准 IPES (Improved Proposed Encryption Standard). 1992 年, IPES 正式改名为 IDEA. IDEA 的主要设计思想是通过混合不同群上的运算来实现混淆, 利用特殊设计的乘加结构实现扩散. 由于采用特殊的轮函数, 算法的软件实现和硬件实现效率都比较高. Ascom-Tech AG 公司在欧洲和美国为 IDEA 申请了专利, 但是任何非商业用途的使用都不需要支付专利使用费, 不会像 DES 算法一样会因出口受限问题而在使用上受到约束, 因此 IDEA 得到了像 PGP 这样一些著名软件的青睐.

IDEA 的分组长度为 64 比特, 密钥长度为 128 比特, 迭代轮数是 8.5 轮, 算法采用了 Lai-Massey 结构使得加解密保持一致. 加密时, 64 比特明文通过 8 轮相同的变换, 最后通过一个输出变换获得密文. 下面分别介绍算法的加密、解密流程和密钥扩展方案.

2.2.1 加密流程

IDEA 的加密流程可参考图 2.4, 由 8 轮相同的混合变换和最后一个输出变换组成, 64 比特的明文 X 分为 4 组, 每组 16 比特, 记为 $X=(X_1,X_2,X_3,X_4)$. 加密得到的 64 比特密文 Y 也分为 4 组, 记为 $Y=(Y_1,Y_2,Y_3,Y_4)$. 128 比特的种子密钥 K, 经密钥扩展算法扩展成 52 个 16 比特的轮密钥, 前 8 轮混合变换每次使用 6 个轮密钥, 最后一个输出变换使用 4 个轮密钥. IDEA 加密流程中主要用到以下三种运算:

(1) 异或运算 $\oplus$: 即 2 元域上的加法, 按位模 2 加运算.

(2) 模 2^{16} 加运算 $\boxplus$: $a \boxplus b=(a+b) \mod 2^{16}$.

(3) 模 $2^{16}+1$ 乘运算 $\odot$: $a \odot b=(a \times b) \mod (2^{16}+1)$.

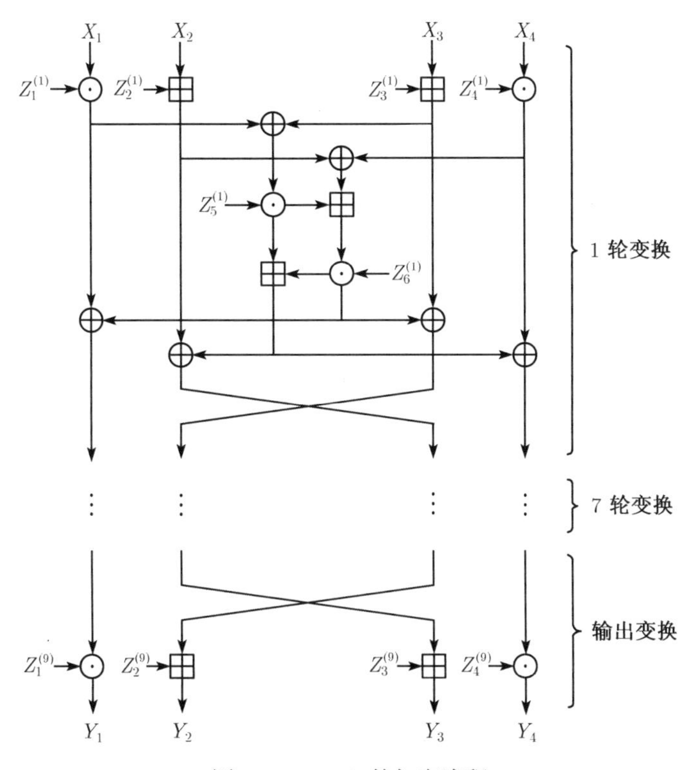

图 2.4 IDEA 的加密流程

上述 3 种群运算的对象均为 16 比特的字, 相应整数的取值范围为 $0 \sim 2^{16}-1$, 这对 $\oplus$ 和 $\boxplus$ 运算不会存在问题. 但对于 $\odot$ 运算, 由于 $2^{16}+1=65537$ 是素数, 任意 $1 \leqslant x \leqslant 2^{16}$ 对模 $2^{16}+1$ 乘法均有逆元, 而 0 没有逆元. 所以, 在加密过程中, 若当前处理的数据为 $1 \leqslant x \leqslant 2^{16}-1$, 则不需做任何改变; 若输入为 0, 则需要将其映射为 2^{16}; 而若输出结果为 2^{16}, 则需要将其映射为 0. 比如:

$$
\begin{aligned}
(0,0,\cdots,0,0) \odot (1,0,\cdots,0,0) &= 2^{16} \odot 2^{15} \\
&= (2^{16} \times 2^{15}) \mod (2^{16}+1) \\
&= 2^{15}+1 \\
&= (1,0,\cdots,0,1), \\
(1,0,\cdots,0,0) \odot (0,0,\cdots,1,0) &= 2^{15} \odot 2 \\
&= 2^{15} \times 2 \mod (2^{16}+1) \\
&= 2^{16} \\
&= (0,0,\cdots,0,0).
\end{aligned}
$$

令 $(X_1^{(0)}, X_2^{(0)}, X_3^{(0)}, X_4^{(0)}) = (X_1, X_2, X_3, X_4)$, 假设第 i 轮的输入为 $\left(X_1^{(i-1)}, X_2^{(i-1)}, X_3^{(i-1)}, X_4^{(i-1)}\right)$, 输出为 $\left(X_1^{(i)}, X_2^{(i)}, X_3^{(i)}, X_4^{(i)}\right)$, 参与运算的轮密钥为 $Z_1^{(i)}, Z_2^{(i)}, Z_3^{(i)}, Z_4^{(i)}, Z_5^{(i)}, Z_6^{(i)}$, 参考图 2.4, 轮变换定义如下:

(1) $T_1 = X_1^{(i-1)} \odot Z_1^{(i)}$, $T_2 = X_2^{(i-1)} \boxplus Z_2^{(i)}$, $T_3 = X_3^{(i-1)} \boxplus Z_3^{(i)}$, $T_4 = X_4^{(i-1)} \odot Z_4^{(i)}$.

(2) $T_5 = T_1 \oplus T_3$, $T_6 = T_2 \oplus T_4$.

(3) $T_7 = T_5 \odot Z_5^{(i)}$, $T_8 = T_6 \boxplus T_7$, $T_9 = T_8 \odot Z_6^{(i)}$, $T_{10} = T_7 \boxplus T_9$.

(4) $T_{11} = T_1 \oplus T_9$, $T_{12} = T_2 \oplus T_{10}$; $T_{13} = T_3 \oplus T_9$, $T_{14} = T_4 \oplus T_{10}$.

(5) $X_1^{(i)} = T_{11}$, $X_2^{(i)} = T_{13}$, $X_3^{(i)} = T_{12}$, $X_4^{(i)} = T_{14}$.

将 $(X_1^{(0)}, X_2^{(0)}, X_3^{(0)}, X_4^{(0)})$ 按照上述定义的轮变换迭代 8 轮, 获得 $(X_1^{(8)}, X_2^{(8)}, X_3^{(8)}, X_4^{(8)})$. 对 $(X_1^{(8)}, X_2^{(8)}, X_3^{(8)}, X_4^{(8)})$ 做如下的输出变换:

$$
Y_1 = X_1^{(8)} \odot Z_1^{(9)}, \quad Y_2 = X_3^{(8)} \boxplus Z_2^{(9)}, \quad Y_3 = X_2^{(8)} \boxplus Z_3^{(9)}, \quad Y_4 = X_4^{(8)} \odot Z_4^{(9)},
$$

获得密文 $Y = (Y_1, Y_2, Y_3, Y_4)$.

2.2.2 解密流程

IDEA 算法的解密过程与加密流程一致, 唯一不同的是轮密钥的使用. 表 2.10 给出了解密轮密钥与加密轮密钥之间的关系. 其中, i 表示轮数. Z^{-1} 为 Z 的模 $(2^{16}+1)$ 的乘法逆, 即 $Z \times Z^{-1} \equiv 1 \mod 2^{16}+1$, $-Z$ 表示 Z 的模 2^{16} 的加法逆, 即 $Z \boxplus (-Z) \equiv 0 \mod 2^{16}$. 下面说明只要解密轮密钥与加密轮密钥满足表 2.10 给出的关系, 那么解密流程与加密流程相同. 为此, 首先定义如下的 1 个群运算与 2 个对合变换, 在此基础上, 可以将 IDEA 的轮变换重新刻画.

表 2.10 IDEA 的加密轮密钥与解密轮密钥

轮数 i	加密轮密钥	解密轮密钥
1	$Z_1^{(1)}\ Z_2^{(1)}\ Z_3^{(1)}\ Z_4^{(1)}\ Z_5^{(1)}\ Z_6^{(1)}$	$Z_1^{(9)-1}\ Z_2^{(9)-1}\ -Z_3^{(9)}\ -Z_4^{(9)}\ Z_5^{(8)}\ Z_6^{(8)}$
2	$Z_1^{(2)}\ Z_2^{(2)}\ Z_3^{(2)}\ Z_4^{(2)}\ Z_5^{(2)}\ Z_6^{(2)}$	$Z_1^{(8)-1}\ Z_3^{(8)-1}\ -Z_2^{(8)}\ -Z_4^{(8)}\ Z_5^{(7)}\ Z_6^{(7)}$
3	$Z_1^{(3)}\ Z_2^{(3)}\ Z_3^{(3)}\ Z_4^{(3)}\ Z_5^{(3)}\ Z_6^{(3)}$	$Z_1^{(7)-1}\ Z_3^{(7)-1}\ -Z_2^{(7)}\ -Z_4^{(7)}\ Z_5^{(6)}\ Z_6^{(6)}$
4	$Z_1^{(4)}\ Z_2^{(4)}\ Z_3^{(4)}\ Z_4^{(4)}\ Z_5^{(4)}\ Z_6^{(4)}$	$Z_1^{(6)-1}\ Z_3^{(6)-1}\ -Z_2^{(6)}\ -Z_4^{(6)}\ Z_5^{(5)}\ Z_6^{(5)}$
5	$Z_1^{(5)}\ Z_2^{(5)}\ Z_3^{(5)}\ Z_4^{(5)}\ Z_5^{(5)}\ Z_6^{(5)}$	$Z_1^{(5)-1}\ Z_3^{(5)-1}\ -Z_2^{(5)}\ -Z_4^{(5)}\ Z_5^{(4)}\ Z_6^{(4)}$
6	$Z_1^{(6)}\ Z_2^{(6)}\ Z_3^{(6)}\ Z_4^{(6)}\ Z_5^{(6)}\ Z_6^{(6)}$	$Z_1^{(4)-1}\ Z_3^{(4)-1}\ -Z_2^{(4)}\ -Z_4^{(4)}\ Z_5^{(3)}\ Z_6^{(3)}$
7	$Z_1^{(7)}\ Z_2^{(7)}\ Z_3^{(7)}\ Z_4^{(7)}\ Z_5^{(7)}\ Z_6^{(7)}$	$Z_1^{(3)-1}\ Z_3^{(3)-1}\ -Z_2^{(3)}\ -Z_4^{(3)}\ Z_5^{(2)}\ Z_6^{(2)}$
8	$Z_1^{(8)}\ Z_2^{(8)}\ Z_3^{(8)}\ Z_4^{(8)}\ Z_5^{(8)}\ Z_6^{(8)}$	$Z_1^{(2)-1}\ Z_3^{(2)-1}\ -Z_2^{(2)}\ -Z_4^{(2)}\ Z_5^{(1)}\ Z_6^{(1)}$
输出变换	$Z_1^{(9)}\ Z_2^{(9)}\ Z_3^{(9)}\ Z_4^{(9)}$	$Z_1^{(1)-1}\ Z_2^{(1)-1}\ -Z_3^{(1)}\ -Z_4^{(1)}$

(1) 定义群 $(\mathbb{Z}_{2^{16}}^4,\otimes)$, 设 $Z_A=(Z_1,Z_2,Z_3,Z_4)\in\mathbb{Z}_{2^{16}}^4$, $X=(X_1,X_2,X_3,X_4)\in\mathbb{Z}_{2^{16}}^4$, $Y=(Y_1,Y_2,Y_3,Y_4)\in\mathbb{Z}_{2^{16}}^4$, 群运算 $\otimes$ 定义如下:

$$Y=X\otimes Z_A=(X_1\odot Z_1,X_2\boxplus Z_2,X_3\boxplus Z_3,X_4\odot Z_4)\triangleq\rho_{Z_A}(X).$$

易知, Z_A 针对 $\otimes$ 的逆元为 $Z_A^{-1}=\left(Z_1^{-1},-Z_2,-Z_3,Z_4^{-1}\right)$, 则

$$\begin{aligned}X&=\rho_{Z_A}^{-1}(Y)\\&=Y\otimes Z_A^{-1}\\&=\left(Y_1\odot Z_1^{-1},Y_2\boxplus(-Z_2),Y_3\boxplus(-Z_3),Y_4\odot Z_4^{-1}\right)\\&=\rho_{Z_A^{-1}}(Y).\end{aligned}$$

这表明 $\rho_{Z_A}^{-1}(\cdot)=\rho_{Z_A^{-1}}(\cdot)$.

(2) 设 $Z_B=(Z_5,Z_6)$, 按照图 2.5 和图 2.6, 定义变换 $(T_1,T_2,T_3,T_4)=\tau_{Z_B}(S_1,S_2,S_3,S_4)$, 容易验证 $\tau_{Z_B}^{-1}(\cdot)=\tau_{Z_B}(\cdot)$, 即 τ_{Z_B} 为对合变换.

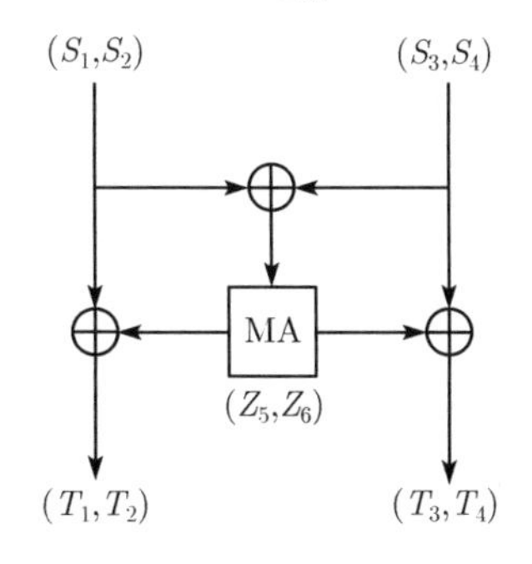

图 2.5 IDEA 中的对合变换 τ_{Z_B}

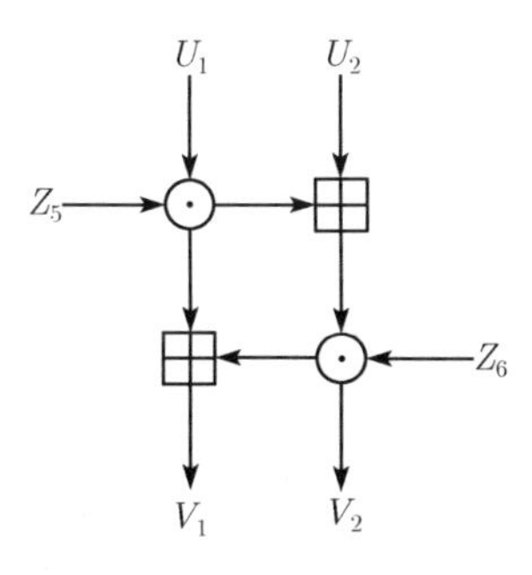

图 2.6 IDEA 中的 “乘加” 结构 (MA)

(3) 定义变换 $\sigma(T_1,T_2,T_3,T_4)=(T_1,T_3,T_2,T_4)$, 容易验证 $\sigma^{-1}(\cdot)=\sigma(\cdot)$, 即 σ 为对合变换. 进一步可验证 $\sigma(X\otimes Z_A)=\sigma(X)\otimes\sigma(Z_A)$, 故 $\sigma(\cdot)$ 是群 $(\mathbb{Z}_{2^{16}}^4,\otimes)$ 的自同构, 从而

$$\sigma\circ\rho_{Z_A}(X)=\sigma(\rho_{Z_A}(X))=\sigma(X\otimes Z_A)=\sigma(X)\otimes\sigma(Z_A)=\rho_{\sigma(Z_A)}(\sigma(X))=\rho_{\sigma(Z_A)}\circ\sigma(X),$$

这表明 $\sigma\circ\rho_{Z_A}(\cdot)=\rho_{\sigma(Z_A)}\circ\sigma(\cdot)$.

假设对 $i=1,2,\cdots,8$, 加密轮密钥为 $Z_A^{(i)}=\left(Z_1^{(i)},Z_2^{(i)},Z_3^{(i)},Z_4^{(i)}\right)$, $Z_B^{(i)}=\left(Z_5^{(i)},Z_6^{(i)}\right)$, 输出变换的轮密钥为 $Z_A^{(9)}=\left(Z_1^{(9)},Z_2^{(9)},Z_3^{(9)},Z_4^{(9)}\right)$, 设 $X^{(i-1)}=\left(X_1^{(i-1)},X_2^{(i-1)},X_3^{(i-1)},X_4^{(i-1)}\right)$ 和 $X^{(i)}=\left(X_1^{(i)},X_2^{(i)},X_3^{(i)},X_4^{(i)}\right)$ 分别为第 i 轮加密变换的输入和输出, 则 IDEA 第 i 轮加密变换为

$$X^{(i)}=\sigma\circ\tau_{Z_B^{(i)}}\circ\rho_{Z_A^{(i)}}\left(X^{(i-1)}\right),$$

而完整 8.5 轮 IDEA 加密流程可以描述如下:

$$Y=E_K(X)=\rho_{Z_A^{(9)}}\circ\tau_{Z_B^{(8)}}\circ\rho_{Z_A^{(8)}}\circ\sigma\circ\tau_{Z_B^{(7)}}\circ\rho_{Z_A^{(7)}}\circ\cdots\circ\sigma\circ\tau_{Z_B^{(2)}}\circ\rho_{Z_A^{(2)}}\circ\sigma\circ\tau_{Z_B^{(1)}}\circ\rho_{Z_A^{(1)}}(X),$$

故解密流程为

$$\begin{aligned}
X&=E_K^{-1}(Y)\\
&=\Big(\rho_{Z_A^{(9)}}\circ\tau_{Z_B^{(8)}}\circ\rho_{Z_A^{(8)}}\circ\sigma\circ\tau_{Z_B^{(7)}}\circ\rho_{Z_A^{(7)}}\\
&\quad\circ\cdots\circ\sigma\circ\tau_{Z_B^{(2)}}\circ\rho_{Z_A^{(2)}}\circ\sigma\circ\tau_{Z_B^{(1)}}\circ\rho_{Z_A^{(1)}}\Big)^{-1}(Y)\\
&=\Big(\rho^{-1}_{Z_A^{(1)}}\circ\tau^{-1}_{Z_B^{(1)}}\circ\sigma^{-1}\circ\rho^{-1}_{Z_A^{(2)}}\circ\tau^{-1}_{Z_B^{(2)}}\circ\sigma^{-1}\\
&\quad\circ\cdots\circ\rho^{-1}_{Z_A^{(7)}}\circ\tau^{-1}_{Z_B^{(7)}}\circ\sigma^{-1}\circ\rho^{-1}_{Z_A^{(8)}}\circ\tau^{-1}_{Z_B^{(8)}}\circ\rho^{-1}_{Z_A^{(9)}}\Big)(Y)\\
&=\Big(\rho^{-1}_{Z_A^{(1)}}\circ\tau_{Z_B^{(1)}}\circ\sigma\circ\rho^{-1}_{Z_A^{(2)}}\circ\tau_{Z_B^{(2)}}\circ\sigma\\
&\quad\circ\cdots\circ\rho^{-1}_{Z_A^{(7)}}\circ\tau_{Z_B^{(7)}}\circ\sigma\circ\rho^{-1}_{Z_A^{(8)}}\circ\tau_{Z_B^{(8)}}\circ\rho^{-1}_{Z_A^{(9)}}\Big)(Y)\\
&=\Big(\rho_{Z_A^{(1)-1}}\circ\tau_{Z_B^{(1)}}\circ\rho_{\sigma\left(Z_A^{(2)-1}\right)}\circ\sigma\circ\tau_{Z_B^{(2)}}\circ\rho_{\sigma\left(Z_A^{(3)-1}\right)}\\
&\quad\circ\cdots\circ\sigma\circ\tau_{Z_B^{(7)}}\circ\rho_{\sigma\left(Z_A^{(8)-1}\right)}\circ\sigma\circ\tau_{Z_B^{(8)}}\circ\rho_{Z_A^{(9)-1}}\Big)(Y),
\end{aligned}$$

据此可知, 解密轮密钥 $K_i^{(n)}$ 可以按照如下方式从加密轮密钥 $Z_i^{(n)}$ 计算获得:

$$\begin{aligned}\left(K_1^{(r)},K_2^{(r)},K_3^{(r)},K_4^{(r)}\right)&=\sigma\left((Z_1^{(10-r)^{-1}},-Z_2^{(10-r)},-Z_3^{(10-r)},Z_4^{(10-r)^{-1}}\right)\\&=\left(Z_1^{(10-r)^{-1}},-Z_3^{(10-r)},-Z_2^{(10-r)},Z_4^{(10-r)^{-1}}\right),\\&\qquad r=2,3,\cdots,8,\\\left(K_1^{(r)},K_2^{(r)},K_3^{(r)},K_4^{(r)}\right)&=\left(Z_1^{(10-r)^{-1}},-Z_2^{(10-r)},-Z_3^{(10-r)},Z_4^{(10-r)^{-1}}\right),\quad r=1,9,\\\left(K_5^{(r)},K_6^{(r)}\right)&=\left(Z_5^{(9-r)},Z_6^{(9-r)}\right),\quad r=1,2,\cdots,8.\end{aligned}$$

2.2.3 密钥扩展方案

IDEA 算法的加密和解密过程各需 52 个 16 比特的轮密钥, 这些轮密钥生成过程非常简单. 其中加密轮密钥的生成过程如下: 将 128 比特的种子密钥 K 分成 8 个 16 比特的轮密钥; 之后, 把种子密钥 K 循环左移 25 位, 再分成 8 个 16 比特的子密钥; 如此循环直到产生 52 个轮密钥为止. 表 2.11 给出了 52 个加密轮密钥与种子密钥的关系, 比如第 5 行第 2 列取值为 91~106, 则 $Z_2^{(5)}=K[91-106]$, 表示将种子密钥 K 的第 91 ~ 106 比特值作为轮密钥 $Z_2^{(5)}$. 一旦加密轮密钥生成, 按照表 2.10 可以生成解密轮密钥.

表 2.11 IDEA 的密钥扩展算法

轮数 i	$Z_1^{(i)}$	$Z_2^{(i)}$	$Z_3^{(i)}$	$Z_4^{(i)}$	$Z_5^{(i)}$	$Z_6^{(i)}$
1	0–15	16–31	32–47	48–63	64–79	80–95
2	96–111	112–127	25–40	41–56	57–72	73–88
3	89–104	105–120	121–8	9–24	50–65	66–81
4	82–97	98–113	114–1	2–17	18–33	34–49
5	75–90	91–106	107–122	123–10	11–26	27–42
6	43–58	59–74	100–115	116–3	4–19	20–35
7	36–51	52–67	68–83	84–99	125–12	13–28
8	29–44	45–60	61–76	77–92	93–108	109–124
输出变换	22–37	38–53	54–69	70–85		

2.3 高级加密标准 AES

1997 年 1 月, 美国国家标准与技术研究所 (NIST) 发布了征集高级加密标准 AES (Advanced Encryption Standard) 的计划, 此项活动的目的是确定一个非保密的、可以公开技术细节的、全球免费使用的分组密码算法, 以取代旧的数据加密标准 DES 算法成为新的算法标准. 经过三年多评估, 由比利时密码专家 Daemen 和 Rijmen 提交的 Rijndael 算法最终获胜[4,5].

Rijndael 算法的设计思想来源于之前的 Shark 和 Square 分组密码, 它们均采用清晰的 "代替–置换" 结构, 并且基于 "宽轨迹策略" 的设计思想. 如果选择具有良好密码学性质的组件, 设计者就能提供这些算法抵抗差分和线性密码分析的可证明安全. 除此之外, Rijndael 算法完全面向字节的设计方案, 使得其在各种平台下均能够高效实现, 这使得它从众多算法中脱颖而出, 成为 AES 竞赛最终的获胜算法. Rijndael 算法和 AES 算法唯一不同之处在于各自所支持的分组长度和密钥长度的范围不同: Rijndael 算法的分组长度和密钥长度均是可变的, 可独立设置为 32 比特的倍数, 最小为 128, 最大为 256; AES 算法的分组长度固定为 128 比特, 仅支持 128, 192 和 256 比特的密钥长度, 分别记为 AES-128, AES-192, AES-256, 相应的迭代轮数分别为 10 轮、12 轮和 14 轮. 本节主要介绍 AES 的加密、解密流程和密钥扩展方案.

2.3.1 加密流程

AES 算法基于字节设计, 即所有的运算均在有限域 $\mathbb{F}_{2^8}$ 上进行. 取 $\mathbb{F}_2[x]$ 中的不可约多项式 $m(x) = x^8 + x^4 + x^3 + x + 1$, 则 $\mathbb{F}_2[x]/(m(x)) \cong \mathbb{F}_{2^8}$. 设字节 $b = b_7b_6b_5b_4b_3b_2b_1b_0$, 则可将字节 b 与 $\mathbb{F}_2[x]/(m(x))$ 中的多项式 $f_b(x) = b_7x^7 + b_6x^6 + b_5x^5 + b_4x^4 + b_3x^3 + b_2x^2 + b_1x + b_0$ 建立一一对应关系, 从而字节 b 与有限域 $\mathbb{F}_{2^8}$ 中的元素一一对应.

AES 加密算法的明文、中间加密值、密文以及轮密钥均可表示为 4×4 的二维字节组, 称为状态矩阵. 给定明文字节流 $p_0p_1\cdots p_{15}$, 按如下顺序映射为 4×4 的明文状态矩阵:

$$\begin{pmatrix} p_0 & p_4 & p_8 & p_{12} \\ p_1 & p_5 & p_9 & p_{13} \\ p_2 & p_6 & p_{10} & p_{14} \\ p_3 & p_7 & p_{11} & p_{15} \end{pmatrix}.$$

在加密操作结束时, 密文状态矩阵按同样的映射顺序转化为密文字节流 $c_0c_1\cdots c_{15}$.

将 4 个字节 (byte), 即 32 比特称为 1 个字 (word). 假设 AES 算法的分组长度为 Nb 个字, 密钥长度为 Nk 个字, 迭代轮数为 Nr. 则 AES-128, AES-192 和 AES-256 对应的 Nk, Nr 和 Nb 之间的关系见表 2.12.

表 2.12 AES 算法迭代轮数、密钥长度、分组长度之间的关系

算法	分组长度 (Nb)	密钥长度 (Nk)	迭代轮数 (Nr)
AES-128	4	4	10
AES-192	4	6	12
AES-256	4	8	14

令状态矩阵 P, K_i, C 分别表示 AES 算法的明文、第 i 轮的轮密钥和密文. 则 AES 算法的加密流程如下:

(1) 初始白化过程, 将密钥 K_0 与明文 P 按字节做异或运算

$$X_0 = P \oplus K_0.$$

(2) 对 $1 \leqslant i \leqslant Nr-1$, 进行如下 $Nr-1$ 轮迭代变换, 每轮变换包括字节替换 (SubBytes)、行移位 (ShiftRows)、列混合 (MixColumns) 和密钥加 (AddRoundKey).

$$X_i = \text{AddRoundKey}_{K_i} \circ \text{MixColumns} \circ \text{ShiftRows} \circ \text{SubBytes}(X_{i-1}).$$

(3) 将第 $Nr-1$ 轮的输出结果通过第 Nr 轮变换, 获得密文

$$C = \text{AddRoundKey}_{K_{Nr}} \circ \text{ShiftRows} \circ \text{SubBytes}(X_{Nr-1}),$$

其中, 第 Nr 轮与前 $Nr-1$ 轮相比, 没有列混合变换.

下面依次给出轮变换中字节替换、行移位、列混合、密钥加的定义.

(1) **字节替换** (SubBytes)

字节替换是 AES 算法中唯一的非线性变换. 该变换按照一定的规则将状态的每个字节 a 映射成某一特定的字节 $b = S(a)$, 参考图 2.7.

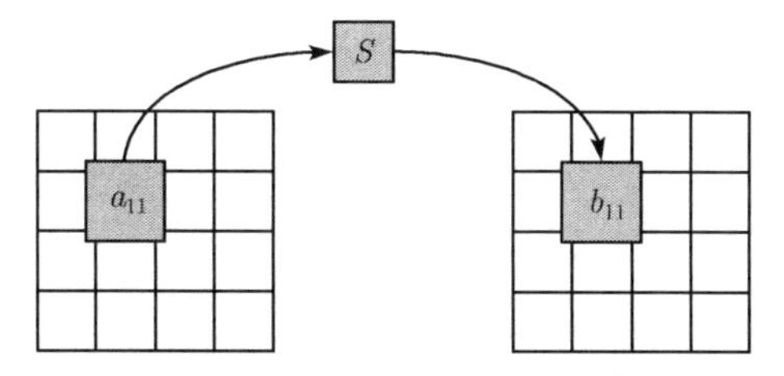

图 2.7 SubBytes 变换示意图

字节替换定义为 $\mathbb{F}_{2^8}$ 上的逆函数复合一个仿射变换, 定义如下:

$$S : \mathbb{F}_{2^8} \to \mathbb{F}_{2^8},$$
$$a \mapsto A \cdot a^{-1} \oplus c,$$

其中

$$A = \begin{pmatrix} 1 & 1 & 1 & 1 & 1 & 0 & 0 & 0 \\ 0 & 1 & 1 & 1 & 1 & 1 & 0 & 0 \\ 0 & 0 & 1 & 1 & 1 & 1 & 1 & 0 \\ 0 & 0 & 0 & 1 & 1 & 1 & 1 & 1 \\ 1 & 0 & 0 & 0 & 1 & 1 & 1 & 1 \\ 1 & 1 & 0 & 0 & 0 & 1 & 1 & 1 \\ 1 & 1 & 1 & 0 & 0 & 0 & 1 & 1 \\ 1 & 1 & 1 & 1 & 0 & 0 & 0 & 1 \end{pmatrix}, \qquad c = \begin{pmatrix} 0 \\ 1 \\ 1 \\ 0 \\ 0 \\ 0 \\ 1 \\ 1 \end{pmatrix}.$$

需要注意的是: $\mathbb{F}_{2^8}$ 上的逆函数是指当 a 为零元时, a^{-1} 取值仍为 0. 而当 a 为非零元时, a^{-1} 为 a 在 $\mathbb{F}_{2^8}^*$ 中乘法逆元.

通常在实现 AES 算法时, 总是先将上述 S 变换以数组方式存储下来, 当给定输入时, 只需通过查表即可给出输出. 表 2.13 列出了 S 变换的查表实现方式, 其中所有的元素均以 16 进制表示, 例如, $S(27)$=cc, $S(\text{ce})$=8b.

表 2.13　AES 算法加密 S 盒

	.0	.1	.2	.3	.4	.5	.6	.7	.8	.9	.a	.b	.c	.d	.e	.f
0.	63	7c	77	7b	f2	6b	6f	c5	30	01	67	2b	fe	d7	ab	76
1.	ca	82	c9	7d	fa	59	47	f0	ad	d4	a2	af	9c	a4	72	c0
2.	b7	fd	93	26	36	3f	f7	cc	34	a5	e5	f1	71	d8	31	15
3.	04	c7	23	c3	18	96	05	9a	07	12	80	e2	eb	27	b2	75
4.	09	83	2c	1a	1b	6e	5a	a0	52	3b	d6	b3	29	e3	2f	84
5.	53	d1	00	ed	20	fc	b1	5b	6a	cb	be	39	4a	4c	58	cf
6.	d0	ef	aa	fb	43	4d	33	85	45	f9	02	7f	50	3c	9f	a8
7.	51	a3	40	8f	92	9d	38	f5	bc	b6	da	21	10	ff	f3	d2
8.	cd	0c	13	ec	5f	97	44	17	c4	a7	7e	3d	64	5d	19	73
9.	60	81	4f	dc	22	2a	90	88	46	ee	b8	14	de	5e	0b	db
a.	e0	32	3a	0a	49	06	24	5c	c2	d3	ac	62	91	95	e4	79
b.	e7	c8	37	6d	8d	d5	4e	a9	6c	56	f4	ea	65	7a	ae	08
c.	ba	78	25	2e	1c	a6	b4	c6	e8	dd	74	1f	4b	bd	8b	8a
d.	70	3e	b5	66	48	03	f6	0e	61	35	57	b9	86	c1	1d	9e
e.	e1	f8	98	11	69	d9	8e	94	9b	1e	87	e9	ce	55	28	df
f.	8c	a1	89	0d	bf	e6	42	68	41	99	2d	0f	b0	54	bb	16

(2) **行移位** (ShiftRows)

行移位将状态矩阵的第 i 行循环左移 i 个字节, 其中 $i=0, 1, 2, 3$, 参考图 2.8.

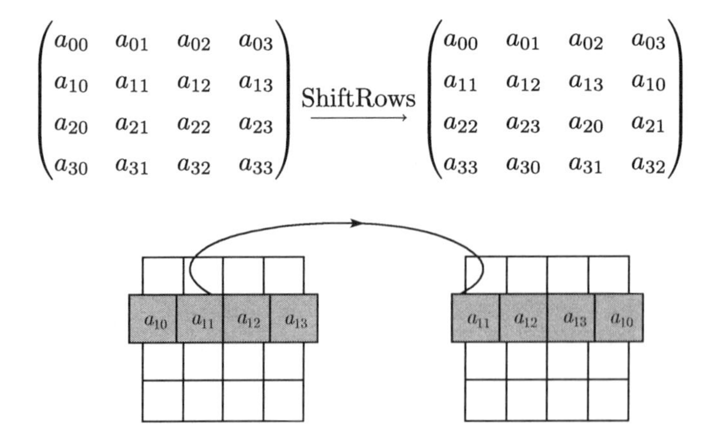

图 2.8　ShiftRows 变换示意图

(3) **列混合** (MixColumns)

列混合用 $\mathbb{F}_{2^8}^{4\times 4}$ 中的矩阵左乘状态矩阵的每列, 元素之间的乘法运算定义在有

限域 $\mathbb{F}_{2^8}$ 上. 其目的是将状态矩阵的每一列的元素进行混合, 参考图 2.9, 列混合定义如下:

$$\begin{pmatrix} a_{00} & a_{01} & a_{02} & a_{03} \\ a_{10} & a_{11} & a_{12} & a_{13} \\ a_{20} & a_{21} & a_{22} & a_{23} \\ a_{30} & a_{31} & a_{32} & a_{33} \end{pmatrix} \xrightarrow{\text{MixColumns}} \begin{pmatrix} b_{00} & b_{01} & b_{02} & b_{03} \\ b_{10} & b_{11} & b_{12} & b_{13} \\ b_{20} & b_{21} & b_{22} & b_{23} \\ b_{30} & b_{31} & b_{32} & b_{33} \end{pmatrix},$$

其中

$$\begin{pmatrix} b_{0j} \\ b_{1j} \\ b_{2j} \\ b_{3j} \end{pmatrix} = \begin{pmatrix} 02 & 03 & 01 & 01 \\ 01 & 02 & 03 & 01 \\ 01 & 01 & 02 & 03 \\ 03 & 01 & 01 & 02 \end{pmatrix} \times \begin{pmatrix} a_{0j} \\ a_{1j} \\ a_{2j} \\ a_{3j} \end{pmatrix}.$$

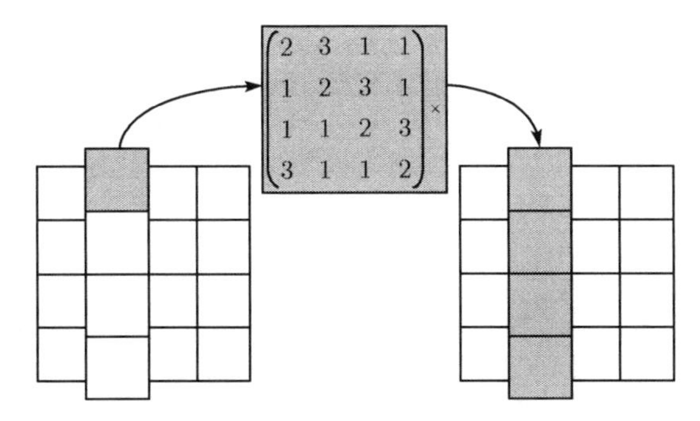

图 2.9 MixColumns 变换示意图

(4) **密钥加** (AddRoundKey)

密钥加将轮密钥与中间状态进行异或, 参考图 2.10, $\text{AddRoundKey}_{K_i}(A) = A \oplus K_i$, 即

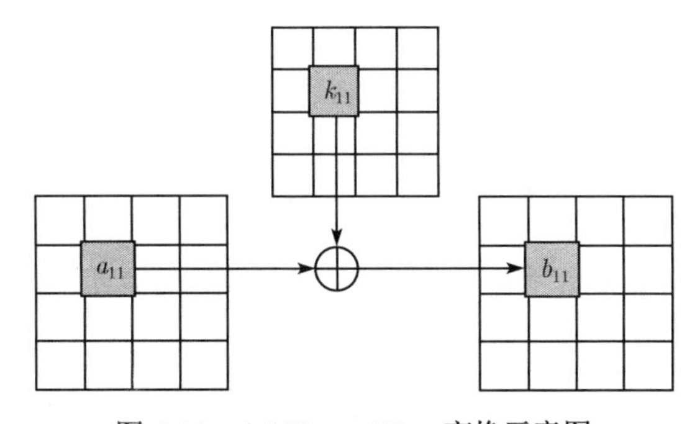

图 2.10 AddRoundKey 变换示意图

$$\begin{pmatrix} a_{00} & a_{01} & a_{02} & a_{03} \\ a_{10} & a_{11} & a_{12} & a_{13} \\ a_{20} & a_{21} & a_{22} & a_{23} \\ a_{30} & a_{31} & a_{32} & a_{33} \end{pmatrix} \xrightarrow{\text{AddRoundKey}} \begin{pmatrix} a_{00}\oplus k_{00} & a_{01}\oplus k_{01} & a_{02}\oplus k_{02} & a_{03}\oplus k_{03} \\ a_{10}\oplus k_{10} & a_{11}\oplus k_{11} & a_{12}\oplus k_{12} & a_{13}\oplus k_{13} \\ a_{20}\oplus k_{20} & a_{21}\oplus k_{21} & a_{22}\oplus k_{22} & a_{23}\oplus k_{23} \\ a_{30}\oplus k_{30} & a_{31}\oplus k_{31} & a_{32}\oplus k_{32} & a_{33}\oplus k_{33} \end{pmatrix}.$$

2.3.2 解密流程

由于 AES 加密算法采用了 SPN 结构, 且轮函数不对合, 故解密时需要利用加密流程中各变换的逆变换.

InvSubBytes 是 SubBytes 的逆变换, 该变换将状态矩阵中的每个元素 b 变换成 $S^{-1}(b)$, 具体取值参见表 2.14.

表 2.14　AES 算法解密 S 盒

	.0	.1	.2	.3	.4	.5	.6	.7	.8	.9	.a	.b	.c	.d	.e	.f
0.	52	09	6a	d5	30	36	a5	38	bf	40	a3	9e	81	f3	d7	fb
1.	7c	e3	39	82	9b	2f	ff	87	34	8e	43	44	c4	de	e9	cb
2.	54	7b	94	32	a6	c2	23	3d	ee	4c	95	0b	42	fa	c3	4e
3.	08	2e	a1	66	28	d9	24	b2	76	5b	a2	49	6d	8b	d1	25
4.	72	f8	f6	64	86	68	98	16	d4	a4	5c	cc	5d	65	b6	92
5.	6c	70	48	50	fd	ed	b9	da	5e	15	46	57	a7	8d	9d	84
6.	90	d8	ab	00	8c	bc	d3	0a	f7	e4	58	05	b8	b3	45	06
7.	d0	2c	1e	8f	ca	3f	0f	02	c1	af	bd	03	01	13	8a	6b
8.	3a	91	11	41	4f	67	dc	ea	97	f2	cf	ce	f0	b4	e6	73
9.	96	ac	74	22	e7	ad	35	85	e2	f9	37	e8	1c	75	df	6e
a.	47	f1	1a	71	1d	29	c5	89	6f	b7	62	0e	aa	18	be	1b
b.	fc	56	3e	4b	c6	d2	79	20	9a	db	c0	fe	78	cd	5a	f4
c.	1f	dd	a8	33	88	07	c7	31	b1	12	10	59	27	80	ec	5f
d.	60	51	7f	a9	19	b5	4a	0d	2d	e5	7a	9f	93	c9	9c	ef
e.	a0	e0	3b	4d	ae	2a	f5	b0	c8	eb	bb	3c	83	53	99	61
f.	17	2b	04	7e	ba	77	d6	26	e1	69	14	63	55	21	0c	7d

InvShiftRows 是 ShiftRows 的逆变换, 将状态矩阵的第 i 行循环右移 i 位.

InvMixColumns 是 MixColumns 的逆变换, 相应的列混合矩阵定义为

$$\begin{pmatrix} 02 & 03 & 01 & 01 \\ 01 & 02 & 03 & 01 \\ 01 & 01 & 02 & 03 \\ 03 & 01 & 01 & 02 \end{pmatrix}^{-1} = \begin{pmatrix} 0e & 0b & 0d & 09 \\ 09 & 0e & 0b & 0d \\ 0d & 09 & 0e & 0b \\ 0b & 0d & 09 & 0e \end{pmatrix}.$$

AddRoundKey 逆变换就是 AddRoundKey 本身.

假设加密轮密钥为 $(K_0, K_1, \cdots, K_{N_r})$, 利用解密轮密钥 $(K_{N_r}, \cdots, K_1, K_0)$, 将加密变换中每一步的逆变换进行组合, 就可以获得 AES 的解密流程.

(1) 第 1 轮变换:

$$X_{Nr-1} = \text{InvSubBytes} \circ \text{InvShiftRows} \circ \text{AddRoundKey}_{K_{Nr}}(C).$$

(2) 对 $1 \leqslant i \leqslant Nr-1$, 将上述结果进行如下的 9 轮迭代变换:

$$X_{i-1} = \text{InvSubBytes} \circ \text{InvShiftRows} \circ \text{InvMixColumns} \circ \text{AddRoundKey}_{K_i}(X_i).$$

(3) 将 Nr 轮变换后的结果进行最后的白化, 可得到明文

$$P = X_0 \oplus K_0.$$

但如果注意到如下两点, 则可以将加密流程和解密流程更好地统一起来:

(i) InvShiftRows 变换和 InvSubBytes 变换可以交换, 即

$$\text{InvSubBytes} \circ \text{InvShiftRows}(\cdot) = \text{InvShiftRows} \circ \text{InvSubBytes}(\cdot).$$

(ii) InvMixColumns 变换和 AddRoundKey 变换满足如下的性质:

$$\begin{aligned}
&\text{InvMixColumns} \circ \text{AddRoundKey}_K(X)\\
=&\text{InvMixColumns}(X \oplus K)\\
=&\text{InvMixColumns}(X) \oplus \text{InvMixColumns}(K)\\
=&\text{AddRoundKey}_{\text{InvMixColumns}(K)} \circ \text{InvMixColumns}(X).
\end{aligned}$$

据此, 将 AES 解密变换重新组合, 定义如下的等价轮密钥:

$$\begin{aligned}
&(K^*_{Nr}, K^*_{Nr-1}, \cdots, K^*_1, K^*_0)\\
=&(K_{Nr}, \text{InvMixColumns}(K_{Nr-1}), \cdots, \text{InvMixColumns}(K_1), K_0).
\end{aligned}$$

则 AES 的解密流程可以刻画如下:

(1) 用 K^*_{Nr} 对密文 C 进行白化:

$$Y_0 = C \oplus K^*_{Nr}.$$

(2) 对 $1 \leqslant i \leqslant Nr-1$, 进行如下 $Nr-1$ 轮迭代变换:

$$Y_i = \text{AddRoundKey}_{K^*_{Nr-i}} \circ \text{InvMixColumns} \circ \text{InvShiftRows} \circ \text{InvSubBytes}(Y_{i-1}).$$

(3) 对上述结果进行第 Nr 轮变换, 得到明文 P:

$$P = \text{AddRoundKey}_{K^*_0} \circ \text{InvShiftRows} \circ \text{InvSubBytes}(Y_{Nr-1}).$$

2.3.3　密钥扩展方案

假设 128/192/256 比特的种子密钥为 Key, 则迭代轮数为 Nr 的 AES 密钥扩展方案将 Key 扩展为 $Nr+1$ 个轮密钥, 其中第 i 轮的轮密钥为 ExpandKey[i], $0 \leqslant i \leqslant Nr$. 这主要由两个阶段构成: 第 1 阶段, 将种子密钥 Key 扩展生成 4 行 $4\times(Nr+1)$ 列的扩展密钥字, 每列包括 4 个字节, 共 32 比特, 用 $W[4\times(Nr+1)]$ 表示; 第 2 阶段, 轮密钥的获取, 此时, 第 i 轮的轮密钥 ExpandKey[i] 由 W 中的第 $4\times i$ 列到第 $4\times(i+1)-1$ 列给出. 结合如下伪代码, 接下来介绍扩展密钥字 W 的生成:

```
KeyExpansion ( byte Key[4*Nk], word W[Nb*(Nr+1)], Nk ) begin
    word temp;
    i = 0;
    while ( i < Nk )
           W[i] = word(Key[4*i],Key[4*i+1],Key[4*i+2],Key[4*i+3]);
           i = i+1;
    end while
    i = Nk;
    while ( i < Nb * (Nr+1) )
        temp = W[i-1]
        if ( i mod Nk == 0 )
            temp = SubWord(RotWord(temp)) xor Rcon[i/Nk];
        else if ( Nk>6 and i mod Nk ==4 )
            temp = SubWord(temp);
        end if
        W[i] = W[i-Nk] xor temp;
        i = i+1;
    end while
end
```

首先, 种子密钥 Key 按照如下顺序映射为 $4\times Nk$ 的矩阵:

$$\begin{pmatrix} \mathrm{Key}_0 & \mathrm{Key}_4 & \mathrm{Key}_8 & \mathrm{Key}_{12} & \cdots & \mathrm{Key}_{4\times Nk-4} \\ \mathrm{Key}_1 & \mathrm{Key}_5 & \mathrm{Key}_9 & \mathrm{Key}_{13} & \cdots & \mathrm{Key}_{4\times Nk-3} \\ \mathrm{Key}_2 & \mathrm{Key}_6 & \mathrm{Key}_{10} & \mathrm{Key}_{14} & \cdots & \mathrm{Key}_{4\times Nk-2} \\ \mathrm{Key}_3 & \mathrm{Key}_7 & \mathrm{Key}_{11} & \mathrm{Key}_{15} & \cdots & \mathrm{Key}_{4\times Nk-1} \end{pmatrix}.$$

扩展密钥字 W 的前 Nk 列对应相应的种子密钥, 后面的各列密钥字由先前的列按照如下的递归方式生成: 当 $Nk=4$ 或 6 时, 若 i 是 Nk 的倍数, 则第 i 列是

第 $i-Nk$ 列与第 $i-1$ 列的一个非线性函数的逐位异或, 该非线性函数由字内的字节循环移位 RotWord(·) 和字内的字节替换 SubWord(·) 构成, 否则, 第 i 列是第 $i-Nk$ 列与第 $i-1$ 列的逐位异或, 即 $W[i]=W[i-1]\oplus W[i-Nk]$; 当 $Nk=8$ 时, 除了上述迭代规则之外, 当 $i-4$ 是 Nk 的倍数时, 在进行逐位异或之前, 先对 $W[i-1]$ 进行字替换 SubWord(·).

非线性函数中的 RotWord(·) 和 SubWord(·) 分别定义如下:

$$
\begin{aligned}
\text{RotWord}\left([a_0,a_1,a_2,a_3]\right) &= [a_1,a_2,a_3,a_0],\\
\text{SubWord}\left([a_0,a_1,a_2,a_3]\right) &= [\text{SubBytes}(a_0),\text{SubBytes}(a_1),\\
&\qquad \text{SubBytes}(a_2),\text{SubbBytes}(a_3)].
\end{aligned}
$$

轮常量 $\text{Rcon}[i]=(\text{RC}[i],0,0,0)$, 其中, $\text{RC}[i]$ 是 $\mathbb{F}_{2^8}$ 中值为 x^{i-1} 的元素, 具体定义为

$$
\begin{cases}
\text{RC}[1]=1(01),\\
\text{RC}[2]=x(02),\\
\text{RC}[i]=x\cdot\text{RC}[i-1]=x^{i-1}, \quad \text{当 } i\geqslant 3 \text{ 时}.
\end{cases}
$$

2.4 Camellia 算法

Camellia 算法由三菱公司 (Mitsubishi Electric Corporation) 和日本电信电话公司 (Nippon Telegraph and Telephone Corporation) 在 2000 年共同设计[2], 相关细节发表在 SAC 2000 上[1]. Camellia 以其高安全性和在各种软件、硬件平台上的高效率等显著特点, 在 2003 年被欧洲 NESSIE 计划评选为获胜算法, 同年又被日本 CRYPTREC 计划选为推荐算法, 2004 年成为 IETF 标准算法, 2005 年成为 ISO/IEC 标准算法, 2006 年成为 PKCS#11 的认可密码, 2009 年 Camellia 算法的计数器使用模式和 CBC-MAC 使用模式成为 IETF 标准. 目前, Camellia 已经向 OpenSSL, Linux, Firefox 等开源社区提供了算法的源代码, 希望能够在这些著名的开源软件中得到应用. 可以说, Camellia 算法是继 AES 算法后最具有竞争优势的分组密码算法之一, 它已经在信息安全的很多领域得到了广泛的应用.

Camellia 算法的分组长度为 128 比特, 密钥长度可以为 128, 192 和 256 比特, 分别记为 Camellia-128, Camellia-192 和 Camellia-256. 当密钥长度为 128 比特时, 迭代轮数为 18 轮; 当密钥长度为 192 比特或 256 比特时, 迭代轮数为 24 轮. Camellia 算法整体上采用了 Feistel 结构, 但加入了一些新的特性, 比如白化处理, 每隔 6 轮加入了密钥相关的 FL 和 FL^{-1} 变换. 这些特性的引入并未改变 Feistel 密码加解密一致的本质, 但在一定程度上增加了算法抵抗未知攻击的能力. 本节分别介绍 Camellia 算法的加密、解密流程和密钥扩展方案.

2.4.1　加密流程

Camellia 算法整体上采用 Feistel 结构, 但加入了白化处理、每隔 6 轮的 FL 和 FL^{-1} 变换. 图 2.11 显示 Camellia-128 的加密流程. 假设 Camellia 算法的轮数为 r, 则加密过程需要如下 3 类轮密钥: 输入和输出的 64 比特白化轮密钥 $kw_t(t=1,2,3,4)$; 64 比特的轮密钥 $k_u(u=1,\cdots,r)$ 以及 FL 变换、FL^{-1} 变换中所采用的 $kl_v,(v=1,2,\cdots,r/3-2)$.

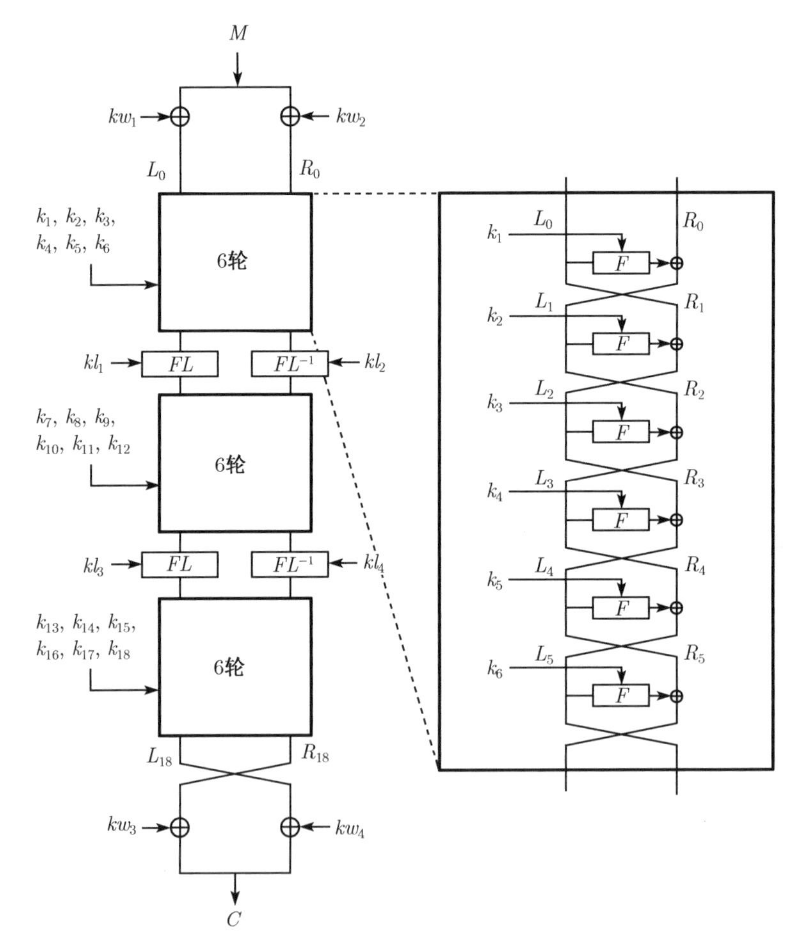

图 2.11　Camellia-128 算法的加密流程示意图

Camellia-128 的加密流程如下:

(1) 128 比特明文 M 与白化密钥 $kw_1\|kw_2$ 进行异或运算后分为左半部分 64 比特 L_0 和右半部分 64 比特 R_0, 即 $M\oplus(kw_1\|kw_2)=L_0\|R_0$.

(2) 对 $r=1,2,\cdots,18$, $r\neq 6, r\neq 12$, 进行如下变换:

$$\begin{cases} L_r = R_{r-1} \oplus F(L_{r-1}, k_r), \\ R_r = L_{r-1}; \end{cases}$$

对 $r = 6, 12$, 进行如下变换:

$$\begin{cases} L'_r = R_{r-1} \oplus F(L_{r-1}, k_r), \\ R'_r = L_{r-1}, \end{cases} \qquad \begin{cases} L_r = FL(L'_r, kl_{r/3-1}), \\ R_r = FL^{-1}(R'_r, kl_{r/3}). \end{cases}$$

(3) $R_{18} \| L_{18}$ 与白化密钥 $kw_3 \| kw_4$ 进行异或运算, 获得密文 $C = (R_{18} \| L_{18}) \oplus (kw_3 \| kw_4)$.

Camellia-192 和 Camellia-256 的加密流程如下:

(1) 128 比特明文 M 与白化密钥 $kw_1 \| kw_2$ 进行异或运算后分为左半部分 64 比特 L_0 和右半部分 64 比特 R_0, 即 $M \oplus (kw_1 \| kw_2) = L_0 \| R_0$.

(2) 对 $r = 1, 2, \cdots, 24$, $r \neq 6, r \neq 12, r \neq 18$, 进行如下变换:

$$\begin{cases} L_r = R_{r-1} \oplus F(L_{r-1}, k_r), \\ R_r = L_{r-1}; \end{cases}$$

对 $r = 6, 12, 18$, 进行如下变换:

$$\begin{cases} L'_r = R_{r-1} \oplus F(L_{r-1}, k_r), \\ R'_r = L_{r-1}, \end{cases} \qquad \begin{cases} L_r = FL(L'_r, kl_{r/3-1}), \\ R_r = FL^{-1}(R'_r, kl_{r/3}). \end{cases}$$

(3) $R_{24} \| L_{24}$ 与白化密钥 $kw_3 \| kw_4$ 进行异或运算, 获得密文 $C = (R_{24} \| L_{24}) \oplus (kw_3 \| kw_4)$.

下面依次介绍轮函数 F, FL 和 FL^{-1} 变换:

参考图 2.12, Camellia 算法的轮函数 F 采用了 SPN(代替置换网络) 结构, 其中, S 函数是一个非线性变换, 由 8 个并行的 S 盒构成, P 函数是一个线性变换, 图中 x_i, y_i, z_i, z'_i 均为 8 比特字符串 $(1 \leqslant i \leqslant 8)$, 即一个字节.

S 函数采用了 8 个 S 盒变换, 共使用了 4 个不同的 S 盒 s_1, s_2, s_3, s_4, 即 $S = (s_1, s_2, s_3, s_4, s_2, s_3, s_4, s_1)$. 4 个 S 盒仿射等价于 $GF(2^8)$ 上的逆函数, 定义如下:

$$\begin{aligned} s_1(x) &= h(g(f(\mathrm{0xc5} \oplus x))) \oplus \mathrm{0x6e}, \\ s_2(x) &= s_1(x) \lll_1, \\ s_3(x) &= s_1(x) \ggg_1, \\ s_4(x) &= s_1(x \lll_1), \end{aligned}$$

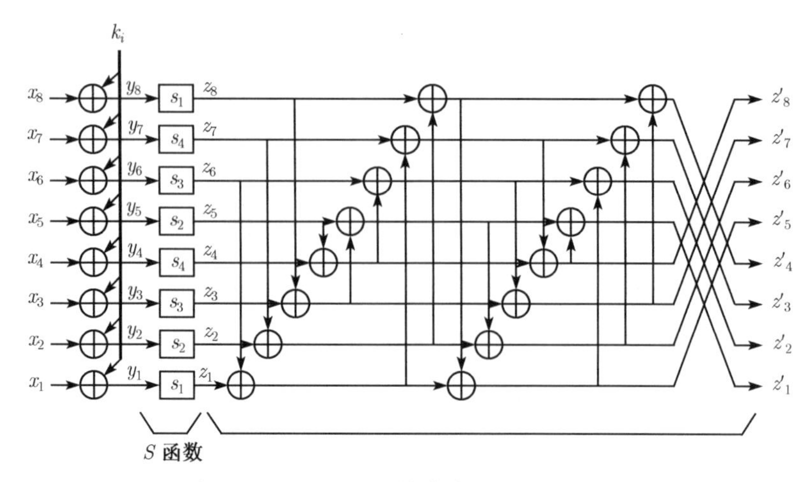

图 2.12　Camellia 算法轮函数 F 示意图

这里, $f(\cdot)$ 和 $h(\cdot)$ 均为 $\mathbb{F}_{2^8}$ 上的线性函数, 定义如下:

$$f: \mathbb{F}_2^8 \to \mathbb{F}_2^8,$$
$$(a_1, a_2, \cdots, a_8) \mapsto (b_1, b_2, \cdots, b_8),$$

$$\begin{aligned} b_1 &= a_6 \oplus a_2, & b_5 &= a_7 \oplus a_4, \\ b_2 &= a_7 \oplus a_1, & b_6 &= a_5 \oplus a_2, \\ b_3 &= a_8 \oplus a_5 \oplus a_3, & b_7 &= a_8 \oplus a_1, \\ b_4 &= a_8 \oplus a_3, & b_8 &= a_6 \oplus a_4; \end{aligned}$$

$$h: \mathbb{F}_2^8 \to \mathbb{F}_2^8,$$
$$(a_1, a_2, \cdots, a_8) \mapsto (b_1, b_2, \cdots, b_8),$$

$$\begin{aligned} b_1 &= a_5 \oplus a_6 \oplus a_2, & b_5 &= a_7 \oplus a_3, \\ b_2 &= a_6 \oplus a_2, & b_6 &= a_8 \oplus a_1, \\ b_3 &= a_7 \oplus a_4, & b_7 &= a_5 \oplus a_1, \\ b_4 &= a_8 \oplus a_2, & b_8 &= a_6 \oplus a_3. \end{aligned}$$

$g(\cdot)$ 是 $\mathbb{F}_{2^8}$ 上的逆函数, 定义如下:

$$g: \mathbb{F}_2^8 \to \mathbb{F}_2^8,$$
$$(a_1, a_2, \cdots, a_8) \mapsto (b_1, b_2, \cdots, b_8)$$

$$\begin{aligned} &(b_8 + b_7\alpha + b_6\alpha^2 + b_5\alpha^3) + (b_4 + b_3\alpha + b_2\alpha^2 + b_1\alpha^3)\beta \\ &= ((a_8 + a_7\alpha + a_6\alpha^2 + a_5\alpha^3) + (a_4 + a_3\alpha + a_2\alpha^2 + a_1\alpha^3)\beta)^{-1}, \end{aligned}$$

其中, $0^{-1}=0$, $\beta\in\mathbb{F}_{2^8}$ 满足 $\beta^8+\beta^6+\beta^5+\beta^3+1=0$, $\alpha=\beta^{238}=\beta^6+\beta^6+\beta^3+\beta^2\in\mathbb{F}_{2^4}$, 满足 $\alpha^4+\alpha+1=0$.

P 置换将 8 个字节 $(z_0,z_1,\cdots,z_{15})$ 映射为 $(z'_0,z'_1,\cdots,z'_{15})$, 具体定义如下:

$$P:\mathbb{F}_{2^8}^8\to\mathbb{F}_{2^8}^8,$$
$$(z_1,z_2,\cdots,z_8)\mapsto(z'_1,z'_2,\cdots,z'_8),$$

$$\begin{aligned}
z'_1&=z_1\oplus z_3\oplus z_4\oplus z_6\oplus z_7\oplus z_8, & z'_5&=z_1\oplus z_2\oplus z_6\oplus z_7\oplus z_8,\\
z'_2&=z_1\oplus z_2\oplus z_4\oplus z_5\oplus z_7\oplus z_8, & z'_6&=z_2\oplus z_3\oplus z_5\oplus z_7\oplus z_8,\\
z'_3&=z_1\oplus z_2\oplus z_3\oplus z_5\oplus z_6\oplus z_8, & z'_7&=z_3\oplus z_4\oplus z_5\oplus z_6\oplus z_8,\\
z'_4&=z_2\oplus z_3\oplus z_4\oplus z_5\oplus z_6\oplus z_7, & z'_8&=z_1\oplus z_4\oplus z_5\oplus z_6\oplus z_7.
\end{aligned}$$

P 置换亦可写成如下的矩阵表示:

$$\begin{pmatrix}z'_1\\z'_2\\z'_3\\z'_4\\z'_5\\z'_6\\z'_7\\z'_8\end{pmatrix}=\begin{pmatrix}1&0&1&1&0&1&1&1\\1&1&0&1&1&0&1&1\\1&1&1&0&1&1&0&1\\0&1&1&1&1&1&1&0\\1&1&0&0&0&1&1&1\\0&1&1&0&1&0&1&1\\0&0&1&1&1&1&0&1\\1&0&0&1&1&1&1&0\end{pmatrix}\cdot\begin{pmatrix}z_1\\z_2\\z_3\\z_4\\z_5\\z_6\\z_7\\z_8\end{pmatrix}.$$

参考图 2.13 和图 2.14, FL 变换和 FL^{-1} 变换定义如下:

$$\begin{aligned}
FL:&\ \mathbb{F}_2^{64}\to\mathbb{F}_2^{64},\\
&(X_L\|X_R,kl_L\|kl_R)\mapsto Y_L\|Y_R,\\
&Y_R=((X_L\cap kl_L)\lll_1)\oplus X_R,\quad Y_L=(Y_R\cup kl_R)\oplus Y_L;\\
FL^{-1}:&\ \mathbb{F}_2^{64}\to\mathbb{F}_2^{64},\\
&(Y_L\|Y_R,kl_R\|kl_L)\mapsto X_L\|X_R,\\
&X_L=(Y_R\cup kl_R)\oplus Y_L,\quad Y_R=((X_L\cap kl_L)\lll_1)\oplus Y_R,
\end{aligned}$$

其中 $\cap$ 表示按位逻辑 “与” 运算; $\cup$ 表示按位逻辑 “或” 运算.

2.4.2 解密流程

Camellia 整体采用 Feistel 结构, 而每隔 6 轮加入的 FL 和 FL^{-1} 变换互逆, 且均采用了 2 轮 Feistel 结构, 故解密与加密保持一致, 只需解密轮密钥的使用顺序与加密轮密钥相反, 这里不再赘述.

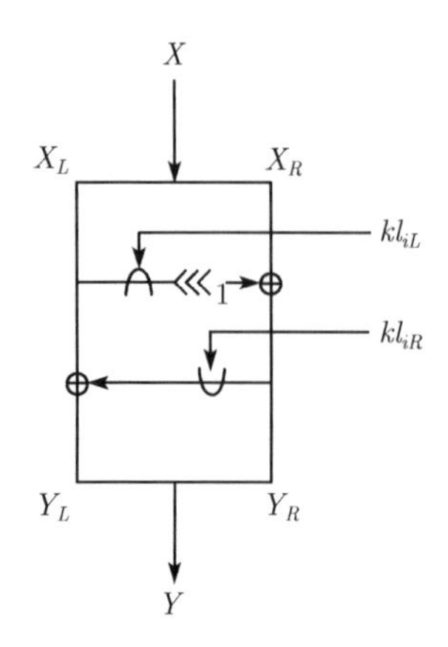

图 2.13　FL 变换示意图

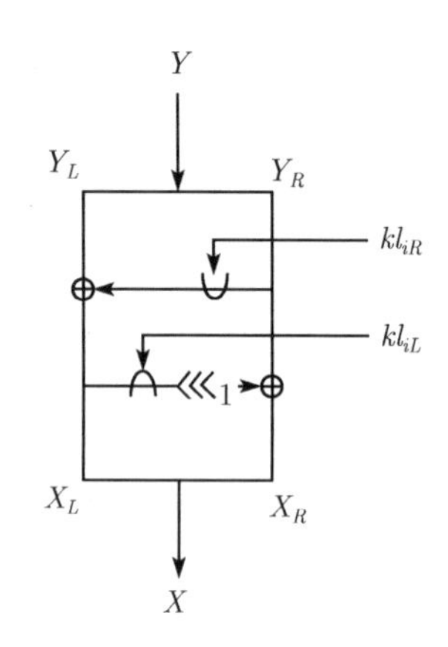

图 2.14　FL^{-1} 变换示意图

2.4.3　密钥扩展方案

Camellia 算法的密钥扩展方案由两部分构成：密钥字的生成和轮密钥的选取.

(1) 密钥字的生成. Camellia 密钥扩展算法需要 2 个 128 比特的初始变量 K_L 和 K_R, 由种子密钥生成. 当种子密钥 K 长度为 128 比特时, 取 $K_L = K$, $K_R = 0$ 为 128 比特全 0 比特; 当种子密钥 K 长度为 192 比特时, 取 k_L 为 K 的左边 128 比特, 取 K_R 为 K 的右边 64 比特及其补集 (逐比特取补); 当种子密钥 K 长度为 256 比特时, 取 $K_L \| K_R = K$.

上述初始变量 $K_L \| K_R$ 经过图 2.15 所示的 6 轮 Feistel 变换, 生成两个 128 比

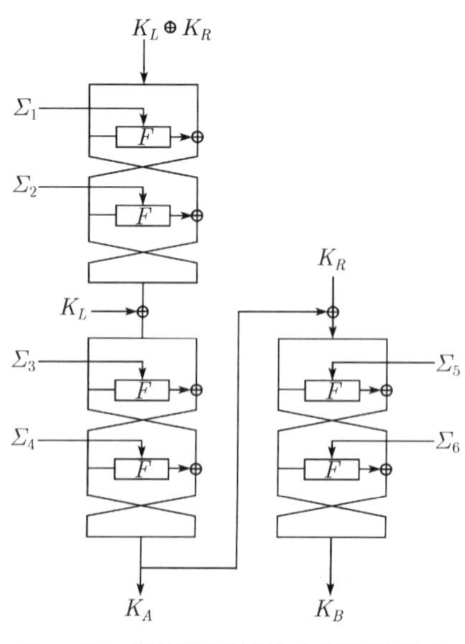

图 2.15　Camellia 密钥扩展算法中密钥字的生成示意图

特的密钥字 K_A 和 K_B. 其中, 轮函数 F 与加密算法中的组件相同, 64 比特的常数 $\Sigma_i, i=1,2,\cdots,6$ 为该 6 轮 Feistel 变换中的 "轮密钥", 具体值如下:

$$\Sigma_1 = 0xA09E667F3BCC908B, \quad \Sigma_2 = 0xB67AE8584CAA73B2,$$
$$\Sigma_3 = 0xC6EF372FE94F82BE, \quad \Sigma_4 = 0x54FF53A5F1D36F1C,$$
$$\Sigma_5 = 0x10E527FADE682D1D, \quad \Sigma_6 = 0xB05688C2B3E6C1FD.$$

(2) 轮密钥的选取. 通过对密钥字 K_L, K_R, K_A 和 K_B 进行移位变换, 获得各轮轮密钥 kw_i, kl_i, k_i, 其中 K_B 仅在 Camellia-192 和 Camellia-256 中使用. 参考表 2.15, 其中左半部分是 Camellia-128 轮密钥的选取方式, 右半部分是 Camellia-192 和 Camellia-256 轮密钥的选取方式.

表 2.15 Camellia 算法密钥扩展算法中轮密钥的选取

	128 比特密钥		192, 256 比特密钥	
	子密钥	密钥值	子密钥	密钥值
	kw_1	$(k_L \lll_0)_L$	kw_1	$(k_L \lll_0)_L$
	kw_2	$(k_L \lll_0)_R$	kw_2	$(k_L \lll_0)_R$
F(轮 1)	k_1	$(k_A \lll_0)_L$	k_1	$(k_B \lll_0)_L$
F (轮 2)	k_2	$(k_A \lll_0)_R$	k_2	$(k_B \lll_0)_R$
F (轮 3)	k_3	$(k_L \lll_{15})_L$	k_3	$(k_R \lll_{15})_L$
F (轮 4)	k_4	$(k_L \lll_{15})_R$	k_4	$(k_R \lll_{15})_R$
F (轮 5)	k_5	$(k_A \lll_{15})_L$	k_5	$(k_A \lll_{15})_L$
F (轮 6)	k_6	$(k_A \lll_{15})_R$	k_6	$(k_A \lll_{15})_R$
FL	kl_1	$(k_A \lll_{30})_L$	kl_1	$(k_R \lll_{30})_L$
FL^{-1}	kl_2	$(k_A \lll_{30})_R$	kl_2	$(k_R \lll_{30})_R$
F(轮 7)	k_7	$(k_L \lll_{45})_L$	k_7	$(k_B \lll_{30})_L$
F (轮 8)	k_8	$(k_L \lll_{45})_R$	k_8	$(k_B \lll_{30})_R$
F (轮 9)	k_9	$(k_A \lll_{45})_L$	k_9	$(k_L \lll_{45})_L$
F (轮 10)	k_{10}	$(k_L \lll_{60})_R$	k_{10}	$(k_L \lll_{45})_R$
F (轮 11)	k_{11}	$(k_A \lll_{60})_L$	k_{11}	$(k_A \lll_{45})_L$
F (轮 12)	k_{12}	$(k_A \lll_{60})_R$	k_{12}	$(k_A \lll_{45})_R$
FL	kl_3	$(k_L \lll_{77})_L$	kl_3	$(k_L \lll_{60})_L$
FL^{-1}	kl_4	$(k_L \lll_{77})_R$	kl_4	$(k_L \lll_{60})_R$
F (轮 13)	k_{13}	$(k_L \lll_{94})_L$	k_{13}	$(k_R \lll_{60})_L$
F (轮 14)	k_{14}	$(k_L \lll_{94})_R$	k_{14}	$(k_R \lll_{60})_R$
F (轮 15)	k_{15}	$(k_A \lll_{94})_L$	k_{15}	$(k_B \lll_{60})_L$
F (轮 16)	k_{16}	$(k_A \lll_{94})_R$	k_{16}	$(k_B \lll_{60})_R$
F (轮 17)	k_{17}	$(k_L \lll_{111})_L$	k_{17}	$(k_L \lll_{77})_L$
F (轮 18)	k_{18}	$(k_L \lll_{111})_R$	k_{18}	$(k_L \lll_{77})_R$
FL	kw_3	$(k_A \lll_{111})_L$	kl_5	$(k_A \lll_{77})_L$
FL^{-1}	kw_4	$(k_A \lll_{111})_R$	kl_6	$(k_A \lll_{77})_R$

续表

	128 比特密钥		192, 256 比特密钥	
	子密钥	密钥值	子密钥	密钥值
F (轮 19)			k_{19}	$(k_R \lll_{94})_L$
F (轮 20)			k_{20}	$(k_R \lll_{94})_R$
F (轮 21)			k_{21}	$(k_A \lll_{94})_L$
F (轮 22)			k_{22}	$(k_A \lll_{94})_R$
F (轮 23)			k_{23}	$(k_L \lll_{111})_L$
F (轮 24)			k_{24}	$(k_L \lll_{111})_R$
			kw_3	$(k_B \lll_{111})_L$
			kw_4	$(k_B \lll_{111})_R$

2.5 ARIA 算法

ARIA 算法由韩国研究人员设计, 历经 3 个版本, 依次为 ARIA 0.8 版[16]、ARIA 0.9 版[9] 和 ARIA 1.0 版[17]. 最终版为 1.0 版, 于 2005 年 1 月由韩国的国家安全研究所 (National Security Research Institute, NSRI) 发布, 并被选为韩国的加密标准.

ARIA 算法采用 SPN 结构, 分组长度为 128 比特, 密钥长度支持 128, 192 和 256 比特, 迭代轮数分别为 12, 14 和 16 轮, 记为 ARIA-128, ARIA-196 和 ARIA-256. ARIA 算法的混淆层采用了两类变换: 第 1 类替代变换和第 2 类替代变换, 两者互逆; 扩散层则采用了对合变换. ARIA 算法将上述几类变换通过适当的组合使得加解密算法保持一致. 本节分别介绍 ARIA 算法的加密、解密流程和密钥扩展方案.

2.5.1 加密流程

ARIA 加密算法整体上采用了 SPN 结构, 通过交替使用两类互逆的混淆层变换和对合的扩散层变换, 使得加解密算法保持一致. 与 AES 算法类似, 称 ARIA 算法的明文、加密中间值、密文为状态, 这些 128 比特的状态取值均为 16 个字节. 令 P, ek_i 和 C 分别表示 ARIA 加密算法的明文、第 i 轮轮密钥和密文, 参考图 2.16, r 轮 ARIA 加密算法流程可以描述如下:

(1) 初始白化过程, 将白化密钥 ek_0 与明文 P 按字节做异或运算:

$$X_0 = P \oplus ek_0.$$

(2) 对 $1 \leqslant i \leqslant r-1$, 进行如下 $r-1$ 轮迭代变换, 每轮变换包括混淆层替换 SL、扩散层变换 DL 和密钥加 RKA,

$$X_i = \mathrm{RKA}_{ek_i} \circ \mathrm{DL} \circ \mathrm{SL}(X_{i-1}).$$

(3) 将第 $r-1$ 轮的输出结果通过第 r 轮变换, 获得密文

$$C = \mathrm{RKA}_{ek_r} \circ \mathrm{SL}(X_{r-1}),$$

其中, 第 r 轮与前 $r-1$ 轮相比, 没有扩散层变换 DL.

下面依次给出混淆层变换 SL、扩散层变换 DL 和密钥加变换 RKA 的定义.

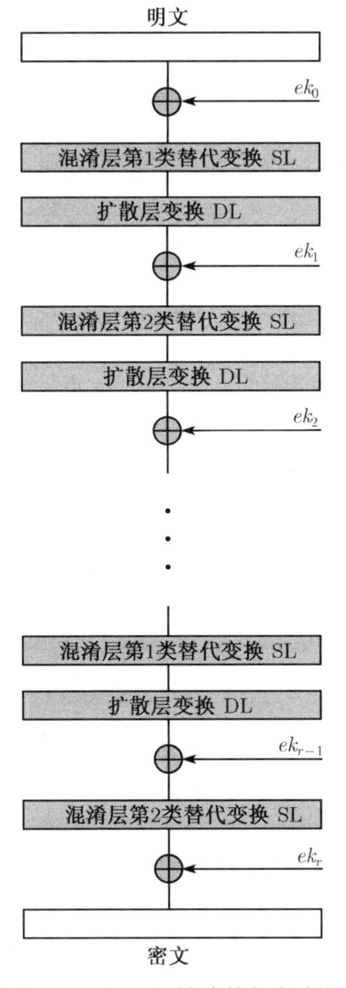

图 2.16　ARIA 算法的加密流程

(1) 混淆层变换 SL

混淆层变换 SL 为非线性变换, 它按照一定的规则将状态的每个字节映射成某一特定的字节, ARIA 算法包括两类混淆层变换, 即第 1 类替代变换和第 2 类替代变换, 可参考图 2.17 和图 2.18. 两类替代变换共采用 4 个 S 盒: S_1, S_2 及 S_1^{-1}, S_2^{-1}, S 盒具体定义见表 2.16~ 表 2.19. 混淆层第 1 类替代变换在奇数轮变换中使用, 混淆层第二类替代变换在偶数轮中使用, 且两类变换互逆.

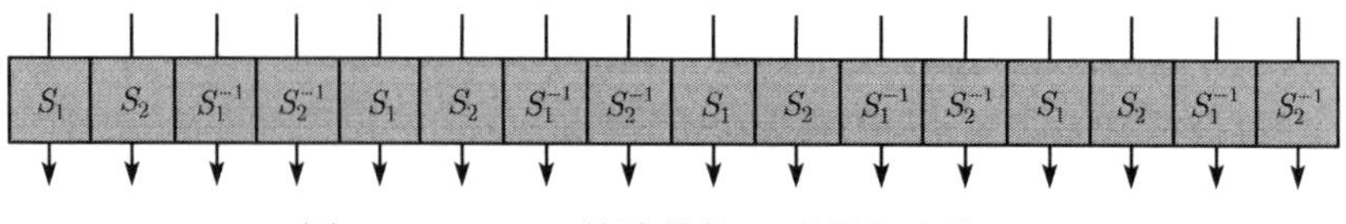

图 2.17　ARIA 算法的第 1 类替代变换 SL

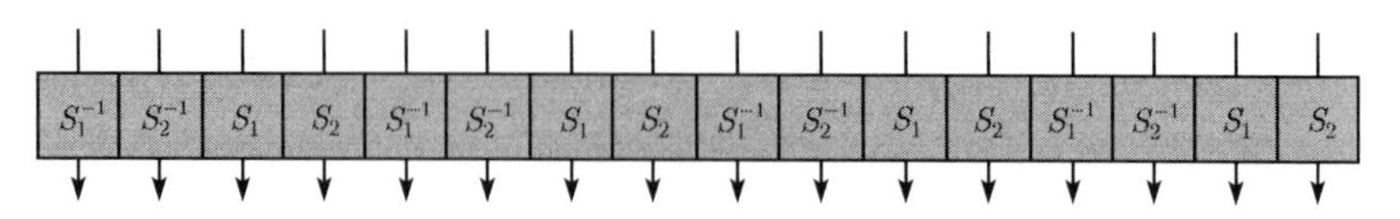

图 2.18　ARIA 算法的第 2 类替代变换 SL

表 2.16　ARIA 算法 S 盒 S_1

	.0	.1	.2	.3	.4	.5	.6	.7	.8	.9	.a	.b	.c	.d	.e	.f
0.	63	7c	77	7b	f2	6b	6f	c5	30	01	67	2b	fe	d7	ab	76
1.	ca	82	c9	7d	fa	59	47	f0	ad	d4	a2	af	9c	a4	72	c0
2.	b7	fd	93	26	36	3f	f7	cc	34	a5	e5	f1	71	d8	31	15
3.	04	c7	23	c3	18	96	05	9a	07	12	80	e2	eb	27	b2	75
4.	09	83	2c	1a	1b	6e	5a	a0	52	3b	d6	b3	29	e3	2f	84
5.	53	d1	00	ed	20	fc	b1	5b	6a	cb	be	39	4a	4c	58	cf
6.	d0	ef	aa	fb	43	4d	33	85	45	f9	02	7f	50	3c	9f	a8
7.	51	a3	40	8f	92	9d	38	f5	bc	b6	da	21	10	ff	f3	d2
8.	cd	0c	13	ec	5f	97	44	17	c4	a7	7e	3d	64	5d	19	73
9.	60	81	4f	dc	22	2a	90	88	46	ee	b8	14	de	5e	0b	db
a.	e0	32	3a	0a	49	06	24	5c	c2	d3	ac	62	91	95	e4	79
b.	e7	c8	37	6d	8d	d5	4e	a9	6c	56	f4	ea	65	7a	ae	08
c.	ba	78	25	2e	1c	a6	b4	c6	e8	dd	74	1f	4b	bd	8b	8a
d.	70	3e	b5	66	48	03	f6	0e	61	35	57	b9	86	c1	1d	9e
e.	e1	f8	98	11	69	d9	8e	94	9b	1e	87	e9	ce	55	28	df
f.	8c	a1	89	0d	bf	e6	42	68	41	99	2d	0f	b0	54	bb	16

表 2.17　ARIA 算法 S 盒 S_1^{-1}

	.0	.1	.2	.3	.4	.5	.6	.7	.8	.9	.a	.b	.c	.d	.e	.f
0.	52	09	6a	d5	30	36	a5	38	bf	40	a3	9e	81	f3	d7	fb
1.	7c	e3	39	82	9b	2f	ff	87	34	8e	43	44	c4	de	e9	cb
2.	54	7b	94	32	a6	c2	23	3d	ee	4c	95	0b	42	fa	c3	4e
3.	08	2e	a1	66	28	d9	24	b2	76	5b	a2	49	6d	8b	d1	25
4.	72	f8	f6	64	86	68	98	16	d4	a4	5c	cc	5d	65	b6	92
5.	6c	70	48	50	fd	ed	b9	da	5e	15	46	57	a7	8d	9d	84
6.	90	d8	ab	00	8c	bc	d3	0a	f7	e4	58	05	b8	b3	45	06
7.	d0	2c	1e	8f	ca	3f	0f	02	c1	af	bd	03	01	13	8a	6b
8.	3a	91	11	41	4f	67	dc	ea	97	f2	cf	ce	f0	b4	e6	73
9.	96	ac	74	22	e7	ad	35	85	e2	f9	37	e8	1c	75	df	6e
a.	47	f1	1a	71	1d	29	c5	89	6f	b7	62	0e	aa	18	be	1b
b.	fc	56	3e	4b	c6	d2	79	20	9a	db	c0	fe	78	cd	5a	f4
c.	1f	dd	a8	33	88	07	c7	31	b1	12	10	59	27	80	ec	5f
d.	60	51	7f	a9	19	b5	4a	0d	2d	e5	7a	9f	93	c9	9c	ef
e.	a0	e0	3b	4d	ae	2a	f5	b0	c8	eb	bb	3c	83	53	99	61
f.	17	2b	04	7e	ba	77	d6	26	e1	69	14	63	55	21	0c	7d

表 2.18 ARIA 算法 S 盒 S_2

	.0	.1	.2	.3	.4	.5	.6	.7	.8	.9	.a	.b	.c	.d	.e	.f
0.	e2	4e	54	fc	94	c2	4a	cc	62	0d	6a	46	3c	4d	8b	d1
1.	5e	fa	64	cb	b4	97	be	2b	bc	77	2e	03	d3	19	59	c1
2.	1d	06	41	6b	55	f0	99	69	ea	9c	18	ae	63	df	e7	bb
3.	00	73	66	fb	96	4c	85	e4	3a	09	45	aa	0f	ee	10	eb
4.	2d	7f	f4	29	ac	cf	ad	91	8d	78	c8	95	f9	2f	ce	cd
5.	08	7a	88	38	5c	83	2a	28	47	db	b8	c7	93	a4	12	53
6.	ff	87	0e	31	36	21	58	48	01	8e	37	74	32	ca	e9	b1
7.	b7	ab	0c	d7	c4	56	42	26	07	98	60	d9	b6	b9	11	40
8.	ec	20	8c	bd	a0	c9	84	04	49	23	f1	4f	50	1f	13	dc
9.	d8	c0	9e	57	e3	c3	7b	65	3b	02	8f	3e	e8	25	92	e5
a.	15	dd	fd	17	a9	bf	d4	9a	7e	c5	39	67	fe	76	9d	43
b.	a7	e1	d0	f5	68	f2	1b	34	70	05	a3	8a	d5	79	86	a8
c.	30	c6	51	4b	1e	a6	27	f6	35	d2	6e	24	16	82	5f	da
d.	e6	75	a2	ef	2c	b2	1c	9f	5d	6f	80	0a	72	44	9b	6c
e.	90	0b	5b	33	7d	5a	52	f3	61	a1	f7	b0	d6	3f	7c	6d
f.	ed	14	e0	a5	3d	22	b3	f8	89	de	71	1a	af	ba	b5	81

表 2.19 ARIA 算法 S 盒 S_2^{-1}

	.0	.1	.2	.3	.4	.5	.6	.7	.8	.9	.a	.b	.c	.d	.e	.f
0.	30	68	99	1b	87	b9	21	78	50	39	db	e1	72	09	62	3c
1.	3e	7e	5e	8e	f1	a0	cc	a3	2a	1d	fb	b6	d6	20	c4	8d
2.	81	65	f5	89	cb	9d	77	c6	57	43	56	17	d4	40	1a	4d
3.	c0	63	6c	e3	b7	c8	64	6a	53	aa	38	98	0c	f4	9b	ed
4.	7f	22	76	af	dd	3a	0b	58	67	88	06	c3	35	0d	01	8b
5.	8c	c2	e6	5f	02	24	75	93	66	1e	e5	e2	54	d8	10	ce
6.	7a	e8	08	2c	12	97	32	ab	b4	27	0a	23	df	ef	ca	d9
7.	b8	fa	dc	31	6b	d1	ad	19	49	bd	51	96	ee	e4	a8	41
8.	da	ff	cd	55	86	36	be	61	52	f8	bb	0e	82	48	69	9a
9.	e0	47	9e	5c	04	4b	34	15	79	26	a7	de	29	ae	92	d7
a.	84	e9	d2	ba	5d	f3	c5	b0	bf	a4	3b	71	44	46	2b	fc
b.	eb	6f	d5	f6	14	fe	7c	70	5a	7d	fd	2f	18	83	16	a5
c.	91	1f	05	95	74	a9	c1	5b	4a	85	6d	13	07	4f	4e	45
d.	b2	0f	c9	1c	a6	bc	ec	73	90	7b	cf	59	8f	a1	f9	2d
e.	f2	b1	00	94	37	9f	d0	2e	9c	6e	28	3f	80	f0	3d	d3
f.	25	8a	b5	e7	42	b3	c7	ea	f7	4c	11	33	03	a2	ac	60

(2) 扩散层变换 DL

扩散层变换 DL 为线性变换, 它将 16 个字节的状态 $(x_0, x_1, \cdots, x_{15})$ 映射为 $(y_0, y_1, \cdots, y_{15})$, 具体定义如下:

$$DL : \mathbb{F}_{2^8}^{16} \to \mathbb{F}_{2^8}^{16},$$
$$(x_0, x_1, \cdots, x_{15}) \mapsto (y_0, y_1, \cdots, y_{15}),$$

$$\begin{aligned}
&y_0 = x_3 \oplus x_4 \oplus x_6 \oplus x_8 \oplus x_9 \oplus x_{13} \oplus x_{14}, &&y_8 = x_0 \oplus x_1 \oplus x_4 \oplus x_7 \oplus x_{10} \oplus x_{13} \oplus x_{15},\\
&y_1 = x_2 \oplus x_5 \oplus x_7 \oplus x_8 \oplus x_9 \oplus x_{12} \oplus x_{15}, &&y_9 = x_0 \oplus x_1 \oplus x_5 \oplus x_6 \oplus x_{11} \oplus x_{12} \oplus x_{14},\\
&y_2 = x_1 \oplus x_4 \oplus x_6 \oplus x_{10} \oplus x_{11} \oplus x_{12} \oplus x_{15}, &&y_{10} = x_2 \oplus x_3 \oplus x_5 \oplus x_6 \oplus x_8 \oplus x_{13} \oplus x_{15},\\
&y_3 = x_0 \oplus x_5 \oplus x_7 \oplus x_{10} \oplus x_{11} \oplus x_{13} \oplus x_{14}, &&y_{11} = x_2 \oplus x_3 \oplus x_4 \oplus x_7 \oplus x_9 \oplus x_{12} \oplus x_{14},\\
&y_4 = x_0 \oplus x_2 \oplus x_5 \oplus x_8 \oplus x_{11} \oplus x_{14} \oplus x_{15}, &&y_{12} = x_1 \oplus x_2 \oplus x_6 \oplus x_7 \oplus x_9 \oplus x_{11} \oplus x_{12},\\
&y_5 = x_1 \oplus x_3 \oplus x_4 \oplus x_9 \oplus x_{10} \oplus x_{14} \oplus x_{15} &&y_{13} = x_0 \oplus x_3 \oplus x_6 \oplus x_7 \oplus x_8 \oplus x_{10} \oplus x_{13},\\
&y_6 = x_0 \oplus x_2 \oplus x_7 \oplus x_9 \oplus x_{10} \oplus x_{12} \oplus x_{13}, &&y_{14} = x_0 \oplus x_3 \oplus x_4 \oplus x_5 \oplus x_9 \oplus x_{11} \oplus x_{14},\\
&y_7 = x_1 \oplus x_3 \oplus x_6 \oplus x_8 \oplus x_{11} \oplus x_{12} \oplus x_{13}, &&y_{15} = x_1 \oplus x_2 \oplus x_4 \oplus x_5 \oplus x_8 \oplus x_{10} \oplus x_{15}.
\end{aligned}$$

扩散层线性变换 DL 亦可用如下的矩阵 A 表示:

$$\begin{pmatrix} y_0\\ y_1\\ y_2\\ y_3\\ y_4\\ y_5\\ y_6\\ y_7\\ y_8\\ y_9\\ y_{10}\\ y_{11}\\ y_{12}\\ y_{13}\\ y_{14}\\ y_{15} \end{pmatrix} = \begin{pmatrix}
0&0&0&1&1&0&1&0&1&1&0&0&0&1&1&0\\
0&0&1&0&0&1&0&1&1&1&0&0&1&0&0&1\\
0&1&0&0&1&0&1&0&0&0&1&1&1&0&0&1\\
1&0&0&0&0&1&0&1&0&0&1&1&0&1&1&0\\
1&0&1&0&0&1&0&0&1&0&0&1&0&0&1&1\\
0&1&0&1&1&0&0&0&0&1&1&0&0&0&1&1\\
1&0&1&0&0&0&0&1&0&1&1&0&1&1&0&0\\
0&1&0&1&0&0&1&0&1&0&0&1&1&1&0&0\\
1&1&0&0&1&0&0&1&0&0&1&0&0&1&0&1\\
1&1&0&0&0&1&1&0&0&0&0&1&1&0&1&0\\
0&0&1&1&0&1&1&0&1&0&0&0&0&1&0&1\\
0&0&1&1&1&0&0&1&0&1&0&0&1&0&1&0\\
0&1&1&0&0&0&1&1&0&1&0&1&1&0&0&0\\
1&0&0&1&0&0&1&1&1&0&1&0&0&1&0&0\\
1&0&0&1&1&1&0&0&0&1&0&1&0&0&1&0\\
0&1&1&0&1&1&0&0&1&0&1&0&0&0&0&1
\end{pmatrix} \cdot \begin{pmatrix} x_0\\ x_1\\ x_2\\ x_3\\ x_4\\ x_5\\ x_6\\ x_7\\ x_8\\ x_9\\ x_{10}\\ x_{11}\\ x_{12}\\ x_{13}\\ x_{14}\\ x_{15} \end{pmatrix}.$$

(3) 密钥加变换 RKA

密钥加变换 RKA 将轮密钥 ek_i 与中间状态 X_{i-1} 进行逐字节异或运算, 记为 $\mathrm{RKA}_{ek_i}(X_{i-1}) = X_{i-1} \oplus ek_i$.

2.5.2 解密流程

由于 ARIA 加密算法中奇数轮采用的混淆层替代变换和偶数轮采用的混淆层替代变换互逆, 且扩散层的线性变换对合, 进一步, 算法迭代的轮数为偶数, 与前面介绍 AES 解密算法流程类似, 当解密轮密钥 $(dk_0, dk_1, \cdots, dk_{r-1}, dk_r)$ 满足:

$$dk_0 = ek_r, dk_1 = A(ek_{r-1}), \cdots, dk_{r-1} = A(ek_1), dk_r = ek_0,$$

解密算法与加密算法流程完全一致, 见图 2.19.

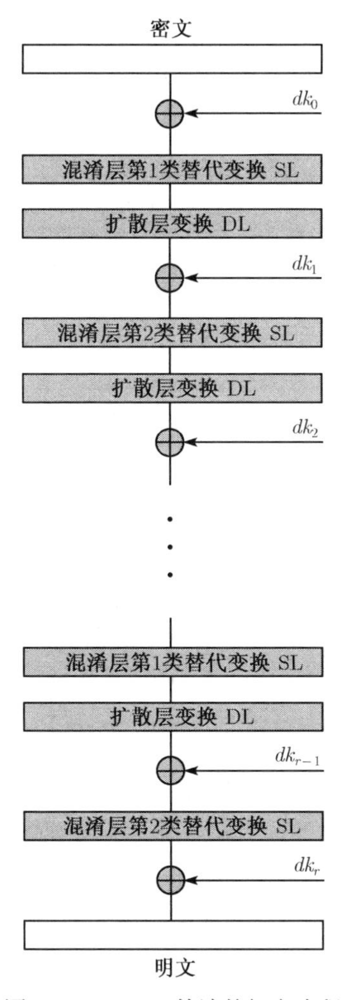

图 2.19 ARIA 算法的解密流程

2.5.3 密钥扩展方案

ARIA 的密钥扩展方案包括两个部分: 密钥字的生成和轮密钥的选取.

(1) 密钥字的生成. ARIA 密钥扩展算法需要 2 个 128 比特的初始变量 KL 和 KR, 由种子密钥 MK 生成, 规则如下:

$$KL||KR = MK||0 \cdots 0,$$

即当种子密钥 MK 长度为 128 比特时, 则取 $KL=MK$, $KR=0$ 为 128 个全 0 比特; 当种子密钥 MK 长度为 192 比特时, 则取 KL 为 MK 的左边 128 比特, KR 为 MK 剩下的 64 比特和 64 个全 0 比特的串联; 当种子密钥 MK 长度为 256 比特时, 则取 $KL||KR=MK$.

上述初始变量 $KL||KR$ 经过图 2.20 所示的 256 比特的 2 轮 Feistel 变换, 生成如下的 4 个 128 比特的密钥字 W_0, W_1, W_2, W_3:

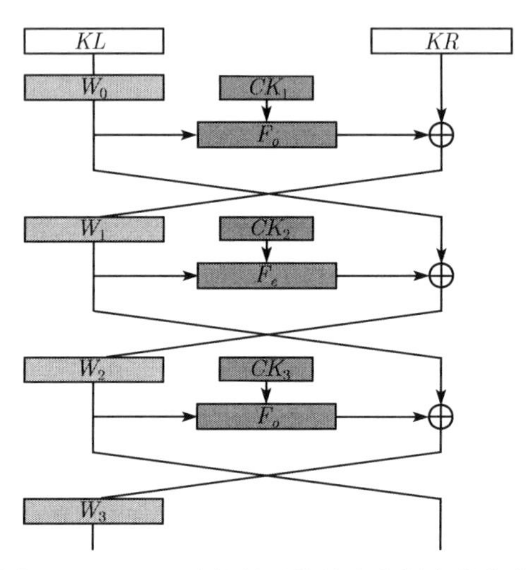

图 2.20　ARIA 密钥扩展算法中密钥字的生成

$$W_0 = KL, \qquad W_2 = F_e(W_1, CK_2) \oplus W_0,$$
$$W_1 = F_o(W_0, CK_1) \oplus KR, \quad W_3 = F_o(W_2, CK_3) \oplus W_1,$$

其中, F_o 和 F_e 分别为 ARIA 加密算法中奇数轮和偶数轮所采用的轮函数, 128 比特的常数 CK_1, CK_2, CK_3 为该 3 轮 Feistel 变换中的 "轮密钥", 按照如下方式生成:

首先, 将 π^{-1} 小数表示的前 128×3 个比特分为 3 个常数 C_i:

$$C_1 = 0x517cc1b727220a94fe12abe8fa9a6ee0,$$
$$C_2 = 0x6db14acc9321c820ff28b1d5ef5de2b0,$$
$$C_3 = 0xdb92371d2126e9700324977504e8c90e.$$

然后, 根据种子密钥的长度, 常数 CK_i 按照表 2.20 所示方式生成

表 2.20　轮常数 CK_i 的生成方式

种子密钥长度	CK_1	CK_2	CK_3
128	C_1	C_2	C_3
192	C_2	C_3	C_1
256	C_3	C_1	C_2

(2) 轮密钥的选取. 通过对密钥字 W_0, W_1, W_2, W_3 进行移位变换和异或运算, 获得加密变换所需的轮密钥 ek_i, 具体选取方式如下:

$$
\begin{aligned}
&ek_0 = (W_0) \oplus (W_1 \ggg 19), \quad ek_1 = (W_1) \oplus (W_2 \ggg 19),\\
&ek_2 = (W_2) \oplus (W_3 \ggg 19), \quad ek_3 = (W_0 \ggg 19) \oplus (W_3),\\
&ek_4 = (W_0) \oplus (W_1 \ggg 31), \quad ek_5 = (W_1) \oplus (W_2 \ggg 31),\\
&ek_6 = (W_2) \oplus (W_3 \ggg 31), \quad ek_7 = (W_0 \ggg 31) \oplus (W_3),\\
&ek_8 = (W_0) \oplus (W_1 \lll 61), \quad ek_9 = (W_1) \oplus (W_2 \lll 61),\\
&ek_{10} = (W_2) \oplus (W_3 \lll 61), \quad ek_{11} = (W_0 \lll 61) \oplus (W_3),\\
&ek_{12} = (W_0) \oplus (W_1 \lll 31), \quad ek_{13} = (W_1) \oplus (W_2 \lll 31),\\
&ek_{14} = (W_2) \oplus (W_3 \lll 31), \quad ek_{15} = (W_0 \lll 31) \oplus (W_3),\\
&ek_{16} = (W_0) \oplus (W_1 \lll 19).
\end{aligned}
$$

2.6 FOX 算法

FOX 算法[8], 又称为 IDEA NXT, 由瑞士的 Pascal Junod 和 Serge Vaudenay 针对苏黎世 MediaCrypt AG 公司的业务需求而设计, 算法细节公布在 SAC 2004 上[7]. FOX 算法的设计基于可证明安全, 而且在各种软硬件平台上, 它都有着显著的运行优势.

FOX 算法的分组长度支持 64 比特和 128 比特, 整体上采用 Lai-Massay 结构, 轮函数则采用 SPS 结构函数. FOX 算法的种子密钥长度和迭代轮数可以根据实际应用需求而改变, 可参考表 2.21. 其中, 对 FOX64/k/r 和 FOX128/k/r 而言, 参数 $12 \leqslant r \leqslant 255$, $0 \leqslant k \leqslant 256$ 且 k 是 8 的整数倍. 本节分别介绍 FOX64/k/r 系列算法的加密、解密流程和密钥扩展方案, FOX128/k/r 系列算法的介绍可参考文献 [8].

表 2.21 FOX 系列算法的参数说明

算法	分组长度	种子密钥长度	迭代轮数
FOX64	64	128	16
FOX128	128	256	16
FOX64/k/r	64	k	r
FOX128/k/r	128	k	r

2.6.1 加密流程

FOX 算法基于字节设计, 每个字节对应有限域 $\mathbb{F}_{2^8}$ 中的一个元素, 这里选取 $\mathbb{F}_2$ 上的不可约多项式 $P(x) = x^8 + x^7 + x^6 + x^5 + x^4 + x^3 + 1$ 定义有限域 $\mathbb{F}_{2^8}$. 为了更加清晰地刻画 FOX 算法的加密流程, 采用 $x_{(n)}$ 表示含有 n 比特的变量 x, 采用 $x_{j\,(m)}$ 表示含有 m 比特的变量 x_j, 如果上下文明确, 亦可简写为 x, x_j.

FOX64/k/r 加密算法将明文 p 和种子密钥 k 通过 $r-1$ 次迭代轮变换, 该轮变换记为 lmor64, 之后应用一个输出变换 lmid64 获得密文 c. 这里, lmor64 和 lmid64 变换的输入为 64 比特变量 $x_{(64)}$ 和 64 比特的轮密钥 $rk_{(64)}$, 输出为 64 比特变量 $y_{(64)}$. FOX64/k/r 加密流程可以计算如下:

$$c_{(64)} = \text{lmid64}(\text{lmor64}(\cdots \text{lmor64}(p_{(64)}, rk_{0(64)}), \cdots, rk_{r-2(64)}), rk_{r-1(64)}),$$

其中, $rk_{(r\cdot 64)} = rk_{0(64)}||rk_{1(64)}||\cdots||rk_{r-1(64)}$ 表示种子密钥 $k_{(l)}$ 经密钥扩展算法而生成的轮密钥流.

下面详细介绍轮变换 lmor64 和 lmid64.

参考图 2.21, 轮变换 lmor64 的输入为 64 比特的变量 $x_{(64)}$ 和 64 比特的轮密钥 $rk_{(64)}$, 输出为 64 比特的变量 $y_{(64)}$, 具体定义如下:

$$\begin{aligned} y_{(64)} &= y_{l(32)}||y_{r(32)} = \text{lmor64}(x_{r(32)}||x_{r(32)}, rk_{(64)}) \\ &= \text{or}(\ x_{l(32)} \oplus \text{f32}(x_{l(32)} \oplus x_{r(32)}, rk_{(64)}))||(x_{r(32)} \oplus \text{f32}(x_{l(32)} \oplus x_{r(32)}, rk_{(64)})\ ), \end{aligned}$$

其中 f32 为轮函数, or 为正则变换.

参考图 2.22, 轮变换 lmid64 与 lmor64 大致相同, 只是将其中的正则变换 or 换为恒等变换 id, 定义如下:

$$\begin{aligned} y_{(64)} &= y_{(l(32))}||y_{r(32)} = \text{lmid64}(x_{r(32)}||x_{r(32)}, rk_{(64)}) \\ &= (\ x_{l(32)} \oplus \text{f32}(x_{l(32)} \oplus x_{r(32)}, rk_{(64)})\ )||(\ x_{r(32)} \oplus \text{f32}(x_{l(32)} \oplus x_{r(32)}, rk_{(64)})\ ) \end{aligned}$$

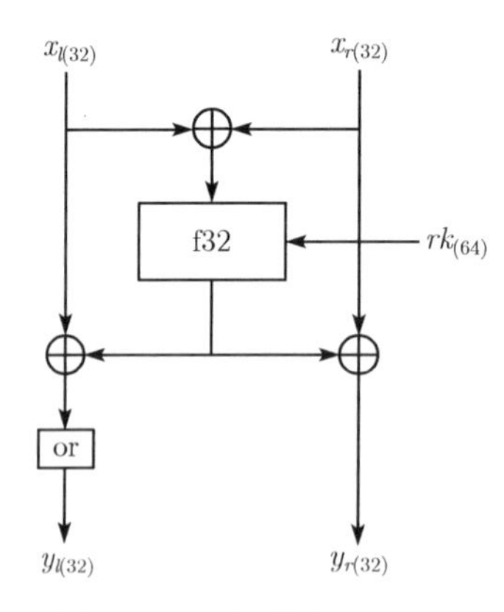

图 2.21　单轮变换 lmor64

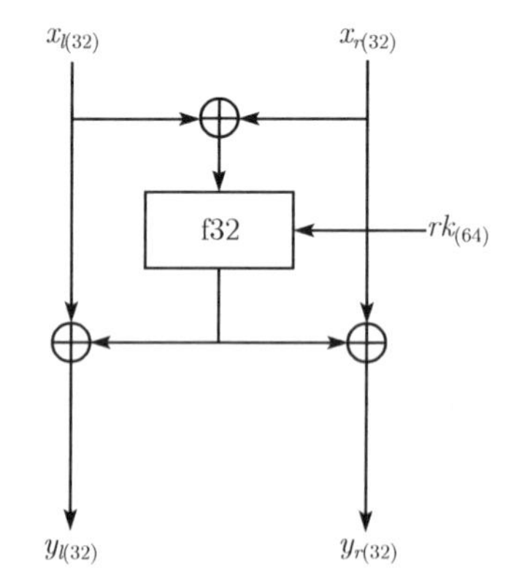

图 2.22　单轮变换 lmid64

轮函数 f32 包括三部分：混淆层变换 sigma4、扩散层变换 mu4 和密钥加变换. 它的输入为 32 比特变量 $x_{(32)}$ 和 64 比特轮密钥 $rk_{(64)} = rk_{0(32)}||rk_{1(32)}$, 输出为 32

比特变量 $y_{(32)}$, 参考图 2.23, 具体定义如下:

$$\begin{aligned}y_{(32)} &= \text{f32}(x_{(32)}, rk_{(64)}) \\ &= \text{sigma4}(\text{mu4}(\text{sigma4}(x_{(32)} \oplus rk_{0(32)})) \oplus rk_{1(32)}) \oplus rk_{0(32)}\end{aligned}$$

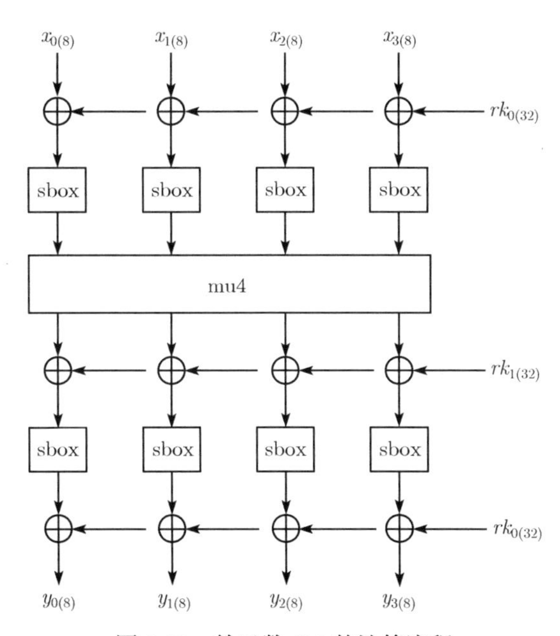

图 2.23 轮函数 f32 的计算流程

FOX 算法中的正则变换 or 采用了一个简单的单轮 Feistel 变换 (见图 2.24), 它的输入是 32 比特的变量 $x_{(32)}$, 输出是 32 比特的变量 $y_{(32)}$, 具体定义如下:

$$y_{l(16)}||y_{r(16)} = \text{or}(x_{1(16)}||x_{r(16)}) = x_{r(16)}||(x_{l(16)} \oplus x_{r(16)}).$$

混淆层变换 sigma4 的输入为 32 比特变量 $x_{(32)}$, 输出为 32 比特变量 $y_{(32)}$, 定义如下:

$$\begin{aligned}y_{(32)} &= \text{sigma4}(x_{(32)}) \\ &= \text{sigma4}(x_{0(8)}||x_{1(8)}||x_{2(8)}||x_{3(8)}) \\ &= \text{sbox}(x_{0(8)})||\text{sbox}(x_{1(8)}) \\ &\quad ||\text{sbox}(x_{2(8)})||\text{sbox}(x_{3(8)})\end{aligned}$$

其中, sbox 为 8×8 的 S 盒, 定义见表 2.22.

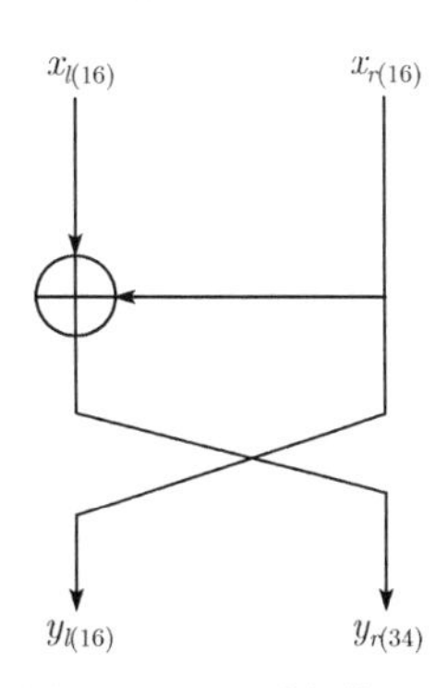

图 2.24 正则变换 or

表 2.22　FOX 算法所采用的 S 盒

	.0	.1	.2	.3	.4	.5	.6	.7	.8	.9	.a	.b	.c	.d	.e	.f
0.	5d	de	00	b7	d3	ca	3c	0d	c3	f8	cb	8d	76	89	aa	12
1.	88	22	4f	db	6d	47	e4	4c	78	9a	49	93	c4	c0	86	1c
2.	a9	20	53	1c	4e	cf	35	39	b4	a1	54	64	03	c7	85	5c
3.	5b	cd	d8	72	96	42	b8	e1	a2	60	ef	bd	02	af	8c	73
4.	7c	7f	5e	f9	65	e6	eb	ad	5a	a5	79	8e	15	30	ec	a4
5.	c2	3e	e0	74	51	fb	2d	6e	94	4d	55	34	ae	52	7e	9d
6.	4a	f7	80	f0	d0	90	a7	e8	9f	50	d5	d1	98	cc	a0	17
7.	f4	b6	c1	28	5f	26	01	ab	25	38	82	7d	48	fc	1b	ce
8.	3f	6b	e2	67	66	43	59	19	84	3d	f5	2f	c9	bc	d9	95
9.	29	41	da	1a	b0	e9	69	d2	7b	d7	11	9b	33	8a	23	09
a.	d4	71	44	68	6f	f2	0e	df	87	dc	83	18	6a	ee	99	81
b.	62	36	2e	7a	fe	45	9c	75	91	0c	0f	e7	f6	14	63	1d
c.	0b	8b	b3	f3	b2	3b	08	4b	10	a6	32	b9	a8	92	f1	56
d.	dd	21	bf	04	be	d6	fd	77	ea	3a	c8	8f	57	1e	fa	2b
e.	58	c5	27	ac	e3	ed	97	bb	46	05	40	31	e5	37	2c	9e
f.	0a	b1	b5	06	6c	1f	a3	2a	70	ff	ba	07	24	16	c6	61

扩散层变换 mu4 的输入为 32 比特变量 $x_{(32)}$, 输出为 32 比特变量 $y_{(32)}$, 它是 $\mathbb{F}_{2^8}^{4\times 4}$ 上的 MDS 变换, 定义如下:

$$\begin{pmatrix} y_{0(8)} \\ y_{1(8)} \\ y_{2(8)} \\ y_{3(8)} \end{pmatrix} = \begin{pmatrix} 1 & 1 & 1 & \alpha \\ 1 & c & \alpha & 1 \\ c & \alpha & 1 & 1 \\ \alpha & 1 & c & 1 \end{pmatrix} \times \begin{pmatrix} x_{0(8)} \\ x_{1(8)} \\ x_{2(8)} \\ x_{3(8)} \end{pmatrix},$$

其中, α 为不可约多项式 $P(x) \in \mathbb{F}_2[x]$ 在扩域上的根, $c = \alpha^{-1} + 1 = \alpha^7 + \alpha^6 + \alpha^5 + \alpha^4 + \alpha^3 + \alpha^2 + 1 \in \mathbb{F}_{2^8}$.

2.6.2 解密流程

定义 $\tau_K(L,R) = (L \oplus \mathrm{f32}(L \oplus R, K), R \oplus \mathrm{f32}(L \oplus R, K))$, 定义 $\sigma(L,R) = (\mathrm{or}(L), R)$, 则容易验证 $\tau_K^{-1} = \tau_K$, 即 τ_K 为对合变换; 而 $\sigma^{-1}(L,R) = (\mathrm{or}^{-1}(L), R) = (\mathrm{io}(L), R)$. FOX64/$k$/$r$ 加密算法的轮变换可表示为 $\mathrm{lmor64}(L||R, K) = \sigma \circ \tau_K(L,R)$, 从而完整的 r 轮加密过程可以表示如下:

$$c = E_k(p) = \tau_{rk_{r-1}} \circ \sigma \circ \tau_{rk_{r-2}} \circ \cdots \circ \sigma \circ \tau_{rk_1} \circ \sigma \circ \tau_{rk_0}(p).$$

故解密算法为

$$\begin{aligned} p &= E_k^{-1}(c) \\ &= \left(\tau_{rk_{r-1}} \circ \sigma \circ \tau_{rk_{r-2}} \circ \cdots \circ \sigma \circ \tau_{rk_1} \circ \sigma \circ \tau_{rk_0}\right)^{-1}(c) \end{aligned}$$

$$
\begin{aligned}
&= \tau_{rk_0}^{-1} \circ \sigma^{-1} \circ \tau_{rk_1}^{-1} \circ \cdots \circ \sigma^{-1} \circ \tau_{rk_{r-2}}^{-1} \circ \sigma^{-1} \circ \tau_{rk_{r-1}}^{-1}(c) \\
&= \tau_{rk_0} \circ \sigma^{-1} \circ \tau_{rk_1} \circ \cdots \circ \sigma^{-1} \circ \tau_{rk_{r-2}} \circ \sigma^{-1} \circ \tau_{rk_{r-1}}(c).
\end{aligned}
$$

参考图 2.25, 用 io 表示正则变换 or 的逆变换, 即

$$
\begin{aligned}
y_{l(16)}||y_{r(16)} &= \text{io}\left(x_{l(16)}||x_{r(16)}\right) \\
&= \left(x_{l(16)} \oplus x_{r(16)}\right)||x_{l(16)}.
\end{aligned}
$$

定义 lmio64 变换如下:

$$
\begin{aligned}
y_{(64)} = y_{(l(32))}||y_{r(32)} &= \text{lmio64}\left(x_{r(32)}||x_{r(32)}, rk_{(64)}\right) \\
&= \text{io}\left(x_{l(32)} \oplus \text{f32}\left(x_{l(32)} \oplus x_{r(32)}, rk_{(64)}\right)\right) \\
&\quad ||\left(x_{r(32)} \oplus \text{f32}\left(x_{l(32)} \oplus x_{r(32)}, rk_{(64)}\right)\right).
\end{aligned}
$$

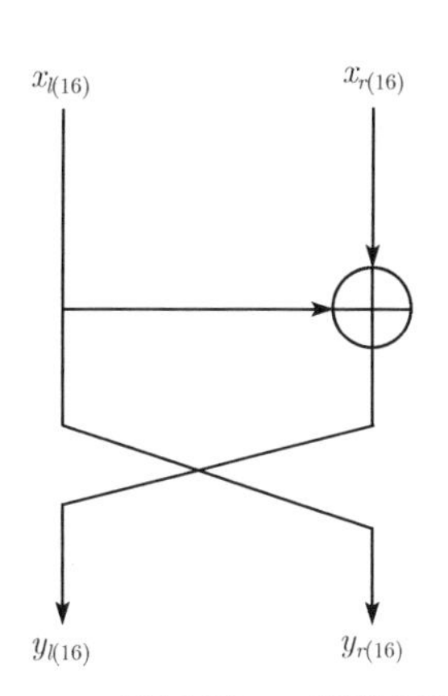

图 2.25 正则变换 or 的逆变换 io

则不难验证

$$
\begin{aligned}
\text{lmio64}(L||R, K) &= \sigma^{-1} \circ \tau_K(L, R), \\
\text{lmid64}(L||R, K) &= \tau_K(L, R).
\end{aligned}
$$

从而 FOX64/k/r 解密流程可以计算如下:

$$
p_{(64)} = \text{lmid64}\left(\text{lmio64}\left(\cdots \text{lmio64}\left(c_{(64)}, rk_{r-1(64)}\right), \cdots, rk_{1(64)}\right), rk_{0(64)}\right),
$$

此时, 轮密钥的使用顺序为 $\left(rk_{r-1(64)}, \cdots, rk_{1(64)}, rk_{0(64)}\right)$.

2.6.3 密钥扩展方案

相比其他分组密码的密钥扩展方案而言, FOX 算法的密钥扩展方案采用了全新的设计思想. 根据分组长度和种子密钥长度的不同组合, FOX 算法有着不同的密钥扩展方案, 见表 2.23.

表 2.23 FOX 算法的密钥扩展方案

算法名称	分组长度	种子密钥长度	密钥扩展方案名称	常数 ek
FOX64	64	$0 \leqslant l \leqslant 128$	KS64	128
FOX64	64	$136 \leqslant l \leqslant 256$	KS64h	256
FOX128	128	$0 \leqslant l \leqslant 256$	KS128	256

本小节主要介绍 FOX 算法的密钥扩展方案 KS64, 其他密钥扩展算法 KS64h 和 KS128 可参考文献 [8]. KS64 将 l 比特长的种子密钥 $k_{(l)}$ 扩展为 r 个轮密钥

$$
rk_{(r\times 64)} = rk_{0(64)}||rk_{1(64)}||\cdots||rk_{r-2(64)}||rk_{r-1(64)},
$$

可以采用如下的伪代码描述密钥扩展方案 KS64.

```
     密钥扩展方案 KS64
if l < ek then
     pkey=P(k)
     mkey=M(pkey)
else
     pkey=k
     mkey=pkey
end if
i = 1
while i ⩽ r do
     dkey=D(mkey, i,r)
Output rk_{i-1(64)}=NL64(dkey)
i = i + 1
end while
```

下面分别介绍 KS64 的 4 个部分.

(1) **填充部分** P(padding part)

P 将 l 比特种子密钥 k 扩充到 ek 比特 pkey: 若 $l < ek$, 则在 $k_{(l)}$ 后面附接 256 比特常数 pad 的前 $ek-l$ 比特, 即

$$\mathrm{pkey} = \mathrm{P}(k) = k||\mathrm{pad}_{[0\cdots ek-l-1]},$$

其中常数 pad 为 $e-2$(e 为自然底数) 小数部分二进制展开的前 256 比特; 若 $l = 128$, 则 $\mathrm{pkey} = k$.

(2) **混合部分** M(mixing part)

M 的输入为 128 比特的变量 pkey, 输出为 128 比特的变量 mkey, 它将 pkey 进行混合得到 mkey, 混合方式类似 Fibonacci 迭代过程, 描述如下: 若 $l < ek$, 则

$$\mathrm{mkey}_{i(8)} = \mathrm{pkey}_{i(8)} \oplus \left(\mathrm{mkey}_{i-1(8)} \boxplus \mathrm{mkey}_{i-2(8)}\right), \quad 0 \leqslant i \leqslant \frac{ek}{8} - 1,$$

其中, $\boxplus$ 表示模 2^8 加法运算, 初始值 $\mathrm{mkey}_{-2(8)} = \mathrm{0x6a}$, $\mathrm{mkey}_{-1(8)} = \mathrm{0x76}$; 若 $l = ek$, 则 $\mathrm{mkey} = \mathrm{pkey} = k$.

(3) **多化部分** D(diversification part)

D 的输入是 128 比特变量 mkey、当前轮数 i 和总轮数 r, 输出是 128 比特变量 dkey. D 函数主要通过一个 24 比特的线性反馈移位寄存器 LFSR, 对变量 mkey 进行修改而获得输出. mkey 为 128 比特, 可视为 5 个 24 比特的数组 $\mathrm{mkey}_{j(24)}$,

$0 \leqslant j \leqslant 4$ 和一个字节 mkey$rb_{(8)}$ 的级联. D 的定义如下：

$$\begin{aligned}&\text{dkey}_{j(24)} = \text{mkey}_{j(24)} \oplus \text{LFSR}\left((i-1)\cdot 5 + j, r\right), \quad \text{当 } 0 \leqslant j \leqslant 4 \text{ 时},\\&\text{dkey}rb_{(8)} = \text{mkey}rb_{(8)} \oplus \text{msb}_8\left(\text{LFSR}\left((i-1)\cdot 5 + 5, r\right)\right),\end{aligned}$$

其中 LFSR 的定义可参考文献 [10], $\text{msb}_8(\cdot)$ 表示取变量最高 8 位.

(4) **非线性部分** NL64(non-linear part)

NL64 的输入为 128 比特变量 dkey, 输出为 64 比特的轮密钥 rkey, 分为以下 5 个步骤 (见图 2.26)：

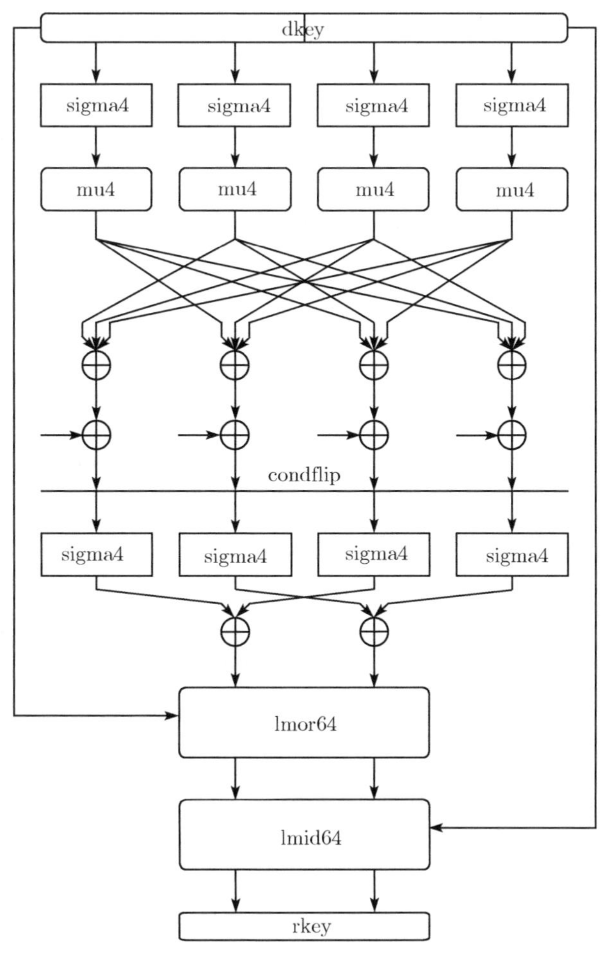

图 2.26 密钥扩展方案中 NL64 的计算流程

步骤 1. dkey 依次经过由 4 个并行的 sigma4 函数组成的混淆层、4 个并行的 mu4 函数组成的扩散层和 mix64 函数.

步骤 2. 将步骤 1 得到的变量与常数 pad 进行异或运算, 此时, 若 $k = ek$, 则还需将异或得到的结果进行逐位取反.

步骤 3. 将步骤 2 得到的结果再次通过步骤 1 中的混淆层, 将获得的 128 比特变量按照图 2.26 所示通过异或组合转化为 64 比特变量.

步骤 4. 将 dkey 的左半部分作为轮密钥, 利用 lmor64 变换对步骤 3 获得的结果进行加密.

步骤 5. 将 dkey 的右半部分作为轮密钥, 利用 lmid64 变换对步骤 4 获得的结果进行加密, 将该结果作为 rkey 输出.

其中, 步骤 1 中的 mix64 函数将 4 个 32 比特的变量 $x_{0(32)}||x_{1(32)}||x_{2(32)}||x_{3(32)}$ 转化为 4 个 32 比特的变量 $y_{0(32)}||y_{1(32)}||y_{2(32)}||y_{3(32)}$, 定义如下:

$$y_{0(32)} = x_{1(32)} \oplus x_{2(32)} \oplus x_{3(32)},$$

$$y_{1(32)} = x_{0(32)} \oplus x_{2(32)} \oplus x_{3(32)},$$

$$y_{2(32)} = x_{0(32)} \oplus x_{1(32)} \oplus x_{3(32)},$$

$$y_{3(32)} = x_{0(32)} \oplus x_{1(32)} \oplus x_{2(32)}.$$

2.7　SMS4 算法

SMS4 算法是国内官方于 2006 年 2 月公布的第一个商用分组密码标准, 是中国无线局域网安全标准推荐使用的分组算法[24].

SMS4 算法的分组长度和密钥长度均为 128 比特, 加密算法采用 32 轮的非平衡 Feistel 结构, 该结构最先出现在分组密码 LOKI 的密钥扩展算法中. SMS4 通过 32 轮非线性迭代之后加上一个反序变换, 这样只需解密密钥是加密密钥的逆序, 就能使得解密算法与加密算法保持一致. SMS4 的密钥扩展方案亦采用 32 轮的非平衡 Feistel 结构. 本节分别介绍 SMS4 的加密、解密流程和密钥扩展方案.

2.7.1　加密流程

如图 2.27 所示, 128 比特的明文被分为 4 个 32 比特的字, 记为 (X_0, X_1, X_2, X_3), 密文亦分为 4 个字, 记为 (Y_0, Y_1, Y_2, Y_3), 假设 32 比特的中间变量为 X_i, $4 \leqslant i \leqslant 35$, 则加密流程如下:

(1) $X_{i+4} = F(X_i, X_{i+1}, X_{i+2}, X_{i+3}, rk_i) = X_i \oplus T(X_{i+1} \oplus X_{i+2} \oplus X_{i+3} \oplus rk_i), i = 0, \cdots, 31$;

(2) $(Y_0, Y_1, Y_2, Y_3) = R(X_{32}, X_{33}, X_{34}, X_{35}) = (X_{35}, X_{34}, X_{33}, X_{32})$,

其中 F 是轮函数, T 是合成置换, rk_i 是第 $i+1$ 轮轮密钥, R 是反序变换.

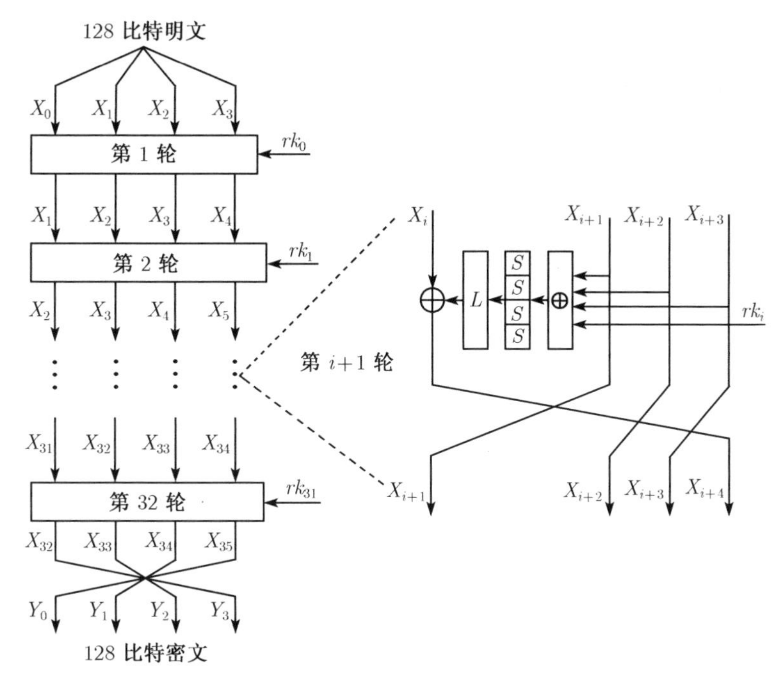

图 2.27 SMS4 算法加密流程示意图

合成置换 T 是从 $\mathbb{F}_2^{32}$ 到 $\mathbb{F}_2^{32}$ 的一个可逆变换, 由非线性变换 τ 和线性变换 L 复合而成, 即 $T(\cdot) = L(\tau(\cdot))$.

非线性变换 τ 由 4 个并行的 S 盒构成. S 盒是从 $\mathbb{F}_2^8$ 到 $\mathbb{F}_2^8$ 的一个非线性变换 S, 通过查表实现, 见表 2.24. 若输入记为 $A = (a_0, a_1, a_2, a_3) \in (\mathbb{F}_2^8)^4$, 输出记为 $B = (b_0, b_1, b_2, b_3) \in (\mathbb{F}_2^8)^4$, 则 $B = \tau(A) \Leftrightarrow (b_0, b_1, b_2, b_3) = (S(a_0), S(a_1), S(a_2), S(a_3))$.

表 2.24 SMS4 算法所采用的 S 盒

	.0	.1	.2	.3	.4	.5	.6	.7	.8	.9	.a	.b	.c	.d	.e	.f
0.	d6	90	e9	fe	cc	e1	3d	b7	16	b6	14	c2	28	fb	2c	05
1.	2b	67	9a	76	2a	be	04	c3	aa	44	13	26	49	86	06	99
2.	9c	42	50	f4	91	ef	98	7a	33	54	0b	43	ed	cf	ac	62
3.	e4	b3	1c	a9	c9	08	e8	95	80	df	94	fa	75	8f	3f	a6
4.	47	07	a7	fc	f3	73	17	ba	83	59	3c	19	e6	85	4f	a8
5.	68	6b	81	b2	71	64	da	8b	f8	eb	0f	4b	70	56	9d	35
6.	1e	24	0e	5e	63	58	d1	a2	25	22	7c	3b	01	21	78	87
7.	d4	00	46	57	9f	d3	27	52	4c	36	02	e7	a0	c4	c8	9e
8.	ea	bf	8a	d2	40	c7	38	b5	a3	f7	f2	ce	f9	61	15	a1
9.	e0	ae	5d	a4	9b	34	1a	55	ad	93	32	30	f5	8c	b1	e3
a.	1d	f6	e2	2e	82	66	ca	60	c0	29	23	ab	0d	53	4e	6f
b.	d5	db	37	45	de	fd	8e	2f	03	ff	6a	72	6d	6c	5b	51
c.	8d	1b	af	92	bb	dd	bc	7f	11	d9	5c	41	1f	10	5a	d8
d.	0a	c1	31	88	a5	cd	7b	bd	2d	74	d0	12	b8	e5	b4	b0
e.	89	69	97	4a	0c	96	77	7e	65	b9	f1	09	c5	6e	c6	84
f.	18	f0	7d	ec	3a	dc	4d	20	79	ee	5f	3e	d7	cb	39	48

线性变换 L 是 $\mathbb{F}_2^{32}$ 上的线性变换, 它的输入是非线性变换 τ 的输出 B, 若线性变换 L 的输出记为 C, 则

$$C = L(B) = B \oplus (B \lll 2) \oplus (B \lll 10) \oplus (B \lll 18) \oplus (B \lll 24).$$

2.7.2 解密流程

解密流程与加密流程采用相同的结构和轮函数, 仅是轮密钥的使用顺序相反. 若加密时轮密钥的使用顺序为 $(rk_0, rk_1, \cdots, rk_{30}, rk_{31})$, 则解密时轮密钥的使用顺序为 $(rk_{31}, rk_{30}, \cdots, rk_1, rk_0)$, 理由如下:

定义变换 $\tau_k(a,b,c,d) = (b,c,d,f(b \oplus c \oplus d \oplus k) \oplus a)$ 和变换 $\sigma(a,b,c,d) = (d,c,b,a)$. 容易验证, σ^2 为恒等变换且 $\sigma \circ \tau_k \circ \sigma \circ \tau_k$ 亦为恒等变换, 故 $\tau_k^{-1} = \sigma \circ \tau_k \circ \sigma$.

根据 $\tau_k(\cdot)$ 和 $\sigma(\cdot)$, 32 轮完整 SMS4 算法的加密流程可以描述如下:

$$Y = E_K(X) = \sigma \circ \tau_{rk_{31}} \circ \tau_{rk_{30}} \circ \cdots \circ \tau_{rk_1} \circ \tau_{rk_0}(X),$$

从而解密流程为

$$\begin{aligned} X &= E_K^{-1}(Y) \\ &= (\sigma \circ \tau_{rk_{31}} \circ \tau_{rk_{30}} \circ \cdots \circ \tau_{rk_1} \circ \tau_{rk_0})^{-1}(Y) \\ &= \left(\tau_{rk_0}^{-1} \circ \tau_{rk_1}^{-1} \circ \cdots \circ \tau_{rk_{30}}^{-1} \circ \tau_{rk_{31}}^{-1} \circ \sigma^{-1}\right)(Y) \\ &= \left(\sigma \circ \tau_{rk_0} \circ \sigma \circ \sigma \circ \tau_{rk_1} \circ \sigma \circ \cdots \circ \sigma \circ \tau_{rk_{30}} \circ \sigma \circ \sigma \circ \tau_{rk_{31}} \circ \sigma \circ \sigma^{-1}\right)(Y) \\ &= (\sigma \circ \tau_{rk_0} \circ \tau_{rk_1} \circ \cdots \circ \tau_{rk_{30}} \circ \tau_{rk_{31}})(Y), \end{aligned}$$

由此可知, 解密轮密钥顺序为 $(rk_{31}, rk_{30}, \cdots, rk_1, rk_0)$.

2.7.3 密钥扩展方案

SMS4 的密钥扩展方案将 128 比特的种子密钥扩展生成 32 个轮密钥, 首先将 128 比特的种子密钥 MK 分为 4 个字, 记为 (MK_0, MK_1, MK_2, MK_3), 其中 $MK_i \in \mathbb{F}_2^{32}$, $i = 0,1,2,3$.

给定系统参数 $FK = (FK_0, FK_1, FK_2, FK_3)$, 其中 $FK_i \in \mathbb{F}_2^{32}$, $i = 0,1,2,3$; 固定参数 $CK = (CK_0, CK_1, \cdots, CK_{31})$, 其中 $CK_i \in \mathbb{F}_2^{32}$, $i = 0,1,2,\cdots,31$. 假设中间变量 $K_i \in \mathbb{F}_2^{32}$, $i = 0,1,\cdots,35$, 轮密钥为 $rk_i \in \mathbb{F}_2^{32}$, $i = 0,\cdots,31$, 则密钥扩展算法如下:

(1) $(K_0, K_1, K_2, K_3) = (MK_0 \oplus FK_0, MK_1 \oplus FK_1, MK_2 \oplus FK_2, MK_3 \oplus FK_3)$.

(2) $rk_i = K_{i+4} = K_i \oplus T'(K_{i+1} \oplus K_{i+2} \oplus K_{i+3} \oplus CK_i)$, $i = 0,1,\cdots,31$.

变换 T'、系统参数 FK 和固定参数 CK 分别如下:

变换 T' 与加密算法轮函数中的合成置换 T 基本相同, 只将其中的线性变换 L 换为 L': $L'(B) = B \oplus (B \lll 13) \oplus (B \lll 23)$, 即 $T'(\cdot) = L'(\tau(\cdot))$.

系统参数 $(FK_0, FK_1, FK_2, FK_3) = (A3B1BAC6, 56AA3350, 677D9197, B270 22DC)$.

固定参数 $CK_i = (ck_{i,0}, ck_{i,1}, ck_{i,2}, ck_{i,3}) \in (\mathbb{F}_2^8)^4$, $ck_{i,j} = (4i+j) \times 7(\mod 256)$, 具体取值如下：

00070e15	1c232a31	383f464d	545b6269
70777e85	8c939aa1	a8afb6bd	c4cbd2d9
e0e7eef5	fc030a11	181f262d	343b4249
50575e65	6c737a81	888f969d	a4abb2b9
c0c7ced5	dce3eaf1	f8ff060d	141b2229
30373e45	4c535a61	686f767d	848b9299
a0a7aeb5	bcc3cad1	d8dfe6ed	f4fb0209
10171e25	2c333a41	484f565d	646b7279

2.8 CLEFIA 算法

CLEFIA 分组密码算法[18] 由日本索尼 (Sony) 公司设计开发, 并在 FSE 2007 上公布[20]. 相比之前的加密技术, 索尼声称 CLEFIA 可以提供更高的安全性, 同时编码/解码时所需的操作更少, 减少了硬件的处理强度, 有望做出体积更小安全性更高的 AV 设备. CLEFIA 算法所采用的新技术可以使其在 90nmCMOS 单元库中实现最大 1.43Gb/s 的数据带宽, 因而还可以将其应用到智能卡环境中.

CLEIFA 算法的分组长度是 128 比特, 密钥长度可以为 128 比特、192 比特和 256 比特, 记为 CLEFIA-128, CLEFIA-192 和 CLEFIA-256, 相应的迭代轮数分别为 18 轮、22 轮和 26 轮. CLEFIA 算法采用了具有 4 分支的广义 Feistel 结构, 加解密不一致. 算法的安全性一方面基于对该结构抵抗差分和线性密码分析的可证明安全, 另一方面基于轮函数中 S 盒的选取和具有最优扩散特性的 MDS 变换. 本节分别介绍 CELFIA 算法的加密、解密流程和密钥扩展方案.

2.8.1 加密流程

CLEFIA 加密算法采用了 4 分支广义 Feistel 结构, 每轮变换包括两个不同的 F 函数：F_0 和 F_1. 假设 ENC_r 表示 r 轮加密算法, 它利用 $2r$ 个 32 比特轮密钥 $(RK_0, \cdots, RK_{2r-1})$ 和 4 个 32 比特白化密钥 (WK_0, WK_1, WK_2, WK_3), 将 128 比特的明文 (P_0, P_1, P_2, P_3) 变换成 128 比特的密文 (C_0, C_1, C_2, C_3). 参考图 2.28, 加密流程如下：

(1) 先对明文进行如下变换：

$$x_0^{(0)} = P_0,$$

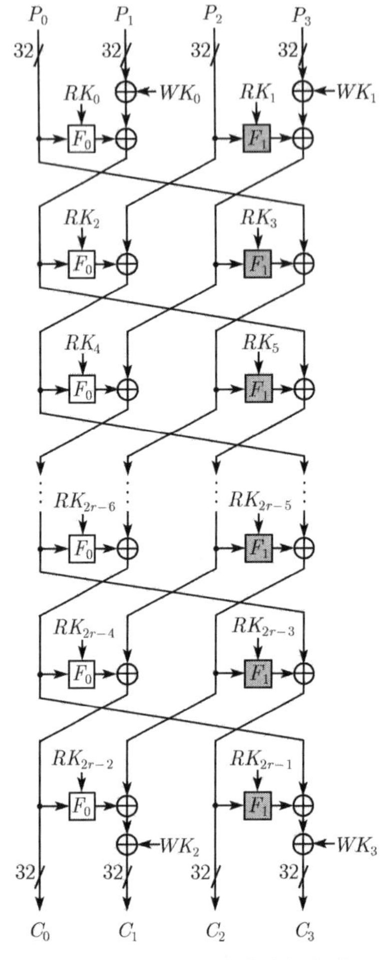

图 2.28　CLEFIA 算法的加密流程

$$x_1^{(0)} = P_1 \oplus WK_0,$$
$$x_2^{(0)} = P_2,$$
$$x_3^{(0)} = P_3 \oplus WK_1.$$

(2) 对 $i = 1, 2, \cdots, r$ 进行如下变换：

$$x_0^{(i)} = x_1^{(i-1)} \oplus F_0(x_0^{(i-1)}, RK_{2i-2}),$$
$$x_1^{(i)} = x_2^{(i-1)},$$
$$x_2^{(i)} = x_3^{(i-1)} \oplus F_1(x_2^{(i-1)}, RK_{2i-1}),$$
$$x_3^{(i)} = x_0^{(i-1)}.$$

(3) 进行输出变换后得到密文：

$$C_0 = x_3^{(r)},$$
$$C_1 = x_0^{(r)} \oplus WK_2,$$
$$C_2 = x_1^{(r)},$$
$$C_3 = x_2^{(r)} \oplus WK_3.$$

轮函数 F_0 和 F_1 的输入为 32 比特的数据 x 和 32 比特的轮密钥 RK, 输出为 32 比特的数据 y, 其运算流程见图 2.29 和图 2.30. 其中, S_0 和 S_1 为 $\mathbb{F}_{2^8}$ 上的非线性变换, 参见表 2.25 和表 2.26; M_0 和 M_1 为两个不同的 MDS 变换, 定义如下：

$$M_0 = \begin{pmatrix} 1 & 2 & 4 & 6 \\ 2 & 1 & 6 & 4 \\ 4 & 6 & 1 & 2 \\ 6 & 4 & 2 & 1 \end{pmatrix}, \quad M_1 = \begin{pmatrix} 1 & 8 & 2 & a \\ 8 & 1 & a & 2 \\ 2 & a & 1 & 8 \\ a & 2 & 8 & 1 \end{pmatrix}.$$

矩阵中的元素均为 $\mathbb{F}_{2^8}$ 中的元素, 以 16 进制表示, 元素之间的乘法定义在由不可约多项式 $m(x) = x^8 + x^4 + x^3 + x^2 + 1$ 确定的有限域 $\mathbb{F}_{2^8}$ 上.

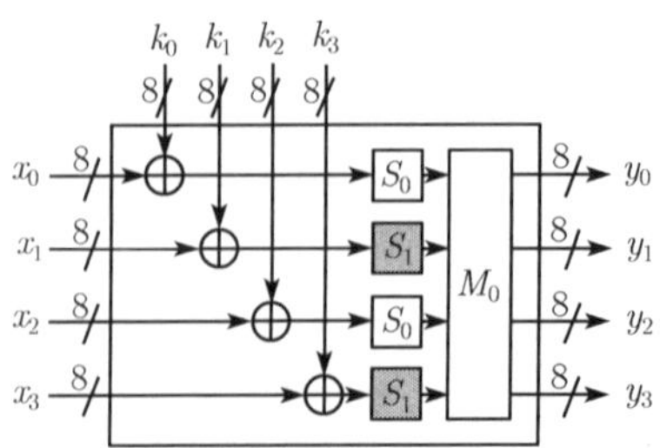

图 2.29　CLEFIA 算法 F_0 函数计算流程

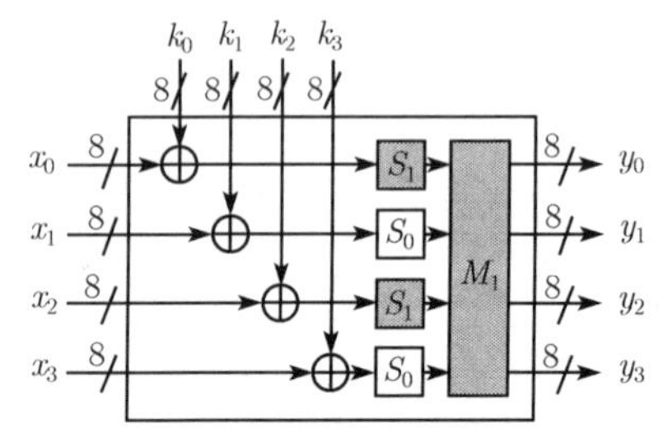

图 2.30　CLEFIA 算法 F_1 函数计算流程

表 2.25 CLEFIA 算法采用的 S 盒 S_0

	.0	.1	.2	.3	.4	.5	.6	.7	.8	.9	.a	.b	.c	.d	.e	.f
0.	57	49	d1	c6	2f	33	74	fb	95	6d	82	ea	0e	b0	a8	1c
1.	28	d0	4b	92	5c	ee	85	b1	c4	0a	76	3d	63	f9	17	af
2.	bf	a1	19	65	f7	7a	32	20	06	ce	e4	83	9d	5b	4c	d8
3.	42	5d	2e	e8	d4	9b	0f	13	3c	89	67	c0	71	aa	b6	f5
4.	a4	be	fd	8c	12	00	97	da	78	e1	cf	6b	39	43	55	26
5.	30	98	cc	dd	eb	54	b3	8f	4e	16	fa	22	a5	77	09	61
6.	d6	2a	53	37	45	c1	6c	ae	ef	70	08	99	8b	1d	f2	b4
7.	e9	c7	9f	4a	31	25	fe	7c	d3	a2	bd	56	14	88	60	0b
8.	cd	e2	34	50	9e	dc	11	05	2b	b7	a9	48	ff	66	8a	73
9.	03	75	86	f1	6a	a7	40	c2	b9	2c	db	1f	58	94	3e	ed
a.	fc	1b	a0	04	b8	8d	e6	59	62	93	35	7e	ca	21	df	47
b.	15	f3	ba	7f	a6	69	c8	4d	87	3b	9c	01	e0	de	24	52
c.	7b	0c	68	1e	80	b2	5a	e7	ad	d5	23	f4	46	3f	91	c9
d.	6e	84	72	bb	0d	18	d9	96	f0	5f	41	ac	27	c5	e3	3a
e.	81	6f	07	a3	79	f6	2d	38	1a	44	5e	b5	d2	ec	cb	90
f.	9a	36	e5	29	c3	4f	ab	64	51	f8	10	d7	bc	02	7d	8e

表 2.26 CLEFIA 算法采用的 S 盒 S_1

	.0	.1	.2	.3	.4	.5	.6	.7	.8	.9	.a	.b	.c	.d	.e	.f
0.	6c	da	c3	e9	4e	9d	0a	3d	b8	36	b4	38	13	34	0c	d9
1.	bf	74	94	8f	b7	9c	e5	dc	9e	07	49	4f	98	2c	b0	93
2.	12	eb	cd	b3	92	e7	41	60	e3	21	27	3b	e6	19	d2	0e
3.	91	11	c7	3f	2a	8e	a1	bc	2b	c8	c5	0f	5b	f3	87	8b
4.	fb	f5	de	20	c6	a7	84	ce	d8	65	51	c9	a4	ef	43	53
5.	25	5d	9b	31	e8	3e	0d	d7	80	ff	69	8a	ba	0b	73	5c
6.	6e	54	15	62	f6	35	30	52	a3	16	d3	28	32	fa	aa	5e
7.	cf	ea	ed	78	33	58	09	7b	63	c0	c1	46	1e	df	a9	99
8.	55	04	c4	86	39	77	82	ec	40	18	90	97	59	dd	83	1f
9.	9a	37	06	24	64	7c	a5	56	48	08	85	d0	61	26	ca	6f
a.	7e	6a	b6	71	a0	70	05	d1	45	8c	23	1c	f0	ee	89	ad
b.	7a	4b	c2	2f	db	5a	4d	76	67	17	2d	f4	cb	b1	4a	a8
c.	b5	22	47	3a	d5	10	4c	72	cc	00	f9	e0	fd	e2	fe	ae
d.	f8	5f	ab	f1	1b	42	81	d6	be	44	29	a6	57	b9	af	f2
e.	d4	75	66	bb	68	9f	50	02	01	3c	7f	8d	1a	88	bd	ac
f.	f7	e4	79	96	a2	fc	6d	b2	6b	03	e1	2e	7d	14	95	1d

2.8.2 解密流程

CLEFIA 加密算法所采用的 4 分支广义 Feistel 结构, 使得解密流程与加密流程不同. 对加密流程获得的密文逆向推导, 可以得出解密算法的流程图, 包括解密轮密钥与加密轮密钥的关系, 参考图 2.31.

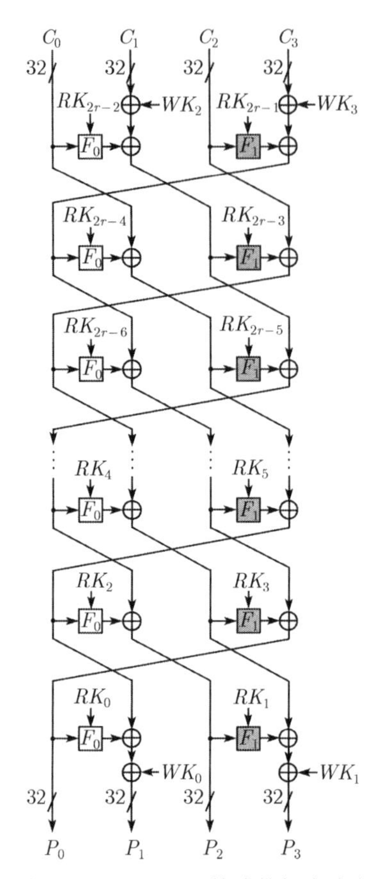

图 2.31　CLEFIA 算法的解密流程

2.8.3　密钥扩展方案

CLEFIA 算法的种子密钥可以为 128, 192 和 256 比特, 经过密钥扩展方案生成白化密钥 $WK_i, 0 \leqslant i < 4$ 和轮密钥 RK_j, $0 \leqslant i < 2r$, 其中 r 是加密轮数. 下面仅介绍主密钥为 128 比特时 CLEFIA 的密钥扩展算法, 192 和 256 比特的密钥扩展算法可参考文献 [18]. CLEFIA-128 的密钥扩展算法主要包括两部分: 密钥字的生成和轮密钥的选取.

(1) 128 比特的密钥字 L 的生成. 利用 24 个预先给定的 32 比特常数 $\mathrm{CON}_i(0 \leqslant i < 24)$ 作为 “轮密钥”, 种子密钥 $K = K_0 \| K_1 \| K_2 \| K_3$ 作为输入, 计算生成 128 比特的密钥字 $L = E_{\mathrm{CON}}(K)$, 其中 E 表示没有初始和末尾白化的 12 轮 CLEFIA 算法.

定义如下基于比特的置换 Σ:

$$\Sigma : \{0,1\}^{128} \to \{0,1\}^{128},$$
$$X \mapsto X[7-63] \,\|\, X[121-127] \,\|\, X[0-6] \,\|\, X[64-120].$$

同时, 给定另外 36 个 32 比特常数: $\mathrm{CON}_i(24 \leqslant i < 60)$. 下面, 利用这 36 个额外的常数和 Σ 置换, 对 K 和 L 进行变换从而完成轮密钥的选取.

(2) 轮密钥的选取.

步骤 1. $WK_0 \,\|\, WK_1 \,\|\, WK_2 \,\|\, WK_3 = K$.

步骤 2. 对 $i = 0, 1, \cdots, 7$ 做如下变换:

$$T = L \oplus (\mathrm{CON}_{24+4i} \,\|\, \mathrm{CON}_{24+4i+1} \,\|\, \mathrm{CON}_{24+4i+2} \,\|\, \mathrm{CON}_{24+4i+3}),$$

$$L = \Sigma(L);$$

如果 i 是奇数:

$$T = T \oplus K,$$

$$RK_{4i} \,\|\, RK_{4i+1} \,\|\, RK_{4i+2} \,\|\, RK_{4i+3} = T.$$

2.9 进一步阅读建议

继 DES 算法公布之后，密码界又设计出了很多分组密码算法，比如 FEAL, Blowfish, RC5, Gost, LOKI, CAST 等，其中很多算法都采用了 Feistel 结构，只是轮函数有所不同. 经过三十多年的发展，密码学者也从不同的角度来研究 Feistel 结构的安全性，包括该结构抵抗差分、线性密码分析的可证明安全[13,14]，该结构的伪随机性和超伪随机性等[10,15]. Feistel 结构也出现了很多变种，如非平衡 Feistel 结构等[19]，它们不仅被应用于设计分组密码，也被用于设计如 Hash 函数等密码组件.

分组密码的分析和设计好比是矛和盾之间的关系，它们相互促进，推动着分组密码相关理论的发展. 比如，DES 算法的公布就直接导致差分密码分析和线性密码分析的发现，Square 密码的出现导致积分攻击理论的建立，而 $\mathcal{PURE}$ 密码则导致插值攻击理论的建立等. 反之，为设计出抵抗已知攻击的算法，需要密码设计者在算法中融入新的思想和理念，由此推动了密码学相关领域的飞速发展.

1997 年，美国 NIST 发起的 AES 计划[21]，将分组密码的设计和分析推向了高潮，涌现出了很多著名的算法，虽然 AES 计划最终的获胜者是 Rijndael，但其他进入决赛的 4 个候选算法 MARS, Serpent, Twofish, RC6 仍然具有独特的设计原理、较强的安全性和良好的实现性能，因而在其他领域也有广泛应用，分析其安全性仍然是一项有意义的课题.

2001 年，欧洲发起的 NESSIE 计划[22]，同样吸引了全世界密码学者的广泛参与，推动了分组密码理论的飞速发展. 最终进入 NESSIE 计划决赛的算法包括 Camellia, IDEA, Khazad, MISTY1, RC6, Safer++, SHACAL-1, SHACAL-2，而最终获胜的算法为 Camellia, MISTY1 和 SHACAL-2.

分组密码算法的另外一个特点就是它可以用来设计流密码、Hash 函数和消息认证码 MAC 等其他对称密码组件. 一个分组密码针对加密、解密可能是安全的，但利用它来设计诸如 Hash 函数等其他密码组件时，却有可能出现很大的问题和漏洞. 由于 MD5 和 SHA-1 等专用 Hash 函数存在较大的安全隐患，美国国家标准技术研究所 (NIST) 于 2008 年年底发起了征集新一代 Hash 函数标准的 SHA-3 计划[23]. 在这次竞赛中，很多提交的算法均基于分组密码设计，这就对分组密码提出了新的设计准则，可以预见，在这一轮新的算法评估当中，分组密码的分析技术必将进入一个崭新的阶段.

参考文献

[1] Aoki K, Ichikawa T, Kanda M, Matsui M, Moriai S, Nakajima J, Tokita T. Camellia: A 128-bit block cipher suitable for multiple platforms[C]. SAC 2000, LNCS 2012.

Springer-Verlag, 2001: 41–54.

[2] Aoki K, Ichikawa T,Kanda M, Matsui M, Moriai S, Nakajima J, Tokita T. Camellia: A 128-bit block cipher suitable for multiple platforms[EB]. Available at http://info.isl.ntt.co.jp/crypt/camellia/dl/support.pdf.

[3] Coppersmith D. The Data Encryption Standard(DES) and its strength against attacks[J]. IBM J. RES. DEVELOP, 1994, 38(3).

[4] Daemen J, Rijmen V. The Design of Rijndael[M]. Springer-Verlag, 2002.

[5] FIPS 197. Advanced Encryption Standard[S]. National Institute of Standards and Technology, 2001.

[6] FIPS 46-3. Data Encryption Standard[S]. In National Institute of Standards and Technology, 1977.

[7] Junod P, Vaudenay S. FOX: a new family of block ciphers[C]. SAC 2004, LNCS 3357. Springer-Verlag, 2005: 114–129.

[8] Junod P, Vaudenay S. FOX Specifications Version 1.2[S]. Switzerland, 2005.

[9] Kwon D, Kim J, Park S, Sung S, Sohn Y, Song J, Yeom Y, Yoon E, Lee S, Lee J, Chee S, Han D, Hong J. New Block Cipher: ARIA[C]. ICISC 2003, LNCS 2971. Springer-Verlag, 2004: 432–445.

[10] Luby M, Rackoff C. How to construct pseudorandom permutations from pseudorandom functions[J]. SIAM Journal on Computing, 1988, 17(2): 373-386.

[11] Lai X, Massey J, Murphy S. Markov ciphers and differential cryptanalysis[C]. EUROCRYPT 1991, LNCS 547. Springer-Verlag, 1991: 17–38.

[12] Lai X, Massey J. A proposal for a new block encryption standard[C]. EUROCRYPT 1990, LNCS 473, Springer-Verlag. 1991: 389–404.

[13] Nyberg K and Knudsen L. Provable security against differential cryptanalysis[C]. Crypto 1992, LNCS 740. Springer-Verlag, 1992: 566–574.

[14] Nyberg K. Linear approximation of block ciphers. Eurocrypt 1994, LNCS 950. Springer-Verlag, 1994: 439–444.

[15] Naor M, Reingold O. On the construction of pseudorandom permutations Luby-Rackoff revisited[J]. Journal of Cryptology, 1999, 12(1):9–66.

[16] National Security Research Institute. Specification of ARIA, Version 0.8[EB]. 2003.

[17] National Security Research Institute. Specification of ARIA, Version 1.0[EB]. 2005.

[18] Sony Corporation. The 128-bit block cipher CLEFIA: algorithm specification[EB]. 2007.

[19] Schneier B, Kelsey J. Unbalanced Feistel Networks and Block Cipher Design[C]. FSE 1996, LNCS 1039. Springer-Verlag, 1996: 121–144.

[20] Shirai T, Shibutani K, Akishita T, Moriai S, Iwata T. The 128-bit block cipher CLE-

FIA[C]. FSE 2007, LNCS 4593. Springer-Verlag, 2007: 181–195.

[21] AES 计划主页. http://csrc.nist.gov/encryption/aes/[EB].

[22] NESSIE 计划主页. http://www.cryptonessie.org[EB].

[23] SHA-3 计划主页. http://www.nist.gov/encryption/sha-3/[EB].

[24] 国家商用密码管理办公室. 无线局域网产品使用的 SMS4 密码算法 [EB]. http://www.oscca.gov.cn/UpFile/200622026423297990.pdf.

第 3 章　差分密码分析的原理与实例分析

分组密码的差分分析方法, 大约在 1990 年前后提出. Biham 和 Shamir 在 1990 年国际密码年会上第一次提出了对 DES 算法的差分攻击, 从此掀起了民间密码分析的热潮. 鉴于此, 密码学杂志 *Journal of Cryptology* 在 1991 年以专刊方式详细刊登了 Biham 和 Shamir 的这项创新工作. Springer 出版社也在 1993 年出版了 Biham 和 Shamir 的专著, 介绍 DES 类密码的差分分析方法及其应用.

差分密码分析方法是攻击迭代型分组密码最有效的方法之一, 也是衡量一个分组密码安全性的重要指标之一. 差分密码分析的原理比较简单, 发展至今, 该方法虽然出现了诸多变种, 但万变不离其宗, 本质上都是研究差分在加 (解) 密过程中的概率传播特性. 本章主要介绍分组密码的差分分析原理, 详细讲解如何利用它对 DES 算法进行攻击, 最后简单讨论如何寻找 Camellia 算法和 SMS4 算法的迭代差分特征.

3.1　差分密码分析的基本原理

差分密码分析属于选择明文攻击方法, 它通过研究特定的明文差分值在加密过程中的概率传播特性, 将分组密码与随机置换区分开, 并在此基础上进行密钥恢复攻击.

首先给出差分密码分析所涉及的若干概念.

参考图 3.1, 假设所讨论的迭代分组密码为 $E: \{0,1\}^n \times \{0,1\}^l \to \{0,1\}^n$, 其中 n 为分组长度, l 为密钥长度, 任给 $k \in \{0,1\}^l$, $E_k(\cdot) = E(\cdot, k)$ 是 $\{0,1\}^n$ 上的置换. 加密函数 $E_k(\cdot)$ 由子密钥 k_i 控制的轮函数 $F(\cdot, k_i) = F_{k_i}(\cdot)$ 迭代 r 次生成, 即

$$E_k(x) = F_{k_r} \circ F_{k_{r-1}} \circ \cdots \circ F_{k_2} \circ F_{k_1}(x),$$

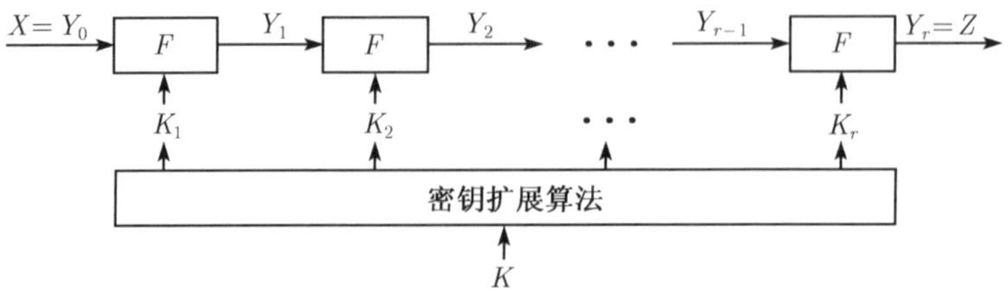

图 3.1　迭代分组密码的加密流程

其中, 轮密钥 $k_i, i=1,2,\cdots,r$, 由密钥扩展算法对种子密钥 k 进行扩展生成. 为方便起见, 假设第 i 轮输入和输出分别为 Y_{i-1} 和 Y_i, 即 $Y_i=F_{k_i}(Y_{i-1})$; 若明文为 X, 则第一轮输入为 $Y_0=X$; 若该分组密码算法有 r 轮, 且设密文为 Z, 则 $Z=Y_r$.

定义 3.1(差分值) 设 $X,X^*\in\{0,1\}^n$, 则 X 和 X^* 的差分值定义为 $\Delta X=X\oplus X^*$.

定义 3.2(差分对) 设 $\alpha,\beta\in\{0,1\}^n$, 假设迭代分组密码的输入对 (X,X^*) 的差分值为 $X\oplus X^*=\alpha$, 经过 i 轮加密之后, 输出对 (Y_i,Y_i^*) 的差分值为 $Y_i\oplus Y_i^*=\beta$, 则称 (α,β) 为该分组密码的一个 i 轮差分对. 特别地, 当 $i=1$ 时, (α,β) 显示了轮函数 F 的差分传播特性, 称 α 为 F 的输入差分, β 为 F 的输出差分.

在有关差分密码分析的英文文献中, difference 和 differential 是两个不同的概念. difference 一般指差分值, 如 $\alpha=x\oplus x^*$ 表示 x 和 x^* 的差分值为 α; 而 differential 一般指一个差分对 (α,β), 表示由差分值 α 传播到差分值 β. 在中文文献中, difference 和 differential 均译为差分, 读者可以根据上下文意境判断其具体含义.

定义 3.1 给出的是 X 和 X^* 的异或差分, 来学嘉等在文献 [39] 中给出了一般意义下的差分概念, 即对群 ($G,\otimes$) 中两个元素 X,X^*, X 和 X^* 的差分定义为 $\Delta X=X\otimes(X^*)^{-1}$.

定义 3.3(差分特征) 迭代分组密码的一条 i 轮差分特征 $\Omega=(\beta_0,\beta_1,\cdots,\beta_{i-1},\beta_i)$, 是指当输入对 (X,X^*) 的差分值满足 $X\oplus X^*=\beta_0$, 在 i 轮加密的过程中, 中间状态 (Y_j,Y_j^*) 的差分值满足 $Y_j\oplus Y_j^*=\beta_j$, 其中, $1\leqslant j\leqslant i$. 特别地, 当 $i=1$ 时, 差分 (α,β) 与差分特征 (β_0,β_1) 的概念统一起来, 即此时表征了轮函数的差分传播特性.

差分特征 (differential characteristic) 也称为差分路径 (differential path)、差分轨迹 (differential trail), 它与差分的区别在于: 差分仅仅给定输入和输出差分值, 中间状态的差分值未指定; 差分特征不仅给定了输入输出差分值, 还指定了中间状态的差分值. 一般来说, 寻找一条差分特征往往比寻找一条差分更为容易, 因为当给定输入差分时, 攻击者必须跟踪轮函数的迭代过程, 才能最终达到某个输出差分, 而这一过程的完成就会对应一条差分特征, 读者可参考图 3.2 理解差分与差分特征的区别及联系.

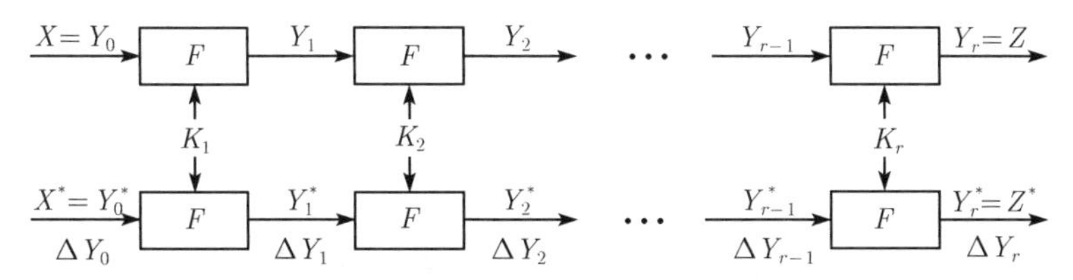

图 3.2 迭代分组密码的差分传播示意图

定义 3.4(差分概率)　迭代分组密码的一条 i 轮差分 (α,β) 所对应的概率 $\mathrm{DP}(\alpha,\beta)$, 亦可记为$\mathrm{DP}(\alpha\to\beta)$, 是指在输入 X、轮密钥 $K_1,K_2,\cdots,K_i$ 取值独立且均匀分布的情形下, 当输入对 (X,X^*) 的差分值满足 $X\oplus X^*=\alpha$, 经过 i 轮加密后, 输出对 (Y_i,Y_i^*) 的差分值满足 $Y_i\oplus Y_i^*=\beta$ 的概率. 特别地, 当 $i=1$ 时, $DP(\alpha,\beta)$ 表示轮函数的差分传播概率.

定义 3.5(差分特征概率)　迭代分组密码的一条 i 轮差分特征 $\Omega=(\beta_0,\beta_1,\cdots,\beta_{i-1},\beta_i)$ 所对应的概率$\mathrm{DP}(\Omega)$ 是指在输入 X, 轮密钥 $K_1,K_2,\cdots,K_i$ 取值独立且均匀分布的情形下, 当输入对 (X,X^*) 的差分值为 $X\oplus X^*=\alpha$, 在 i 轮加密的过程中, 中间状态 (Y_j,Y_j^*) 的差分值满足 $Y_j\oplus Y_j^*=\beta_j$ 的概率, 其中, $0\leqslant j\leqslant i$. 在上述假设下, 差分特征的概率等于各轮差分传播概率的乘积.

在进行差分密码分析时, 寻找高概率的差分特征比寻找高概率的差分容易得多. 事实上, 当 $i=1$ 时, i 轮差分特征和 i 轮差分描述的概念一致, 都表征轮函数 F 的差分传播. 根据定义 3.4, 输入差分 α 经轮函数 F 传播到输出差分 β 的概率为

$$\mathrm{DP}(\alpha,\beta)=\underset{X,K}{\mathrm{Prob}}\{F(X,K)\oplus F(X\oplus\alpha,K)=\beta\}.$$

当 $i>1$ 时, 根据定义 3.5, i 轮差分特征 $\Omega=(\beta_0,\beta_1,\cdots,\beta_i)$ 的概率为

$$\mathrm{DP}(\Omega)=\prod_{j=1}^{i}\mathrm{DP}(\beta_{j-1},\beta_j),$$

其中, $\mathrm{DP}(\beta_{j-1},\beta_j)$ 表示第 j 轮轮函数的差分传播概率. 若将所有起点差分为 α, 终点差分为 β 的差分特征记为 $\Omega=(\beta_0,\beta_1,\cdots,\beta_{i-1},\beta_i)$, $\beta_0=\alpha$, $\beta_i=\beta$, 则

$$\mathrm{DP}(\alpha,\beta)=\sum_{\beta_1,\beta_2,\cdots,\beta_{i-1}}\mathrm{DP}(\Omega).$$

还有一点需要注意的是, 定义 3.4 给出的 i 轮差分概率 $\mathrm{DP}(\alpha,\beta)$ 要求轮密钥独立且均匀分布. 若将固定轮密钥 $k_1,\cdots,k_i$ 时所对应 i 轮加密变换的差分概率记为

$$\mathrm{DP}[k_1,k_2,\cdots,k_i](\alpha,\beta),$$

则 $\mathrm{DP}(\alpha,\beta)$ 可以按照如下方式计算

$$\mathrm{DP}(\alpha,\beta)=\frac{1}{2^{|k_1|\times\cdots\times|k_i|}}\times\sum_{k_1,\cdots,k_i}\mathrm{DP}[k_1,k_2,\cdots,k_i](\alpha,\beta),$$

其中, $|k_i|$ 表示 k_i 的比特长度. 这表明 “i 轮差分传播概率” 是所有可能 “固定轮密钥下差分传播概率” 的平均. 类似地, 关于差分特征的概率也有相应的结论.

定义 3.6(差分特征的级联) 给定两条差分特征 $\Omega^1=(\beta_0,\beta_1,\cdots,\beta_s)$, $\Omega^2=(\gamma_0,\gamma_1,\cdots,\gamma_t)$, 若 $\beta_s=\gamma_0$, 则称 $\Omega=(\beta_0,\cdots,\beta_s,\gamma_1,\cdots,\gamma_t)$ 为 Ω^1 和 Ω^2 的级联, 记为 $\Omega=\Omega^1||\Omega^2$, 此时, $\mathrm{DP}(\Omega)=\mathrm{DP}(\Omega^1)\times\mathrm{DP}(\Omega^2)$.

定义 3.7(迭代差分特征) 若一条 i 轮差分特征 $\Omega=(\beta_0,\beta_1,\cdots,\beta_i)$ 满足 $\beta_0=\beta_i$, 则称 Ω 是一条 i 轮迭代差分特征. 若 Ω 是迭代差分特征, 则它自身可进行级联, 而且可以级联多次.

迭代差分特征往往比一般的差分特征更加有效, 因为根据加密算法的雪崩效应, 随着轮数的增加, 大部分差分特征对应的概率都会迅速递减. 而对于迭代特征, 随着轮数的增加, 相应概率递减的速率要小得多. 此时, 构造的差分区分器可能更加有效.

定义 3.8(正确对与错误对) 给定一条 i 轮差分特征 $\Omega=(\beta_0,\beta_1,\cdots,\beta_{i-1},\beta_i)$, 若输入对 (X,X^*) 在加密过程中间状态的差分值满足差分特征 Ω, 则称该输入对 (X,X^*) 针对给定的差分特征 Ω 是一个正确对, 否则称其为错误对. 若随机给定一个输入对 (X,X^*), 在轮密钥 $K_1,K_2,\cdots,K_i$ 独立且随机均匀选取的假设下, 它是正确对 (针对差分特征) 的概率就是差分特征 Ω 的概率$\mathrm{DP}(\Omega)$. 类似地, 可以定义针对 i 轮差分的正确对与错误对.

"正确对" 与 "错误对" 这两个概念的引入, 能够更好地理解和估计差分密码分析的数据复杂度, 这在下面的分析中可以看到.

有了上述定义, 接下来详细介绍对迭代分组密码的差分攻击, 先给出随机置换差分传播概率的性质.

命题 3.1 对 $\{0,1\}^n$ 上的随机置换 $\Re$, 任意给定差分 (α,β), $\alpha\neq 0,\beta\neq 0$, 则 $\mathrm{DP}(\alpha,\beta)=\dfrac{1}{2^n-1}\approx\dfrac{1}{2^n}$.

如果找到了一条 $r-1$ 轮差分, 其概率大于 $\dfrac{1}{2^n}$, 就可以将 $r-1$ 轮的加密算法与随机置换区分开, 利用该区分器 (称为差分区分器), 可以对分组密码进行密钥恢复攻击. 假设攻击者攻击 r 轮加密算法, 目的是恢复第 r 轮的轮密钥 (或其部分比特), 攻击步骤如下:

步骤 1. 寻找一条 $r-1$ 轮的高概率差分 (α,β), 设概率为 p.

步骤 2. 根据区分器的输出, 确定要恢复的第 r 轮轮密钥 k_r(或其部分比特), 设攻击的密钥量为 l 比特. 对每个可能的候选密钥 gk_i, $0\leqslant i\leqslant 2^l-1$, 设置相应的 2^l 个计数器 λ_i, 初始化清零.

步骤 3. 均匀随机地选取明文 X, 令 $X^*=X\oplus\alpha$, 在同一个未知密钥 k(即在未知的轮密钥 $k_1,k_2,\cdots,k_r$) 下加密, 获得相应的密文 Z 和 Z^*. 这里选择明文对 (X,X^*) 的数目为 $m\approx c\cdot\dfrac{1}{p}$, c 为某个常数.

步骤 4. 根据区分器的输出, 先对步骤 3 中获得的所有密文对进行过滤, 保留过滤后的密文对 (Z, Z^*), 并用第 r 轮中每一个猜测的轮密钥 gk_i(或其部分比特) 对其 "解密", 计算 "解密" 之后的差分 $\Delta = F_{gk_i}^{-1}(Z) \oplus F_{gk_i}^{-1}(Z^*)$, 若 $\Delta = \beta$, 则给相应的计数器 λ_i 加 1.

步骤 5. 将 2^l 个计数器中某个计数值要明显大于其他计数值所对应的密钥 gk_i(或其部分比特) 作为攻击获得的正确密钥值.

为更好地理解差分密码分析的思想, 这里给出几点详细的说明:

(1) 上述攻击算法是在 $r-1$ 轮的差分区分器后添加一轮进行攻击, 一般称为 1-R 攻击. 进一步推广, 若在区分器后添加 t 轮进行攻击, 则称为 t-R 攻击.

(2) 步骤 4 将 "解密" 这一操作用引号标识, 原因在于: 当猜测的第 r 轮轮密钥 gk_i 是正确轮密钥 k_r 时, $F_{gk_i}^{-1}(\cdot)$ 才是真正意义上的解密操作, 此时得到的是算法第 $r-1$ 轮的输出, 即

$$F_{gk_i}^{-1}(Z) = F_{k_r}^{-1}(Z) = F_{k_{r-1}} \circ F_{r_{k-1}} \circ \cdots \circ F_{k_1}(X).$$

当猜测的第 r 轮轮密钥 gk_i 是错误轮密钥时, 解密操作相当于用错误轮密钥 gk_i 对密文进行额外的 1 轮加密, 即用 $r+1$ 个轮密钥 $(k_1, k_2, \cdots, k_{r-1}, k_r, gk_i)$ 对 X 进行加密, 且最后一轮的加密轮函数为 $F_{gk_i}^{-1}(\cdot)$, 因此

$$F_{gk_i}^{-1}(Z) = F_{gk_i}^{-1}(E_k(X)) = F_{gk_i}^{-1} \circ F_{k_r} \circ F_{r_{k-1}} \circ \cdots \circ F_{k_1}(X).$$

这就是统计攻击中的 "错误密钥假设原理", 即当攻击所猜测的轮密钥错误时, 对最后一轮的 "解密" 相当于利用错误轮密钥对密文进行一次额外的加密, 此时得到的结果更加随机.

(3) 准确地讲, 攻击者在步骤 1 中寻找的应该是未知密钥 k 下 $r-1$ 轮加密算法的某条高概率差分. 用 $\hat{E}_k(\cdot)$ 表示当密钥为 k 时的 $r-1$ 轮加密算法, 则攻击者寻找的应该是如下形式的某条差分 (α, β), 其对应的概率 p_1 较大:

$$\operatorname*{Prob}_X(\alpha, \beta \,|\, K = k) = \operatorname*{Prob}_X(\hat{E}_k(X) \oplus \hat{E}_k(X \oplus \alpha) = \beta) \triangleq p_1.$$

需要指出的是, 当固定密钥 k 时, $\hat{E}_k(\cdot)$ 本质上就是一个大比特容量的 S 盒, 而且可以肯定地讲, 一定会存在差分分布的不均匀性, 但问题的关键在于存在性不等同于可以找到, 两者有着质的差别. 换句话说,

$$p_1 = \frac{\#\{x \,|\, \hat{E}_k(x) \oplus \hat{E}_k(x \oplus \alpha) = \beta\}}{2^n}$$

存在精确的值, 但无法有效地计算. 因为密钥 k 未知, 想要求得 p_1, 唯一的途径就是遍历满足差分 α 的每一个明文对, 并获得相应 $\hat{E}_k(\cdot)$ 的输出对, 计算输出差分,

并统计分布情况，但这大大超过了穷尽搜索的复杂度，而且对每个密钥 k 都必须分别计算，故不可行. 对此，来学嘉等 [39] 提出了差分密码分析中一个非常重要的概念："随机等价假设"(hypothesis of stochastic equivalence). "随机等价假设" 即假设对大多数密钥而言，固定密钥 (从而轮密钥) 下的差分传播概率与各轮密钥相互独立且随机均匀分布时的差分传播概率近似相等，即

$$\mathrm{DP}[k_1, k_2, \cdots, k_{r-1}](\alpha, \beta) \approx \mathrm{DP}(\alpha, \beta),$$

具体来讲

$$\begin{aligned}
p_1 &= \operatorname*{Prob}_{X}\left(\hat{E}_k(X) \oplus \hat{E}_k(X \oplus \alpha) = \beta\right) \\
&= \operatorname*{Prob}_{X}\left(\alpha, \beta \,|\, K = k\right) \\
&= \operatorname*{Prob}_{X}\left(\alpha, \beta \,|\, K_1 = k_1, K_2 = k_2, \cdots, K_{r-1} = k_{r-1}\right) \\
&\approx \operatorname*{Prob}_{X, K_1, \cdots, K_{r-1}}(\alpha, \beta) \\
&\triangleq p_2.
\end{aligned}$$

注意到在实际攻击中，p_1 虽然不可求，但有了上述假设后，就可以用 p_2 来近似逼近 p_1，而 p_2 就是前面提到的 "差分概率" 的定义. 很多迭代分组密码差分攻击的实验数据表明，利用 p_2 作为近似值取代 p_1 仍能取得较好的攻击结果. 需要注意的是，这并不表明 "随机等价假设" 适用于所有密码，在某些算法中，p_2 和 p_1 相差较大，p_1 的计算严重依赖于轮密钥. 若某些轮密钥值导致 p_1 显著增大，则通过密钥扩展算法的特性，将暗示种子密钥中存在针对差分攻击的 "弱密钥"，关于这一点，可参考对分组密码 Lucifer 的差分攻击 [17] 以及分组密码 IDEA 中发现的大量弱密钥 [21].

(4) 观察步骤 4 不难发现，攻击者只能通过猜测密钥来验证 "部分解密" 后的差分值是否满足差分区分器的输出，即攻击者并不关心区分器的中间状态差分值，而只关心区分器的输出差分值，这就是差分的概念. 但多数情形下，攻击者仍然可以利用差分特征来构造区分器 (称为差分特征区分器). 这是因为差分特征比差分更加容易寻找和构造. 很多分组密码中，某条高概率的差分 (α, β) 会包含很多条概率不等的差分特征 Ω，它们的起点为 α，终点为 β. 所有这些差分特征中，一般会包含一条概率较大的差分特征，记为 Ω_0，它对整个差分的贡献最大，可以形象地认为这条差分特征 "统治" 着整条差分，即可以用 P_{Ω_0} 代替 p_2 表征区分器的概率. 而计算差分特征的概率 P_{Ω_0}，只需将 Ω_0 在每一轮相应轮函数的差分传播概率相乘即可，这就大大简化了计算流程. Biham 和 Shamir 对 DES 算法的差分攻击采用的就是差分特征区分器. 但需要特别指出的是，利用差分特征来逼近差分，并不是在任何情形下都可行的. 一般来说，只有当差分特征的概率比 2^{-n} 大时才有效，关于这一点更加深刻的阐述，读者可参考文献 [20,22,23].

(5) 差分攻击恢复密钥的方法采用了统计思想, 通过对每个可能的密钥进行相关计数, 利用计数系统进行优势探测进而将正确密钥与错误密钥区分开. 由于攻击的本质是统计方法, 因而攻击成功与否必然存在概率, 且这个概率值在很大程度上依赖于选择明文的数量. 如果要精确地计算成功的概率, 需要利用概率统计中的二项分布, 进行精确的数值计算求解, 但根据差分攻击所建立的概率模型, 可以通过泊松分布近似求解. 不过, 在差分密码分析的原始文献中, Biham 和 Shamir 避开了这一点, 在对 DES 算法进行大量的实验分析后, 他们引入了 "信噪比" 的概念, 在多数情形下, 通过 "信噪比" 的取值, 可以确定差分攻击选择明文量的大小, 同时保证较大的成功概率.

理解 "信噪比" 概念的前提是必须清楚差分攻击过程中的计数原理, 下面详细讨论步骤 4 中的 "计数原理":

(1) 假设选择明文对的数目为 m, 那么正确对的数目约为 $m \cdot p$. 若一个明文对是正确对, 则相应的密文对用正确的密钥解密后得到的差分一定是差分区分器的输出, 这样计数器会对正确密钥进行一次计数. 所以, 攻击者能够断言正确密钥至少被计数器统计了 $m \cdot p$ 次. 攻击者期望正确密钥所对应的计数器值明显超过错误密钥对应的计数器值, 此时才能将正确密钥识别出来. 一个很显然的做法就是希望当前处理的明文对尽可能是正确对, 因为每一个正确对所对应的密文对一定会使正确密钥的计数器加 1.

(2) 给定一个密文对, 若采用某个猜测的密钥进行解密后获得的差分值正好是差分区分器的输出, 则称该密文对 "蕴含" 了所猜测的密钥. 考虑到加密算法基于特征为 2 的有限域, 可以得到如下结论: 正确对 (所对应的密文对) 一定 "蕴含" 正确密钥, 正确对 (所对应的密文对) 也一定 "蕴含" 错误密钥, 但每次 "蕴含" 的错误密钥值随机; 错误对 (所对应的密文对) 既可能 "蕴含" 正确密钥, 也可能 "蕴含" 错误密钥, 但所 "蕴含" 的密钥值都随机.

(3) 差分攻击的实施过程实际上就是观察每个猜测的密钥所对应的计数器取值的分布情况. 当某个猜测密钥所对应计数器的值远远大于其他猜测密钥对应的值时, 该计数器对应的密钥就很有可能是正确密钥. 由前面讨论知, 正确密钥至少被统计了 $m \cdot p$ 次, 而正确密钥被统计的次数应该等于正确对出现的次数 $m \cdot p$ 加上被错误密文对所 "蕴含" 正确密钥的次数. 直观上理解, 错误密文对所 "蕴含" 正确密钥的次数近似为所有猜测密钥平均被统计的次数.

(4) 差分攻击的效率在很大程度上还依赖于攻击者能否有效地识别 "正确对", 由于 "正确对" 是针对差分 (差分特征) 而言, 即针对差分区分器 (缩减轮数算法) 而言, 但攻击者只能观察得到密文对, 因而, 不能直接判断当前明文对是否是正确对. 不过, 根据差分区分器的输出, 攻击者通过观察密文对差分的一些性质, 仍然可以将一部分不是正确对的明文对 (错误对) 过滤, 从而只需对过滤之后的明文对所对应的密文对进行计数处理. 这样既避免了“错误对”所蕴含“密钥”的干扰, 又提高了攻击的效率.

(5) 假设攻击所采用的 $r-1$ 轮的差分区分器为 (α,β), 当计数过程完毕后, 每个猜测的密钥都会对应一个计数值. 正确密钥对应计数器的值, 实际上至少统计了满足输入差分为 α 的 m 个明文对中, 经过 $r-1$ 轮加密后, 输出差分为 β 的明文对的个数, 即正确对的个数; 而根据“错误密钥假设原理”, 错误密钥对应计数器的值, 统计的是满足输入差分为 α 的 m 个明文对中, 经过 $r+1$ 轮“加密”后, 输出差分为 β 的明文对的个数. 一般来说, 对同一个算法, 给定一条 $r-1$ 轮高概率差分 (α,β), 那么它的概率会大于 $r+1$ 轮差分 (α,β) 的概率. 所以, 错误密钥对应计数器的值一般都会较低, 正是如此, 攻击者才可以将正确密钥区分出来.

通过对计数原理的上述解释, 可以将差分攻击简单地归纳为采样、去噪、提取信息三个部分: (1) 采样, 选择大量合适的明文对, 并获得相应的密文对; (2) 去噪, 通过观察密文对差分的一些特性, 过滤不是正确对的明文对, 排除干扰; (3) 提取信息, 对过滤后的数据和每一个猜测的密钥进行统计分析, 恢复正确密钥.

采样阶段, 样本量的大小 m 与差分区分器的概率 p 有关, 样本的内容即明文对的取值与差分区分器的输入有关. 去噪阶段的主要目的是过滤一些错误对, 排除干扰, 提高攻击效率, 假设过滤强度 (过滤系数) 为 λ, $0<\lambda\leqslant 1$, 它的取值与差分区分器的输出有关, 表示过滤之后的明文对数量与总明文对数量的比值. 提取信息阶段有两个关键的参数: 攻击所猜测的密钥量 l 以及平均每个密文对所“蕴含”的密钥个数 ν, ν 的取值一般跟算法组件 (如 S 盒) 的差分分布特性有关.

在实施差分攻击之前, 首先要找到一条高概率的差分, 并据此选择适量的明文对, 根据前面的分析, 此时攻击者可以确定以下两点: (1) 正确密钥至少被统计了 $m\cdot p$ 次; (2) 所有猜测的密钥平均被统计了 $\dfrac{m\cdot\lambda\cdot\nu}{2^l}$ 次. 而这两者之比, 实际上就给出了信噪比的概念.

定义 3.9(信噪比) *若采用计数原理对密码算法进行差分攻击, 则正确密钥被至少统计的次数与所有猜测密钥平均被统计次数之比, 称为该计数系统中的信噪比, 记为 S/N.*

Biham 和 Shamir[10] 给出的信噪比概念定义为正确对的个数与所有猜测密钥平均被统计次数之比. 由于正确对的个数即为正确密钥至少被统计的次数, 因此两个定义是等价的.

根据定义, “信噪比”可以计算如下:

$$S/N=\frac{m\cdot p}{m\cdot\lambda\cdot\nu\,/\,2^l}=\frac{2^l\cdot p}{\lambda\cdot\nu}.$$

显然, 信噪比越大, 正确密钥被统计的次数越多, 这样就能与其他计数器有效地区分开, 从而攻击的选择明文量就会变小. 由 "信噪比" 的定义可知, 信噪比取值与 m 无关, 只与攻击需要猜测的密钥量 l、差分概率 p、过滤系数 λ 以及平均每个密文对所 "蕴含" 的密钥个数 ν 有关. 所以提高信噪比的方法包括: (1) 提高攻击所需猜测的密钥量 l; (2) 寻找高概率差分 (特征); (3) 降低 $\lambda \cdot \nu$. 一般攻击者通过 (2) 和 (3) 提高信噪比, 因为单纯提高攻击猜测的密钥量会使得攻击所需的存储空间呈指数级增长, 从而导致攻击不可行.

在保证一定成功率的前提下, 根据 "信噪比" 的取值还可以进一步确定攻击所需的选择明文量, 假设攻击需要的明文对的数目为 m, 攻击所采用的差分 (差分特征) 概率为 p, 则

$$m \approx c \cdot \frac{1}{p},$$

其中 c 为一固定常数, 实际上代表一次攻击中期望出现正确对的个数. 可见, 攻击所需的数据复杂度与 $\frac{1}{p}$ 成正比, 正比例系数为 c, 而 c 的取值则根据信噪比 S/N 来近似估算. 在对 DES 算法进行大量实验分析之后, Biham 和 Shamir 将这个经验法则具体总结如下 [10]:

(1) 当 S/N=1～2, c 取值 20～40.

(2) 当 S/N 取较大值, c 取值 3～4.

(3) 当 S/N 取较小值, c 需取更大的值.

3.2 DES 算法的差分密码分析

上一节主要介绍了迭代分组密码的差分攻击原理, 本节将研究对 DES 算法的差分分析. 由于 DES 初始置换 IP 及其逆置换 IP^{-1} 均公开, 故在进行安全性分析时可以将其忽略. DES 算法是基于 Feistel 结构设计的迭代型分组密码, 其轮函数包括扩展变换、密钥加、S 盒、P 置换. DES 算法所采用的迭代结构导致对低轮 DES 和高轮 DES 进行差分分析时方法略显不同. 为此, 本节介绍对 DES 算法的差分分析原理, 3.2.1 节介绍 S 盒的差分分布表和对 S 盒的差分分析原理; 3.2.2 节讨论对低轮和高轮 DES 算法的差分分析方法.

3.2.1 S 盒的差分分布表

Biham 和 Shamir 对 DES 算法进行差分密码分析的关键在于观察到 S 盒差分分布的不均匀特性, 并给出了 S 盒差分分布表的概念, 这个概念完全刻画了 S 盒的差分传播特性.

定义 3.10(*S 盒的差分分布表*) *设 $m, n \in \mathbb{N}$, 从 $\mathbb{F}_2^m$ 到 $\mathbb{F}_2^n$ 的非线性映射 (也*

称为 S 盒) 记为: $S:\mathbb{F}_2^m\to\mathbb{F}_2^n$, 给定 $\alpha\in\mathbb{F}_2^m$, $\beta\in\mathbb{F}_2^n$, 定义

$$IN_S(\alpha,\beta)=\{x\in\mathbb{F}_2^m : S(x\oplus\alpha)\oplus S(x)=\beta\},$$
$$N_S(\alpha,\beta)=\#IN_S(\alpha,\beta).$$

构造 $2^m\times 2^n$ 的表格如下: 以 α 为行指标遍历 $\mathbb{F}_2^m$, β 为列指标遍历 $\mathbb{F}_2^n$, 行列交错处的项取值 $N_S(\alpha,\beta)$. 称 α 为 S 盒的输入差分, β 为 S 盒的输出差分, 三元数组 $(\alpha,\beta,N_S(\alpha,\beta))$ 按上述方式构成的表为 S 盒的差分分布表.

S 盒差分分布表的第 α 行第 β 列的取值 $N_S(\alpha,\beta)$ 表示: 对固定的 $\alpha\in\mathbb{F}_2^m$, $\beta\in\mathbb{F}_2^n$, 当 x 遍历 $\mathbb{F}_2^m$ 时, 可以得到 2^m 个输入对 $(x,x\oplus\alpha)$, 这些输入对中, 能够使 $S(x)\oplus S(x\oplus\alpha)=\beta$ 成立的个数为 $N_S(\alpha,\beta)$. $N_S(\alpha,\beta)$ 的取值根据方程 $S(x)\oplus S(x\oplus\alpha)=\beta$ 根的数目给出. 若方程无解, 则 $N_S(\alpha,\beta)=0$; 若 x 为方程的一个解, 则 $x\oplus\alpha$ 亦是方程的另一个解, 故 $N_S(\alpha,\beta)$ 为偶数.

固定 $\alpha\in\mathbb{F}_2^m$, 当 x 遍历 $\mathbb{F}_2^m$ 时, 分别计算 $S(x)\oplus S(x\oplus\alpha)$, 则一共得到 2^m 个值, 且这些值会以某种方式分布在 $\mathbb{F}_2^n$ 上. S 盒的差分分布表中, 每一行之和为 2^m, 即 $\sum\limits_{\beta\in\mathbb{F}_2^n}N_S(\alpha,\beta)=2^m$, 且表中的项平均取值为 2^{m-n}. 令

$$P_S(\alpha\to\beta)=\Pr_{X\in\mathbb{F}_2^m}(S(X)\oplus S(X\oplus\alpha)=\beta)=\frac{N_S(\alpha,\beta)}{2^m},$$

则得到 $\sum\limits_{\beta\in\mathbb{F}_2^n}P_S(\alpha\to\beta)=1$. 所以, 从概率统计的角度讲, 随机 (满足均匀分布) 给定输入差分为 α 的输入对 $(x,x\oplus\alpha)$, 经过 S 盒后, 输出差分将以概率 $P_S(\alpha\to\beta)$ 取值 $S(x)\oplus S(x\oplus\alpha)=\beta$, 或者说, 输入差分 α 经过 S 盒后将以概率 $P_S(\alpha\to\beta)$ 得到输出差分 β. 若 $P_S(\alpha\to\beta)>0$, 则称差分 α 经 S 盒可传播至差分 β, 简记为 $\alpha\to\beta$; 若 $P_S(\alpha\to\beta)=0$, 则称差分 α 经 S 盒不能传播至差分 β, 简记为 $\alpha\nrightarrow\beta$.

集合 $IN_S(\alpha,\beta)$ 包含了比 $N_S(\alpha,\beta)$ 更多的信息量, 它不仅给出了 S 盒的输入差分 α 到输出差分 β 的概率传播特性, 还提供 (泄露) 了更加重要的信息: 当攻击者观察到 S 盒的一组输入和输出差分 (α,β) 时, 通过集合 $IN_S(\alpha,\beta)$, 就可以确定哪些具体的输入值 x 会导致输入差分 α 传播到输出差分 β, 这一点对低轮 DES 算法的差分分析至关重要.

S 盒的差分分布表实际上是研究满足特定差分的随机输入对经过 S 盒作用后输出对的差分分布特性. 考虑从 $\mathbb{F}_2^m$ 到 $\mathbb{F}_2^n$ 上的线性映射 L, 随机给定满足输入差分为 α 的输入对 $(x,x\oplus\alpha)$, 输出差分为 $L(x)\oplus L(x\oplus\alpha)=L(x\oplus x\oplus\alpha)=L(\alpha)$. 可见, 对线性映射, 差分传播是确定的, 给定输入差分 α, 输出差分必为 $L(\alpha)$. 相反, S 盒的差分传播特性不仅与输入差分 α 有关, 还与具体的输入值 x 有关, 这也从一个侧面反映了它与线性映射的区别.

对 DES 算法而言, 共有 8 个 S 盒, 分别记为 $S_1, S_2, \cdots, S_8$, 且 $m = 6$, $n = 4$, 故每个 S 盒的差分分布表有 64 行、16 列. 表 3.1 给出了 S_1 的部分差分分布表, 而 DES 算法的差分分析正是利用这 8 个 S 盒差分分布表的不均匀性. 接下来分两部分介绍对 DES 算法的差分分析. 第一部分是对低轮 DES 算法的差分攻击, 第二部分是对高轮 DES 算法的差分攻击.

对低轮 DES 算法的差分攻击, 本质上是对 S 盒的差分分析, 并利用了集合 $IN_S(\alpha, \beta)$ 的性质. 首先介绍对一般 S 盒的差分分析模型.

表 3.1　DES 算法组件 S 盒 S_1 的差分分布表

输入	输出差分															
差分	0_x	1_x	2_x	3_x	4_x	5_x	6_x	7_x	8_x	9_x	A_x	B_x	C_x	D_x	E_x	F_x
0_x	64	0	0	0	0	0	0	0	0	0	0	0	0	0	0	0
1_x	0	0	0	6	0	2	4	4	0	10	12	4	10	6	2	4
2_x	0	0	0	8	0	4	4	4	0	6	8	6	12	6	4	2
3_x	14	4	2	2	10	6	4	2	6	4	4	0	2	2	2	0
4_x	0	0	0	6	0	10	10	6	0	4	6	4	2	8	6	2
5_x	4	8	6	2	2	4	4	2	0	4	4	0	12	2	4	6
6_x	0	4	2	4	8	2	6	2	8	4	4	2	4	2	0	12
7_x	2	4	10	4	0	4	8	4	2	4	8	2	2	2	4	4
8_x	0	0	0	12	0	8	8	4	0	6	2	8	8	2	2	4
9_x	10	2	4	0	2	4	6	0	2	2	8	0	10	0	2	12
A_x	0	8	6	2	2	8	6	0	6	4	6	0	4	0	2	10
B_x	2	4	0	10	2	2	4	0	2	6	2	6	6	4	2	12
C_x	0	0	0	8	0	6	6	0	0	6	6	4	6	6	14	2
D_x	6	6	4	8	4	8	2	6	0	6	4	6	0	2	0	2
E_x	0	4	8	8	6	6	4	0	6	6	4	0	0	4	0	8
F_x	2	0	2	4	4	6	4	2	4	8	2	2	2	6	8	8
⋮								⋮								
30_x	0	4	6	0	12	6	2	2	8	2	4	4	6	2	2	4
31_x	4	8	2	10	2	2	2	2	6	0	0	2	2	4	10	8
32_x	4	2	6	4	4	2	2	4	6	6	4	8	2	2	8	0
33_x	4	4	6	2	10	8	4	2	4	0	2	2	4	6	2	4
34_x	0	8	16	6	2	0	0	12	6	0	0	0	0	8	0	6
35_x	2	2	4	0	8	0	0	0	14	4	6	8	0	2	14	0
36_x	2	6	2	2	8	0	2	2	4	2	6	8	6	4	10	0
37_x	2	2	12	4	2	4	4	10	4	4	2	6	0	2	2	4
38_x	0	6	2	2	2	0	2	2	4	6	4	4	4	6	10	10
39_x	6	2	2	4	12	6	4	8	4	0	2	4	2	4	4	0
$3A_x$	6	4	6	4	6	8	0	6	2	2	6	2	2	6	4	0
$3B_x$	2	6	4	0	0	2	4	6	4	6	8	6	4	4	6	2
$3C_x$	0	10	4	0	12	0	4	2	6	0	4	12	4	4	2	0
$3D_x$	0	8	6	2	2	6	0	8	4	4	0	4	0	12	4	4
$3E_x$	4	8	2	2	2	4	4	14	4	2	0	2	0	8	4	4
$3F_x$	4	8	4	2	4	0	2	4	4	2	4	8	8	6	2	2

考虑对密码组件 S 盒的攻击, 见图 3.3. 这里 x 为明文输入, k 为密钥, $x \oplus k$ 为 S 盒的输入, S 盒的输出 $y = S(x \oplus k)$ 为密文. 假设攻击者可以获得明文和相应的密文, 希望恢复密钥. 显然, 当 S 盒为双射时, 只需获得一组明密文 (x, y), 此时 $k = x \oplus S^{-1}(y)$. 考虑对 DES 算法组件第 1 个 S 盒 S_1 的情形, 即 S 盒满射但非单射.

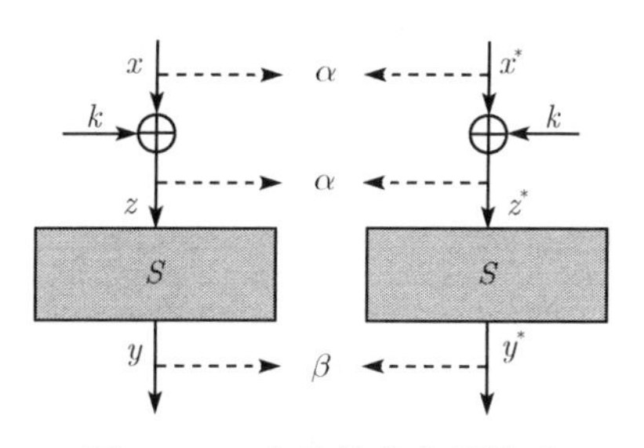

图 3.3 S 盒的差分分析模型

此时根据一组明密文 (x, y), 通过查表可以得到 S_1 输入 z 的 4 个候选值, 进而得到 $k = z \oplus x$ 的 4 个候选值. 所以还需再次获得若干明密文 (x_i, y_i), 并穷尽 4 个候选密钥来验证, 以获取唯一的正确密钥. 下面弱化攻击者的条件, 并由此导出例 3.1 中对 S 盒的差分攻击模型.

例 3.1(S 盒的差分分析) 采用图 3.3 所示的加密模型: 明文为 x, 密钥为 k, 密文为 $y = S(x \oplus k)$. 假设攻击者可以选择若干明文 $x_1, \cdots, x_t$, 但不能获得相应的密文 $y_1, \cdots, y_t$, 只能观察到某两个密文的差分, 即攻击者可以获得若干三元数组 $(x_i, x_j, y_i \oplus y_j)$, 并期望由此猜测密钥 k 的若干信息.

对 S 盒的差分攻击主要利用了如下关键的性质: $(x \oplus k) \oplus (x^* \oplus k) = x \oplus x^*$, 即密钥加不影响输入差分. 在这种攻击模型下, 要恢复密钥就需要利用上节提到的集合 $IN_S(\alpha, \beta)$. 值得一提的是, 在现实对分组密码的攻击中, 确实会遇到这种模型, 比如, 边信道攻击中的差分故障分析. 下面针对 DES 算法的 S 盒 S_1 来详细讲解这个攻击, 攻击的例子来源于文献 [10].

观察 S_1 的差分分布表 (表 3.1), 注意到, 当输入差分 $\alpha = 34_x$ 时, S_1 的输出差分共有 8 种可能, 即

$$
\begin{aligned}
&34_x \to 1_x, \quad 34_x \to 2_x, \quad 34_x \to 3_x, \quad 34_x \to 4_x,\\
&34_x \to 7_x, \quad 34_x \to 8_x, \quad 34_x \to D_x, \quad 34_x \to F_x.
\end{aligned}
$$

表 3.2 详细给出了当 $\alpha = 34_x, \beta = 1_x, 2_x, 3_x, 4_x, 7_x, 8_x, D_x, F_x$ 时, 集合 $IN_{S_1}(\alpha, \beta)$ 和 $N_{S_1}(\alpha, \beta)$ 的取值情况.

现在假设加密所采用的密钥为 $k = 23_x$.

若已知一对明文输入为 $x_1 = 1_x$ 和 $x_1^* = 35_x$, 则加密流程为

$$
\begin{aligned}
&x_1 = 1_x, \quad z_1 = x_1 \oplus k = 22_x, \quad y_1 = S_1(z_1) = 1_x,\\
&x_1^* = 35_x, \quad z_1^* = x_1^* \oplus k = 16_x, \quad y_1^* = S_1(z_1^*) = C_x.
\end{aligned}
$$

此时输出差分 $\delta y_1 = y_1 \oplus y_1^* = D_x$.

现假设攻击者获取一对明文输入 $x_1 = 1_x$, $x_1^* = 35_x$, 但只能观察到对应密文对的输出差分 $\delta y_1 = D_x$, 据此他希望得到密钥 k 的一些信息. 首先注意到明文的输入差分为 $\delta x_1 = x_1 \oplus x_1^* = 1_x \oplus 35_x = 34_x$, 此时攻击者可计算 S_1 的输入差分 $\delta z_1 = z_1 \oplus z_1^* = (x_1 \oplus k) \oplus (x_1^* \oplus k) = x_1 \oplus x_1^* = \delta x_1 = 34_x$. 根据表 3.2 获取集合 $IN_{S_1}(\delta z_1, \delta y_1) = IN_{S_1}(34_x, D_x)$. 该集合至少泄露给攻击者如下信息:

$$34_x \to D_x \text{当且仅当} z_1 = x_1 \oplus k \in \{\, 06, 10, 16, 1C, 32, 24, 22, 28 \,\}.$$

这样得到密钥 k 的一组候选值, 即 $k = z_1 \oplus x_1 \in \{\, 07, 11, 17, 1D, 33, 25, 23, 29 \,\} \triangleq K_1$.

表 3.2 输入差分 $\alpha = 34_x$ 时, 输出差分 β 的分布

输出差分 β	$IN_{S_1}(\alpha, \beta)$	$N_{S_1}(\alpha, \beta)$
1_x	03, 0F, 1E, 1F, 2A, 2B, 37, 3B	8
2_x	04, 05, 0E, 11, 12, 14, 1A, 1B, 20, 25, 26, 2E, 2F, 30, 31, 3A	16
3_x	01, 02, 15, 21, 35, 36	6
4_x	13, 27	2
7_x	00, 08, 0D, 17, 18, 1D, 23, 29, 2C, 34, 39, 3C	12
8_x	09, 0C, 19, 2D, 38, 3D	6
D_x	06, 10, 16, 1C, 22, 24, 28, 32	8
F_x	07, 0A, 0B, 33, 3E, 3F	6
其他	$\varnothing$	0

假设攻击者获得另外一对明文输入 $x_2 = 21_x$, $x_2^* = 15_x$, 但同样只能观察到相应密文对的输出差分 $\delta y_2 = 3_x$, 此时他同样可以获得密钥 k 的相关信息. 注意到 $\delta z_2 = \delta x_2 = 34_x$, 根据表 3.2 获取集合 $IN_{S_1}(\delta x_2, \delta y_2) = IN_{S_1}(34_x, 3_x)$. 该集合至少泄露给攻击者如下信息:

$$34_x \to 3_x \text{当且仅当} z_2 = x_2 \oplus k \in \{\, 01, 02, 15, 35, 34, 23 \,\}.$$

这样得到密钥 k 的另一组候选值, 即 $k = z_2 \oplus x_2 \in \{\, 03, 00, 17, 37, 34, 23 \,\} \triangleq K_2$.

易知, 正确密钥 k 一定落于上述两组密钥候选集合的交集中, 即 $k \in K_1 \cap K_2 = \{\, 17_x, 23_x \,\}$. 此时, 还需要选择额外的明文对及相应的密文对差分过滤错误的密钥. 但注意到在上述攻击中, 明文对的差分均为 $\delta x_i = 34_x$, $i = 1, 2$. 若获得的第三个三元数组 $(\, x_3, x_3^*, \delta y_3 \,)$, 其明文对的差分仍满足 $\delta x_3 = x_3 \oplus x_3^* = 34_x$, 则该三元数组不能过滤掉候选密钥集合 $\{\, 17_x, 23_x \,\}$ 中的错误密钥值, 因为此时候选密钥值的差分也为 $17_x \oplus 23_x = 34_x$. 若设正确密钥值为 k, 则错误密钥值就为 $k \oplus 34_x$, 这两种情形下, S_1 的输入对分别为

$$(x_3 \oplus k, x_3^* \oplus k),$$

$$(x_3 \oplus k \oplus 34_x, x_3^* \oplus k \oplus 34_x) = (x_3^* \oplus k, x_3 \oplus k),$$

这表明 S_1 的输入对完全相同, 从而会给出同样的输出差分 δy_3. 故三元数组 ($x_3, x_3^*, \delta y_3$) 无法区分 17_x 与 23_x. 换句话说, 为将正确密钥筛选出来, 需要获得其他三元数组 $(x, x^*, \delta y)$, 且满足 $\delta x = x \oplus x^* \neq 0_x, 34_x$.

例 3.1 可以总结如下: 当攻击者的条件弱化为 "只能获得明文对及相应的密文差分" 时, 亦可以恢复密钥. 但如果只采用差分分布表中某一行的信息, 不能唯一筛选出正确密钥 (至少会留下两个候选值); 为了获得唯一的正确密钥, 必须利用差分分布表中不同行的信息.

上述对 S 盒的差分分析可以直接推广到对轮函数的差分分析. 首先回顾 DES 算法的轮函数 $F(x,k) = P(S((E(x) \oplus k)))$, 其中 $x \in \mathbb{F}_2^{32}$ 为输入, $k \in \mathbb{F}_2^{48}$ 为轮密钥, E 为扩展置换, S 为并行的 8 个 S 盒, P 为置换. 严格意义上讲, 根据 3.1 节中迭代分组密码的模型, DES 算法的轮函数应该描述如下: 输入 $x = (x_L, x_R) \in \mathbb{F}_2^{64}$, 轮密钥 $k \in \mathbb{F}_2^{32}$, 则轮函数为 $f(x;k) = f(x_L, x_R; k) = (x_R, x_L \oplus F(x_R \oplus k))$. 为方便描述, 下面仍称 F 为 DES 算法的轮函数, 希望读者不要产生混淆. 首先分析输入差分经过轮函数 F 的基本组件后输出差分的性质:

(1) 密钥加: $(x \oplus k) \oplus (x^* \oplus k) = x \oplus x^*$.

(2) 扩展变换 E: $E(x \oplus k) \oplus E(x^* \oplus k) = E(x \oplus k \oplus x^* \oplus k) = E(x \oplus x^*)$.

(3) S 盒: $S(x) \oplus S(x^*) = y \oplus y^*$, 结果不确定, 不仅与 $x \oplus x^*$ 有关, 还与 x 有关.

(4) P 置换: $P(y) \oplus P(y^*) = P(y \oplus y^*)$.

可以看出, 这些基本组件中, 只有 S 盒的差分传播存在不确定性, 这可由前面对 S 盒差分分布表的几点注释得出; 其他组件对输入差分都以确定的方式得到输出差分. 一般来说, 只有通过不确定性才能获得信息量, 因此, 对轮函数的差分分析在本质上仍然是根据 S 盒的差分传播特性来恢复密钥. 注意到, 例 3.1 中对 S 盒的差分攻击必须要求该 S 盒的输入差分非零, 为此引入差分活跃 S 盒的概念:

定义 3.11 (*差分活跃 S 盒*)　*考虑轮函数 F 的一对输入 (x, x^*), 若该输入对导致某个 S 盒的输入差分非零, 则称输入对 (输入差分) 导致该 S 盒活跃, 或称该 S 盒针对输入对 (输入差分) 是活跃的, 简称该 S 盒是差分活跃 S 盒.*

有了差分活跃 S 盒的定义, 可以将轮函数的差分攻击描述如下: 为恢复轮函数 F 中进入第 i 个 S 盒的密钥, 选择明文对 (x, x^*), 使得第 i 个 S 盒针对该输入差分活跃. 获得轮函数 F 的输出差分 $\Delta = F(x \oplus k) \oplus F(x^* \oplus k)$, 根据置换 P 的可逆性, 求得 $\delta = P^{-1}(\Delta)$, 由 $(E(x), E(x^*), \delta)$ 可建立第 i 个 S 盒的差分分析模型. 根据例 3.1 中对 S 盒的差分分析方法, 恢复该活跃 S 盒所对应的密钥.

3.2.2　DES 算法的差分分析

3.2.1 节主要介绍了 S 盒的差分分析原理, 并根据 P 置换的可逆性, 将其推广至对轮函数 F 的攻击. 本节介绍如何对 r 轮 DES 算法进行差分攻击, 其中 $1 \leqslant r \leqslant 16$.

为描述方便, 采用与文献 [10] 相同的记号:

(1) 明文对和相应的差分记为 (P, P^*) 和 P'.

(2) 密文对和相应的差分记为 (T, T^*) 和 T'.

(3) 明文左半部分、右半部分及其差分记为 (L, R) 和 (L', R').

(4) 密文左半部分、右半部分及其差分记为 (l, r) 和 (l', r').

(5) 第 1 轮、第 2 轮、第 3 轮等轮函数的输入和输入差分依次记为 $a, b, c, \cdots, j$ 和 $a', b', c', \cdots, j'$.

(6) 第 1 轮、第 2 轮、第 3 轮等轮函数的输出和输出差分依次记为 $A, B, C, \cdots, J$ 和 $A', B', C', \cdots, J'$.

由于 DES 算法采用了 Feistel 结构, 研究 r 轮算法的差分攻击, 除了考虑轮函数的差分性质外, 还必须考虑异或运算的差分性质. 假设 $z = x \oplus y$, 则 $\Delta z = \Delta(x \oplus y) = (x \oplus y) \oplus (x^* \oplus y^*) = (x \oplus x^*) \oplus (y \oplus y^*) = \Delta x \oplus \Delta y$.

对 1 轮、2 轮 DES 算法的差分攻击, 本质上就是对轮函数 F 的差分攻击 (或对 S 盒的差分攻击); 对 3 轮 DES 算法的差分攻击, 读者可参考文献 [10], 基本思路就是通过选择特殊的明文对 (输入差分), 使得加密算法的最后一轮出现 S 盒的差分分析模型, 对活跃 S 盒进行差分攻击就可恢复相应的密钥. 下面通过例 3.2 和例 3.3 介绍对 4 轮和 5 轮 DES 算法的差分分析.

例 3.2(4 轮 DES 算法的差分分析) *选择差分为 $(20\ 00\ 00\ 00_x, 00\ 00\ 00\ 00_x)$ 的明文对 (P, P^*), 进行 4 轮加密, 获得相应的密文对 (T, T^*), 那么只需获得若干个这样的明文对及相应的密文对就可以恢复 DES 算法 42 比特的种子密钥.*

4 轮 DES 算法的差分分析本质上仍然是对 S 盒的差分分析, 简单描述如下 (见图 3.4):

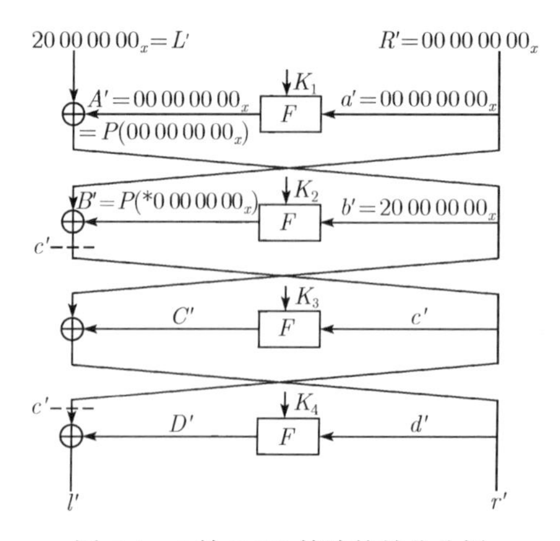

图 3.4 4 轮 DES 算法的差分分析

步骤 1. 由密文对 $T = (l, r), T^* = (l^*, r^*)$, 可以获得第 4 轮轮函数的输入对 (r, r^*), 进而也可以获得 8 个 S 盒的输入对 (密钥加之前的数据) 为 $(E(r), E(r^*))$; 简单分析 S 盒针对差分的扩散特性以及扩展变换 E 的性质可知, 第 4 轮轮函数的输入差分 r' 经过扩展变换 E 后 (S 盒的输入差分), $E(r')$ 几乎会让 8 个 S 盒都活跃.

步骤 2. 第 4 轮轮函数的输出差分为 $D' = l' \oplus c' = l' \oplus a' \oplus B'$, 其中 $l' = l \oplus l^*$ 已知, $a' = 00\ 00\ 00\ 00_x$, $B' = P(*0\ 00\ 00\ 00_x)$, 其中 $*$ 为未知的 4 比特向量, 表示当第 2 轮轮函数中第一个 S 盒 S_1 的输入差分为 04_x(由于扩展变换) 时可能的输出差分. 从而, 第 4 轮轮函数中 8 个 S 盒的输出差分为 $P^{-1}(D') = P^{-1}(l' \oplus P(*0\ 00\ 00\ 00_x)) = P^{-1}(l') \oplus (*0\ 00\ 00\ 00_x)$, 故第 4 轮中 S_2, S_3, S_4, S_5, S_6, S_7, S_8 共 7 个 S 盒的输出差分均可求.

步骤 3. 由步骤 1 和步骤 2 可建立对 7 个 S 盒的差分分析模型, 通过对 S 盒的差分分析, 可以恢复 $7 \times 6 = 42$ 比特的轮密钥. 由密钥扩展算法, 其他 14 比特的密钥可通过穷尽搜索来恢复.

上述攻击中未能恢复第 4 轮中进入第 1 个 S 盒的密钥, 因为它的输出差分未知. 攻击者可以选择另外的明文差分, 使得差分在传播的过程中, 第 2 轮的输入差分经过扩展变换 E 后导致第 1 个 S 盒不活跃, 比如可以选取如下形式的差分 $(L', R') = (02\ 34\ 56\ 78_x, 00\ 00\ 00\ 00_x)$, 根据同样的方法, 可以恢复进入 S_1 的密钥, 此时穷尽搜索的复杂度降低为 2^8.

例 3.3(5 轮 DES 算法的差分分析) *选择差分为 $(20\ 00\ 00\ 00_x, 00\ 00\ 00\ 00_x)$ 的明文对 (P, P^*), 进行 5 轮加密, 获得相应的密文对 (T, T^*), 那么只需获得若干个这样的明文对及相应的密文对就可以恢复 DES 算法 24 比特的种子密钥.*

对 5 轮 DES 算法的差分攻击, 就是在 4 轮攻击的基础上往后面再加 1 轮 (见图 3.5). 注意到, 第 3 轮轮函数的输入差分为 $c' = P(*0\ 00\ 00\ 00_x)$, 根据扩展变换 E 和 P 置换的性质, 第 3 轮轮函数的输出差分必定为 $P(0*\ 0*\ **\ 00_x)$. 所以, 第 5 轮轮函数 F 的输出差分为 $E' = l' \oplus d' = l' \oplus C' \oplus b' = l' \oplus C' \oplus A' \oplus L' = l' \oplus L' \oplus P(0*\ 0*\ **\ 00_x)$. 从而, 第 5 轮轮函数中 8 个 S 盒的输出差分为 $P^{-1}(E') = P^{-1}(l' \oplus L' \oplus P(0*\ 0*\ **\ 00_x)) = P^{-1}(l' \oplus L') \oplus (0*\ 0*\ **\ 00_x)$, 故第 5 轮中 S_1, S_3, S_7, S_8 共 4 个 S 盒的输出差分均可求. 对这 4 个 S 盒利用差分分析模型可以恢复共 $6 \times 4 = 24$ 比特的轮密钥, 由密钥扩展算法, 其余 32 比特可以通过穷尽搜索来恢复.

对 4 轮 DES 和 5 轮 DES 的差分攻击发现, 4 轮攻击中, 攻击者利用 S 盒的差分分析模型进行攻击的关键在于能够确定差分 D' 的某些比特, 由关系 $D' = l' \oplus c'$, $c' = a' \oplus B'$, 攻击者通过令 $a' = R' = 0$, L' 取适当的值, 来控制 B' 的取值, 使得 B' 若干比特恒取零, 从而 c' 的某些比特完全确定, 这样 D' 相应的某些比特值就可以确定. 同样, 5 轮攻击中, 攻击者必须确定差分 E' 的某些比特, 由关系 $E' = l' \oplus d'$, $d' = C' \oplus b' = C' \oplus A' \oplus L'$, 攻击者通过令 $a' = R' = 0$, L' 取适当的值, 来控制 C' 的取值, 使得 C' 若干比特恒取零, 从而 d' 的某些比特完全确定, 这样 E' 相应的某些比特值就可以确定.

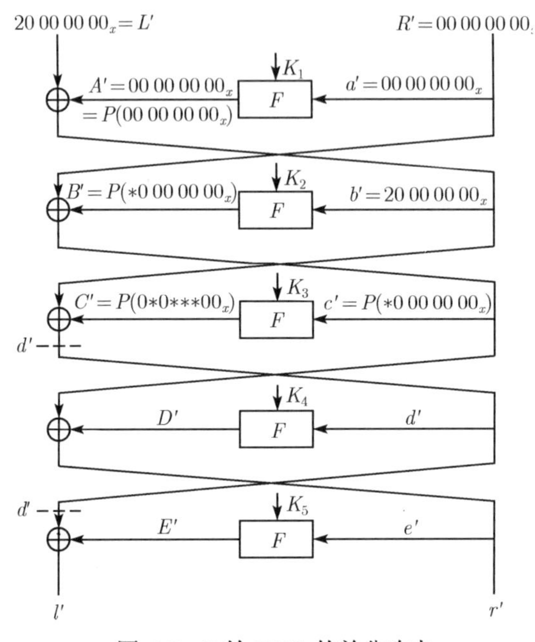

图 3.5　5 轮 DES 的差分攻击

简单来讲, 4 轮 (5 轮)DES 算法能够直接利用 S 盒的差分分析模型进行攻击的原因在于中间状态 $c'(d')$ 的某些比特值可以完全确定.

当轮数超过 5 轮时, 我们发现将无法直接利用 S 盒的差分分析模型完成攻击. 不能推广的主要原因在于某些中间状态的差分值 (甚至是这些差分值的某些比特) 无法确定, 这些值的出现是随机的. 如果仍通过 S 盒的差分分布特性求候选密钥交集的方法来恢复密钥就会失效, 但注意到这些中间状态的差分分布遵从一定的统计规律, 即在明文差分取某个值时, 经过若干轮之后, 中间状态的某些差分值出现的概率要比其他差分值出现的概率大, 而且在适当的假设下, 还可以对它们进行预测. 当攻击者探测到某些差分取值分布的不均匀性时, 就为攻击提供了其他的可能途径.

Biham 和 Shamir 敏锐地注意到这一点, 通过引入差分特征、信噪比等重要概念, 将 DES 算法的差分分析由低轮推广至高轮. 这就是 3.1 节中介绍的差分密码分析的基本原理, 它避开了对低轮 DES 算法攻击的苛刻条件, 通过构造差分区分器, 采用计数原理, 对猜测的轮密钥进行统计意义上的优势探测来恢复密钥. 下面通过例 3.4 讲解对 8 轮 DES 算法的差分攻击, 攻击的例子仍然来源于文献 [10].

在给出对 8 轮 DES 算法的攻击之前, 首先将差分活跃 S 盒的概念由针对轮函数输入差分推广至针对差分特征.

定义 3.12(差分活跃 S 盒) *在一条 i 轮差分特征 $\Omega=(\beta_0,\beta_1,\cdots,\beta_i)$ 中, 若第 j 轮 $(j\leqslant i)$ 的输入差分 β_{j-1}, 导致该轮某个 S 盒的输入差分非零, 则称这条差分特征导致该 S 盒活跃, 或称该 S 盒针对这条差分特征是活跃的, 简称该 S 盒是差分活跃 S 盒.*

根据差分特征概率的定义, 一条差分特征 Ω 的概率 P_Ω 在很大程度上依赖于这条特征中所有活跃 S 盒的个数, 因为差分特征每经过一个活跃 S 盒, 都存在一个概率的传播, 所有这些活跃 S 盒对应差分传播概率的乘积就是相应差分特征的概率. 因此, 攻击者在寻找一条有效的高概率差分特征时, 第一, 希望该差分特征中所包含的活跃 S 盒的个数尽可能少, 这一般跟 P 置换的性质有关; 第二, 希望活跃 S 盒所对应的差分传播概率较高, 这一般跟 S 盒的差分传播特性有关.

根据以上两点可以发现, DES 算法存在如图 3.6 所示的 5 轮差分特征 Ω. Ω 中共有 6 个活跃 S 盒, 其概率为

$$P_\Omega=\frac{16}{64}\times\left(\frac{10}{64}\times\frac{16}{64}\right)\times 1\times\left(\frac{10}{64}\times\frac{16}{64}\right)\times\frac{16}{64}\approx 2^{-13.36}.$$

利用这条 5 轮差分特征, 可以对 8 轮 DES 算法进行如下的差分攻击.

例 3.4(8 轮 DES 算法的差分分析) *选择差分为 $(40\ 5C\ 00\ 00_x, 04\ 00\ 00\ 00_x)$ 的明文对 (P,P^*), 进行 8 轮加密, 获得相应的密文对 (T,T^*), 那么只需获得约 2^{15} 个这样的明文对及相应的密文对, 利用上述 5 轮差分特征区分器 Ω, 通过 3-R 攻击就可以恢复 DES 算法 30 比特的种子密钥.*

关于差分攻击的一般过程, 可参考 3.1 节的描述. 但对于 8 轮 DES 算法, 攻击可以进一步简化 (见图 3.6). 首先分析如何区别正确对与错误对.

若当前的明文对 (P,P^*) 是正确对, 假设其密文对为 $T=(l,r)$, $T^*=(l^*,r^*)$, 则 $H'=l'\oplus g'=l'\oplus e'\oplus F'=l'\oplus(04\ 00\ 00\ 00_x)\oplus P(*0**00\ 00_x)$, 从而, 第 8 轮中 8 个 S 盒的输出差分为 $P^{-1}(H')=P^{-1}(l')\oplus P^{-1}(04\ 00\ 00\ 00_x)\oplus(*0**00\ 00_x)\triangleq\delta_{l'}$, 此时, 5 个 S 盒 S_2, S_5, S_6, S_7, S_8 的输出差分均可求, 即 $\delta_{l'}$ 的 5 个分量已知. 故不需要猜测第 6 轮到第 8 轮的轮密钥来验证 "解密" 之后的差分值是否是区分器的输出. 对攻击者收集到的某个密文对 (T,T^*), $T=(l,r)$, $T^*=(l^*,r^*)$(可能正确, 也可能错误), 由于密文右半部分即是第 8 轮轮函数的输入, 只需猜测第 8 轮中进入 S_2, S_5, S_6, S_7, S_8 的共 $l=5\times 6=30$ 比特的轮密钥, 然后计算这 5 个 S 盒的输出差分, 判断其是否与 $\delta_{l'}$ 中相应的 5 个分量相等. 如果相等, 就对猜测的 30 比特密钥相应的计数器值加 1.

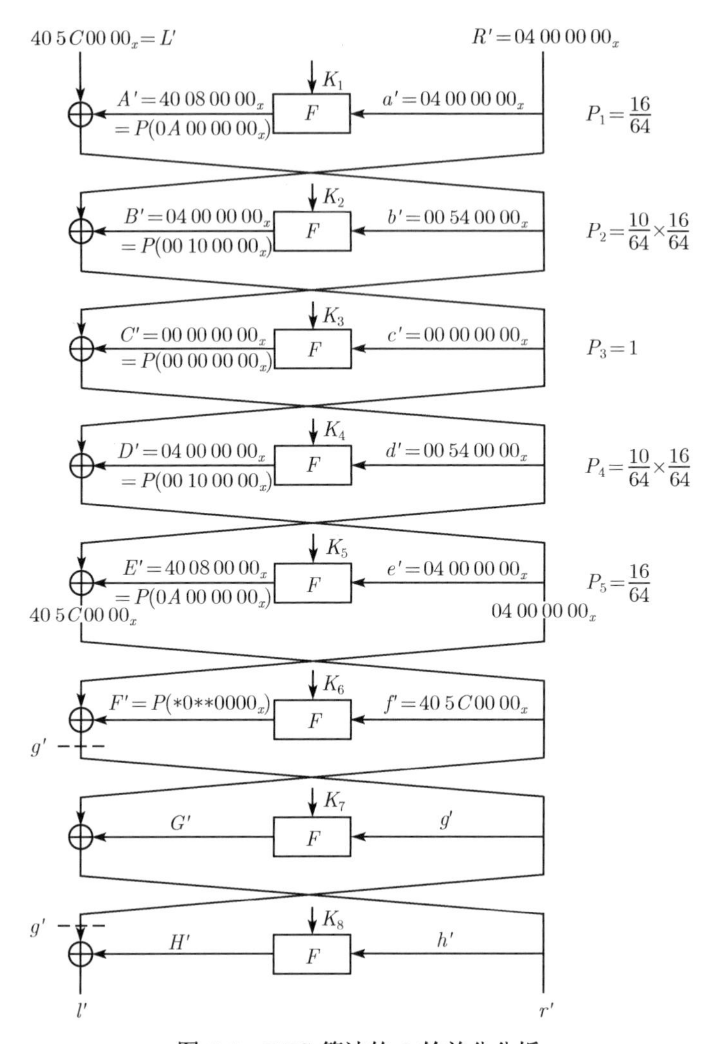

图 3.6　DES 算法的 8 轮差分分析

下面计算该计数过程中的 “信噪比” 来确定选择明文量的大小. 攻击过程没有涉及过滤步骤, 故 $\lambda = 1$; 对每一个密文对, 平均 “蕴含”$\nu = 2^{10}$ 个密钥, 这是由 DES 算法中 S 盒是 6 进 4 出的查表变换, 平均意义上讲, 差分分布表中的取值为 $2^6/2^4 = 4$. 一次攻击猜测 5 个 S 盒对应的密钥, 因而这个值为 $\nu = 4^5 = 2^{10}$. 所以这个攻击的信噪比为

$$S/N = \frac{2^l \cdot p}{\lambda \cdot \nu} = \frac{2^{30} \cdot 2^{-13.36}}{1 \cdot 2^{10}} = 2^{6.64} \approx 100,$$

据此, 选择明文对的数目为 $m = c \cdot \dfrac{1}{P_\Omega} = 3 \times 2^{13.36} \approx 2^{15}$.

上述攻击的一个弊端是需要的存储空间较大, 对猜测的 30 比特的密钥量, 需要的存储空间约为 $2^{30} \times 30$ bits ≈ 3.75 G. 一个折中的办法是每次仅猜测 5 个 S 盒中的 r 个所对应的密钥, 而让其余 $5-r$ 个 S 盒过滤错误对. 比如当 $r=3$ 时, 猜测的密钥量为 18 比特, 此时所需存储空间只要 $2^{18} \times 18$ bits ≈ 576 K. 其余 2 个 S 盒可以用来过滤错误对, 对给定的密文对 (l,r) 和 (l^*,r^*), 首先分别确定这 2 个 S 盒对应的输入差分, 记为 δ_{in}; 根据 $\delta_{l'}$, 分别求出这 2 个 S 盒相应位置的分量, 记为 δ_{out}, 若 S 盒的差分分布表中 $N_S(\delta_{\text{in}}, \delta_{\text{out}})$ 的取值为 0, 则说明当前密文对 (所对应的明文对) 是错误对. 根据 S 盒差分分布表的性质, $N_S(\alpha,\beta)$ 取零的比例约为 20%, 从而, 每个 S 盒过滤强度约为 0.8, 两个 S 盒的过滤强度约为 $\lambda \approx 0.8^2 = 0.64$.

除此之外, 在攻击过程中, 只用到了 "5 轮差分特征区分器的输出差分左半部分 $40\ 5C\ 00\ 00_x$ 有 5 个 4 比特的分量为零" 这一事实, 注意到 $40\ 5C\ 00\ 00_x = d' \oplus E' = (00\ 54\ 00\ 00_x) \oplus P(0A\ 00\ 00\ 00_x)$, $e' = (04\ 00\ 00\ 00_x)$, 此时第 5 轮轮函数的差分传播概率为 $p_5 = P(e' \to E') = P_{S_2}(08_x \to A_x) = \dfrac{16}{64}$. 如果让该活跃 S 盒的输出差分不固定取 A, 而是取某些可能值 (这就是截断差分的思想, 将在后面的章节中详细介绍), 只要保证差分区分器的输出能够满足攻击所需条件, 就可以大大提高本轮差分传播的概率, 从而大大提高差分区分器的概率 P_Ω. 由此改进的攻击可参考文献 [10].

对更高轮 DES 算法的差分攻击, 需要攻击者寻找高概率的迭代差分特征, 因为将迭代特征自身进行级联可以构造高轮数的差分特征, 且相应差分特征概率的递减速度较慢.

DES 算法存在两条概率为 1/234 的 2 轮迭代特征, 见图 3.7. 它们存在的关键原因在于 DES 算法的轮函数不是单射, 即存在 $X \neq X^*$, 使得 $F(X,K) = F(X^*,K)$, 因而轮函数 F 必然存在这样的差分 $(\psi, 0)$, 其中 $\psi \neq 0$.

攻击者可以利用 2 轮迭代特征来构造 $3,5,7,9,11,13,15$ 轮的差分特征区分器, 相应的概率分别为 $\dfrac{1}{234}$, $\dfrac{1}{55000}$, 2^{-24}, 2^{-32}, 2^{-40}, 2^{-48}, 2^{-56}. 若直接利用 15 轮的差分特征作为区分器对完整的 16 轮 DES 算法进行 1-R 攻击, 则数据复杂度将为 $c \cdot 2^{-56}$. 一个更加有效的攻击方法见例 3.5.

例 3.5(16 轮 DES 算法的差分分析) Biham 在 Crypto1992 上提出了对 16 轮完整 DES 算法的更加有效的差分分析 [14], 这个攻击方法采用了 DES 算法中存在的两条 2 轮最优差分迭代特征, 据此形成 13 轮差分特征, 通过在此特征前面加 1 轮, 后面加 2 轮来完成对 16 轮密码的完整攻击. 值得注意的是这些攻击中采用了大量的技巧, 比如特殊明文结构的选取、新的密钥计数攻击原理, 因而, 比采用 14 轮差分特征进行攻击的复杂度更低, 其数据复杂度为 2^{47}. 这是目前差分密码分析对 DES 最好的攻击结果.

文献 [10] 指出, 上述 2 轮迭代特征, 其概率实际上是各自情形下两条迭代特征概率的平均值, 主要原因在于: 迭代特征中活跃 S 盒正好为相邻的 3 个 S 盒 S_1, S_2, S_3, 而根据 DES 轮函数中扩展变换 E 的性质, 轮函数的输入在经过扩展变换后包含有相同的比特, 这些相同的比特在进行密钥加后进入相应的 S 盒, 根据这些位置的密钥比特关系和 S 盒的差分分布表的性质, 将会存在两条不同的迭代特征, 其概率分别为 $\dfrac{14\times 8\times 16}{64\times 64\times 64}\approx\dfrac{1}{146}$ 和 $\dfrac{14\times 8\times 4}{64\times 64\times 64}\approx\dfrac{1}{595}$, 它们的平均值约为 $\dfrac{1}{234}$.

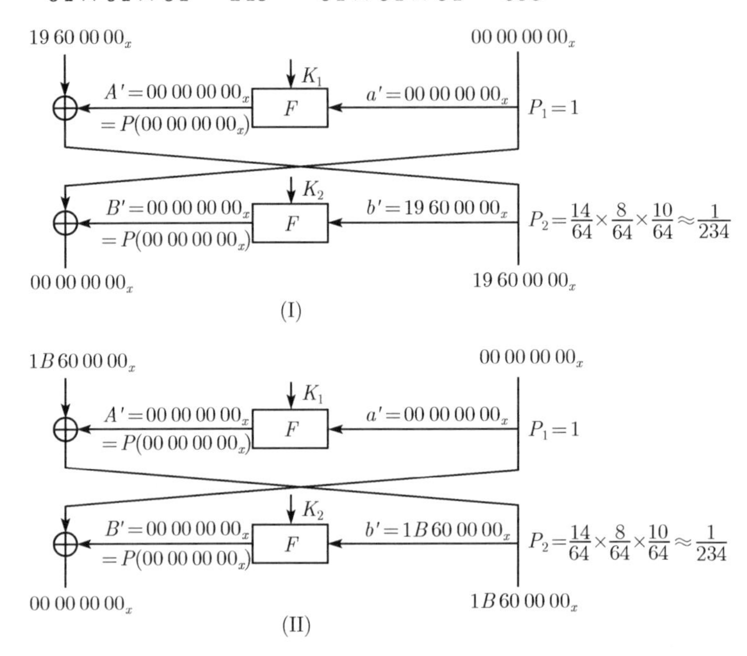

图 3.7 DES 算法的 2 轮差分迭代特征

3.3 Camellia 算法的差分密码分析

对一个算法进行差分密码分析的前提是高概率差分 (差分特征) 的寻找, 一旦找到了这样的差分 (差分特征), 就可以按照 3.1 节描述的攻击方法对该算法进行差分密码分析. 故本节对 Camellia 算法的差分密码分析, 只关注差分特征特别是迭代差分特征的寻找.

DES 算法存在 2 轮迭代差分特征的原因在于其轮函数不是单射. 由于 Camellia 算法仍然采用了 Feistel 结构, 但轮函数是双射, 因而不存在 2 轮迭代差分特征. 更一般地, 有如下结论成立:

命题 3.2 *轮函数是双射的 Feistel 密码, 不存在非平凡的 2 轮迭代差分特征.*

Knudsen[34] 提出了对 Feistel 密码的两类特殊的差分特征, 即 3 轮和 4 轮差分特征, 这两类差分特征可以分别用来构造 6 轮和 8 轮迭代差分特征.

假设轮函数 F 存在如下的非零差分传播概率：$P(\tau \to \phi)$ 和 $P(\phi \to \tau)$, 则存在如图 3.8 所示的 3 轮差分特征. 上述 3 轮差分特征可以构造如图 3.9 所示的 6 轮迭代差分特征. 假设轮函数 F 存在如下的非零差分传播概率：$P(\tau \to \phi)$, $P(\psi \to \phi)$ 和 $P(\phi \to \tau \oplus \psi)$, 则存在如图 3.10 所示的 4 轮差分特征. 上述 4 轮差分特征可以构造如图 3.11 所示的 8 轮迭代差分特征. 如无特别声明, 本节所指的 3 轮和 4 轮差分特征均指如图 3.8 和图 3.10 所示的差分特征.

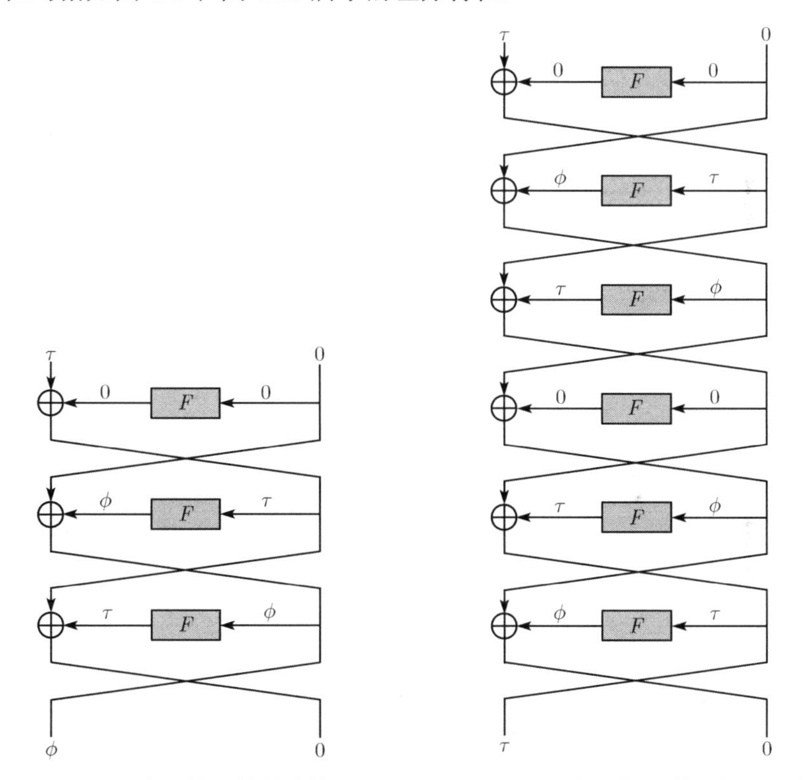

图 3.8　Feistel 密码的 3 轮差分特征　　图 3.9　Feistel 密码的 6 轮迭代差分特征

关于 Camellia 算法的具体描述, 可参考第 2 章, 其 Feistel 结构特性如下：

$$(L_{i+1}, R_{i+1}) = (F(L_i \oplus k) \oplus R_i, L_i),$$

按照文献 [52], 本节将 Camellia 算法所采用的 Feistel 结构做如下的等价刻画：

$$(L_{i+1}, R_{i+1}) = (R_i, F(R_i \oplus k) \oplus L_i).$$

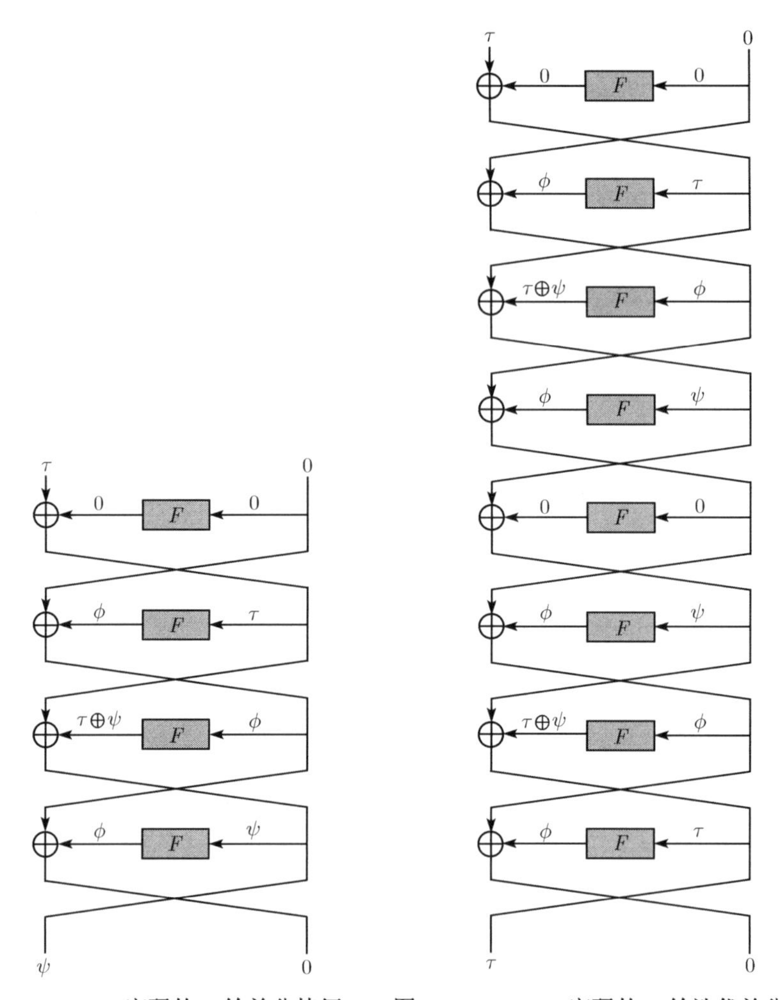

图 3.10　Feistel 密码的 4 轮差分特征　　图 3.11　Feistel 密码的 8 轮迭代差分特征

由于 Camellia 算法不存在 2 轮迭代差分特征, 下面讲解如何寻找 3 轮和 4 轮差分特征. Camellia 算法中共采用 4 个 S 盒, 每个 S 盒的最大差分概率为 2^{-6}, 而 P 置换是一个 8×8 的二元矩阵. 在构造差分特征的过程中, 发现 P 置换及其逆变换的性质极其重要, 根据这些性质, 可以给出如下命题, 证明不再赘述, 可参考文献 [52].

命题 3.3　*Camellia 算法的 3 轮差分特征中活跃 S 盒的个数超过 5 个; Camellia 算法的 4 轮差分特征中活跃 S 盒的个数至少为 11.*

在寻找差分特征时, 一般希望该特征中包含的差分活跃 S 盒的个数尽可能地少. 在命题 3.3 的基础上进一步分析发现, Camellia 算法的 3 轮差分特征含有差分活跃 S 盒的个数为: (τ,ϕ) 包含 4 个活跃 S 盒, (ϕ,τ) 包含 4 个活跃 S 盒.

据此, 结合一些搜索技巧可以找到概率为 2^{-52} 的 3 轮差分特征, 其中 $\tau = \phi = (204,0,39,0,39,0,204,0)$. 同样, 可以找到概率为 2^{-71} 的 4 轮差分特征, 其中 $\tau = (11,1,0,0,0,0,0,0)$, $\phi = (3,148,148,151,148,151,0,3)$, $\psi = (157,211,0,0,0,0,0,0)$.

3.4 SMS4 算法的差分密码分析

本节主要讲解对 SMS4 算法的差分密码分析, 同上一节类似, 这里只关注差分特征特别是迭代差分特征的寻找.

SMS4 算法采用了非平衡 Feistel 结构, 轮函数采用了 SPN 型函数, 在迭代特征的寻找过程中, 线性扩散层的差分分支数起到了非常重要的作用. 假设从 $(\mathbb{F}_2^n)^m$ 到自身的线性变换记为 L, 对 $x = (x_1, x_2, \cdots, x_m) \in (\mathbb{F}_2^n)^m$, 令 $W(x)$ 表示 x 中非零分量的个数, 那么 L 的差分分支数定义如下:

定义 3.13(线性变换的差分分支数) 称 $B(L) = \min\limits_{x \neq 0}(\ W(x) + W(L(x))\ )$ 为线性变换 L 的差分分支数.

假设混淆层由 m 个并行的 $n \times n$ 的 S 盒构成, 扩散层为 L, 则差分分支数的概念实际上刻画了在连续 2 轮的 SPN 变换中, 任意一条差分特征至少包含了 $B(L)$ 个差分活跃 S 盒.

SMS4 算法的混淆层 T 采用 4 个并行的 8×8 的 S 盒, 扩散层采用循环移位和异或运算构成. 其中, S 盒的差分特性描述如下: 对任意非零输入差分, 共有 127 个可能的非零输出差分, 其中包含 1 个输出差分, 传播概率为 2^{-6}, 其他 126 个输出差分对应的传播概率为 2^{-7}. 扩散层的线性变换为

$$L(x) = x \oplus (x \lll 2) \oplus (x \lll 10) \oplus (x \lll 18) \oplus (x \lll 24),$$

容易验证 L 变换的差分分支数是 5.

SMS4 所采用的非平衡 Feistel 结构, 使得攻击者容易构造如图 3.12 所示的 5 轮迭代差分特征, 其中, $0 \neq \alpha \in (\mathbb{F}_2^8)^4$, 前三轮差分传播的概率为 1, 后两轮差分传播的概率均为 $P(\alpha \to \alpha)$. 为构造最优的 5 轮迭代差分特征, 要求 $P(\alpha, \alpha)$ 的概率较高, 故希望差分 (α, α) 中活跃 S 盒的个数达到最小. 由于轮函数 F 为 SPN 型函数, 且扩散层的差分分支数是 5. 因此只有 1 个、2 个活跃 S 盒都不能满足要求, 故最小活跃 S 盒的个数为 3. 不妨假设 $\alpha = (a_1, a_2, a_3, 0)$, 其中 $a_i \neq 0$. 搜索概率 $P(\alpha, \alpha)$ 非零的值, 发现存在 7905 个这样的 α, 结合 S 盒的差分传播特性, 大部分 α 满足 $P(\alpha \to \alpha) = 2^{-7} \times 2^{-7} \times 2^{-7} = 2^{-21}$. 比如 $\alpha = (00e5edec_x, 00e5edec_x, 00e5edec_x, 0)$, 上述迭代差分特征的概率为 2^{-42}.

基于上述 5 轮迭代差分特征可构造有效的 18 轮差分特征, 据此对 21 或 22 轮 SMS4 算法攻击, 可参考文献 [50].

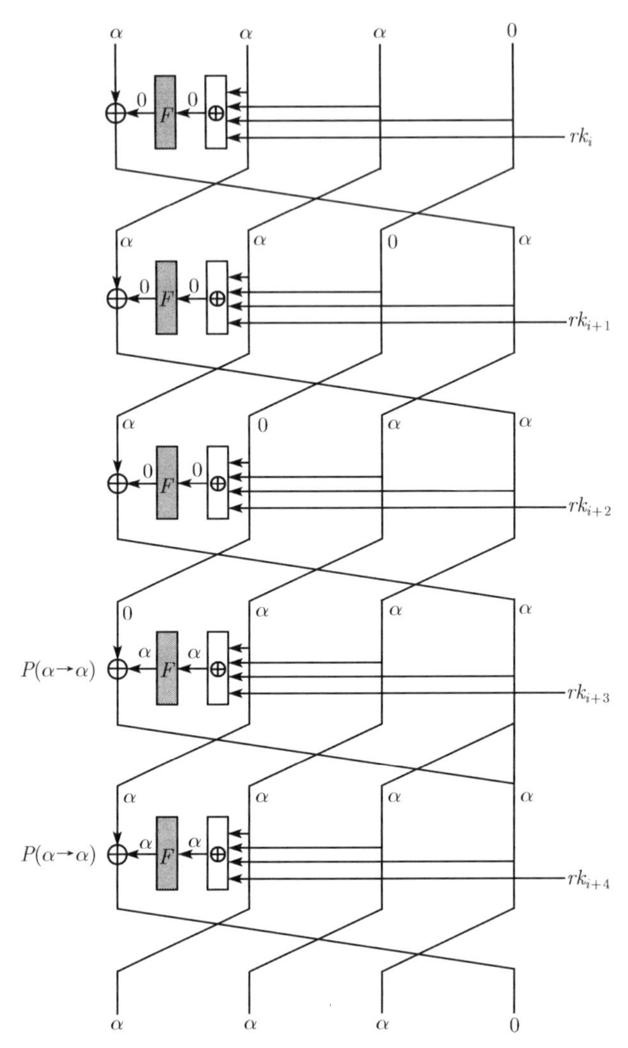

图 3.12 SMS4 算法的 5 轮迭代差分特征

3.5 进一步阅读建议

对差分密码分析的深刻阐述, 建议阅读文献 [10,11]. 很多原创性的概念、分析技巧都在此提出, 是学习差分密码分析必读的经典文献.

Lai, Massey 和 Murphy 第一次从理论上给出了差分密码分析的若干支撑, 并利用概率统计中的 "Markov 链" 模型研究差分密码分析, 得到了诸多深刻的结果. 他们第一次将 "差分" 与 "差分特征" 区分开来 [39], 提出 'Markov 密码" 的概念, 给出了分组密码抵抗差分密码分析的一些必要条件, 并根据这些结论将分组密码

"PES[38]" 修改为 "IPES"[39], 这就是后来著名的 IDEA 密码.

Biham 和 Shamir 将 DES 的差分密码分析方法公布之后, IBM 当初设计 Lucifer 算法小组的成员 Coppersmith 在 1994 年公开的一篇文献中列出了当时 DES 算法的设计准则 [18], 并声称他们所在的设计小组早在设计 DES 算法时就已经知道差分密码分析, 他们小组内部称该方法为 "Tickle Attack", 而 DES 算法本身的设计就能较好地抵抗差分密码分析.

Murphy 对 FEAL-4 密码分析时 [42], 虽然描述的是代数方法, 但攻击中所列方程的方法, 其基本思想已蕴含了差分分析原理. FEAL-n 密码 [43] 是一组基于 Feistel 结构设计的简单高效的分组密码, 感兴趣的读者可以研究 FEAL 算法的差分密码分析, 该攻击在个人计算机上很容易实现, 也非常有助于理解差分密码分析原理.

密码学中有很多玩具密码用于密码分析的学习. Heys 设计了一个 16 比特的分组密码 [27], 同时深入浅出地阐述了对该算法的差分密码分析和线性密码分析, 给出了理论分析和实验数据, 据此可编程实现对该算法的攻击, 因而可作为学习差分密码分析和线性密码分析的一份不错的入门参考资料, 这份资料可登录 Heys 的个人主页下载, 另外, 研究改变部分组件后的密码算法的差分特性可以在一定程序上反映原算法的安全性 [51,53].

分组密码的差分分析方法有很多推广: (1) 一般意义下的推广, 包括高阶差分分析 [37]、截断差分分析 [35]、不可能差分分析 [2,33]、回旋棒攻击 [29,44]、矩阵攻击 [4,5] 等. (2) 相关密钥模型下的推广, 包括相关密钥 (不可能) 差分密码分析 [8,28,30,31]、相关密钥 (回旋棒) 矩阵攻击 [7,32] 等. (3) 差分密码分析与其他分析方法相结合, 如差分–线性密码分析 [6,36]、差分故障分析 [15] 等. 关于差分密码分析的一些高级技术, 可参考 Dunkelman 的博士论文 [24].

差分密码分析不仅适合于分组密码, 也适合对流密码 [3,19,40,41]、Hash 函数和消息认证码 [12,13,16,45–49]、公钥密码的安全性分析 [1,25,26], 这足见差分密码分析的威力之所在, 感兴趣的读者可以参考相关文献.

参 考 文 献

[1] Biham E. Cryptanalysis of Patarin's 2-round public key system with S boxes (2R)[C]. EUROCRYPT 2000, LNCS 1807. Springer-Verlag, 2000: 408–416.

[2] Biham E, Biryukov A, Shamir A. Cryptanalysis of Skipjack reduced to 31 rounds using impossible differentials[C]. EUROCRYPT 1999, LNCS 1592. Springer-Verlag, 1999: 12–23.

[3] Biham E, Dunkelman O. Differential cryptanalysis in stream Ciphers[EB]. Avaiable through: http://www.eprint.iacr.org/2007-001.pdf.

[4] Biham E, Dunkelman O, Keller N. The rectangle attack——rectangling the Serpent[C]. EUROCRYPT 2001, LNCS 2045. Springer-Verlag, 2001: 340–357.

[5] Biham E, Dunkelman O, Keller N. New results on rectangle attack[C]. FSE 2002, LNCS 2365. Springer-Verlag, 2002: 1–16.

[6] Biham E, Dunkelman O, Keller N. Enhancing differential-linear cryptanalysis[C]. ASIACRYPT 2002, LNCS 2501. Springer-Verlag, 2002: 254–266.

[7] Biham E, Dunkelman O, Keller N. Related-key boomerang and rectangle attacks[C]. EUROCRYPT 2005, LNCS 3494. Springer-Verlag, 2005: 507–525.

[8] Biham E, Dunkelman O, Keller N. Related-key impossible differential attacks on 8-round AES-192[C]. CT-RSA 2006, LNCS 3860. Springer-Verlag, 2006: 21–33.

[9] Biham E, Shamir A. Differential cryptanalysis of DES-like cryptosystems (Extended Abstract)[C]. CRYPTO 1990, LNCS 537. Springer-Velag, 1991: 2–21.

[10] Biham E, Shamir A. Differential cryptanalysis of DES-like cryptosystems[J]. Journal of Cryptology, 1991, 2(3): 3–72.

[11] Biham E, Shamir A. Differential Cryptanalysis of the Data Encryption Standard[M]. Springer-Verlag, 1993.

[12] Biham E, Shamir A. Differential cryptanalysis of Snefru, Khafre, REDOC-II, LOKI and Lucifer[C]. CRYPTO 1991, LNCS 576. Springer-Verlag, 1992: 156–171.

[13] Biham E, Shamir A. Differential cryptanalysis of Feal and N-Hash[C]. EUROCRYPT 1991, LNCS 547. Springer-Verlag, 1991: 1–16.

[14] Biham E, Shamir A. Differential cryptanalysis of the full 16-round DES[C]. CRYPTO 1992, LNCS 740. Springer-Verlag, 1993: 487–496.

[15] Biham E, Shamir A. Differential fault analysis of secret key cryptosystems[C]. CRYPTO 97, LNCS 1294. Springer-Verlag, 1997: 513–525.

[16] Biham E, Shamir A. New techniques for cryptanalysis of Hash functions and improved attack on Snefru[C]. FSE 2008, LNCS 5086. Springer-Verlag, 2008: 444–461.

[17] Ben-Aroya I, Biham E. Differential cryptanalysis of Lucifer[J]. Journal of Cryptology, 1996, 9(1): 21–34.

[18] Coppersmith D. The Data Encryption Standard(DES) and its strength against attacks[R]. IBM J. RES. DEVELOP. 1994, 38(3).

[19] Ding C. The differential cryptanalysis and design of natural stream ciphers[C]. FSE , LNCS. Spring-Verlag, 1994: 101–115.

[20] Daemen J. Cipher and Hash function design strategies based on linear and differential cryptanalysis[D]. Phd Thesis, K. U. Leuven, 1995.

[21] Daemen J, Govaerts R, Vandewalle J. Weak keys for IDEA[C]. CRYPTO 1993, LNCS 773. Springer-Verlag, 1994: 224–231.

[22] Daemen J, Rijmen V. The Design of Rijndael[M]. Springer-Verlag, 2002.

[23] Daemen J, Rijmen V. Understanding two-round differentials in AES[C]. SCN 2006, LNCS 4116. Springer-Verlag, 2006: 78–94.

[24] Dunkelman O. Techniques for cryptanalysis of block ciphers[D]. 2006.

[25] Fouque P, Granboulan L, Stern J. Differential cryptanalysis for multivariate system[C]. EUROCRYPT 2005, LNCS 3494. Springer-Verlag, 2005: 341-353.

[26] Fouque P, Granboulan L, Stern J. Cryptanalysis of SFLASH with slightly modified parameters[C]. EUROCRYPT 2007, LNCS 4515. Springer-Verlag, 2000: 327–341.

[27] Heys H. A tutorial on linear and differential cryptanalysis[J]. Cryptologia, 2002, 26(3): 189–221.

[28] Jakimoski G, Desmedt Y. Related-key differential cryptanalysis of 192-bit key AES variants[C]. SAC 2003, LNCS 3006. Springer-Verlag, 2004: 208–221.

[29] Kelsey J, Kohno T, Schneier B. Amplified boomerang attacks against reduced-round MARS and Serpent[C]. FSE 2000, LNCS 1978. Springer-Verlag, 2001: 75–93.

[30] Kelsey J, Schneier B, Wagner D. Key-schedule cryptanalysis of IDEA, G-DES, GOST, SAFER, and Triple-DES[C]. Crypto 1996, LNCS 1109. Springer-Verlag, 1996: 237–251.

[31] Kelsey J, Schneier B, Wagner D. Related-key cryptanalysis of 3-WAY, Biham-DES, CAST, DES-X, NewDES, RC2, and TEA[C]. ICICS 1997, LNCS 1334. Springer-Verlag, 1997: 233–246.

[32] Kim J, Kim G, Hong S, et al. The related-key rectangle attack — application to SHACAL-1[C]. ACISP 2004, LNCS 3108. Springer-Verlag, 2004: 123–136.

[33] Knudsen L. DEAL——a 128-bit block cipher[R]. AES Proposal, 1998.

[34] Knudsen L. Iterative characteristics of DES and s^2-DES[C]. CRYPTO 1992, LNCS 740. Springer-Verlag, 1993: 497–511.

[35] Knudsen L. Truncated and higher order differentials[C]. FSE 1994, LNCS 1008. Springer-Verlag, 1995: 196–211.

[36] Langford S, Hellman M. Differential-Linear Cryptanalysis[C]. CRYPTO 1994, LNCS 839. Springer-Verlag, 1994: 17–25.

[37] Lai X. Higher order derivatives and differential cryptanalysis[M]. Communications and Cryptography. Kluwer Academic Press, 1994: 227–233.

[38] Lai X, Massey J. A proposal for a new block encryption standard[C]. EUROCRYPT 1990, LNCS 473. Springer-Verlag, 1991: 389–404.

[39] Lai X, Massey J, Murphy S. Markov ciphers and differential cryptanalysis[C]. EUROCRYPT 1991, LNCS 547. Springer-Verlag, 1991: 17–38.

[40] Li C, Wang W, Hu P. Differential attack on nonlinear combined sequences[J]. Front. Ekectr. Electron. Eng. China, 2007, 2(4): 435–439.

[41] Muller F. Differential attacks against the Helix stream cipher[C]. FSE 2004, LNCS 3017. Springer-Verlag, 2004: 94–108.

[42] Murphy S. The cryptanalysis of FEAL-4 with 20 chosen plaintexts[J]. Journal of Cryptology, 1990, 2(3): 145–154.

[43] Shimizu A, Miyaguchi S. Fast Data Encipherment Algorithm FEAL[C]. EUROCRYPT 1987, LNCS 304. Springer-Verlag, 1988: 267–278.

[44] Wanger D. The boomerang attack[C]. FSE 1999, LNCS 1636. Springer-Verlag, 1999: 156-170.

[45] Wang X, Yu H. How to break MD5 and other Hash functions[C]. EUROCRYPT 2005, LNCS 3494. Springer-Verlag, 2005: 19–35.

[46] Wang X, Yin Y, Yu H. Finding collisions in the full SHA-1[C]. CRYPTO 2005, LNCS 3621. Springer-Verlag, 2005: 17–36.

[47] Wang X, Yu H, Wang W, Zhang H, Zhan T. Cryptanalysis on HMAC/NMAC-MD5 and MD5-MAC[C]. EUROCRYPT 2009, LNCS 5479. Springer-Verlag, 2009: 121–133.

[48] Wang X, Wang W. New distinguishing attack on MAC using secret-prefix method[C]. FSE 2009, LNCS 5665. Springer-Verlag, 2009: 363–374.

[49] Yuan Z, Wang W, Jia K, Xu G, and Wang X. New birthday attacks on some MACs based on block ciphers[C]. Crypto 2009, LNCS 5677. Springer-Verlag, 2009: 209–230.

[50] Zhang L, Zhang W, Wu W. Cryptanalysis of Reduced-Round SMS4 Block Cipher[C]. ACISP 2008, LNCS 5107. Springer-Verlag, 2008: 216-229.

[51] 冯国柱, 李超, 多磊, 谢端强, 戴清平. 变型的 Rijndael 及其差分和统计特性 [J]. 电子学报, 2002, 30(10): 1544–1546.

[52] 李超, 沈静. Camellia 的差分和线性迭代特征 [J]. 电子学报, 2005, 33(8): 1345–1348.

[53] 周璇, 李超. Twofish 算法密钥相关 S 盒的差分性质分析及其改进 [J]. 电子与信息学报，2004，26(6)：912–916.

第4章　线性密码分析的原理与实例分析

在 1993 年的欧洲密码年会上, 日本学者 Matsui 提出了对 DES 算法的一种新的攻击方法, 即线性密码分析. 同年的国际密码年会上, Matsui 发现了 DES 算法中 2 条新的线性逼近关系, 他利用这两条新的逼近关系对 DES 算法进行攻击, 并引入了纠错码中的阵列译码思想来优化攻击过程. 在动用 12 台工作站, 花费 50 天左右的时间后, Matsui 成功地破译了 DES 算法, 这是公开文献中第一个对 DES 算法的实验分析结果.

与差分密码分析不同的是, 线性密码分析属于已知明文攻击的范畴, 它通过研究明文和密文间的线性关系来恢复密钥. 经过十几年的发展和完善, 线性密码分析与差分密码分析已经成为攻击迭代分组密码最为典型的两种方法. 本章主要介绍分组密码的线性密码分析原理, 详细讲解如何利用它对 DES 算法进行攻击, 最后简单讨论如何寻找 Camellia 算法和 SMS4 算法的迭代线性特征.

4.1　线性密码分析的基本原理

线性密码分析属于已知明文攻击方法, 它通过寻找明文和密文之间的一个 "有效" 的线性逼近表达式, 将分组密码与随机置换区分开, 并在此基础上进行密钥恢复攻击.

首先给出线性密码分析所涉及的若干概念.

参考图 4.1, 假设所讨论的迭代分组密码为 $E:\{0,1\}^n\times\{0,1\}^l\rightarrow\{0,1\}^n$, 其中 n 为分组长度, l 为密钥长度, 任给 $k\in\{0,1\}^l$, $E_k(\cdot)=E(\cdot,k)$ 是 $\{0,1\}^n$ 上的置换. 加密函数 $E_k(\cdot)$ 由子密钥 k_i 控制的轮函数 $F(\cdot,k_i)=F_{k_i}(\cdot)$ 迭代 r 次生成, 即

$$E_k(x)=F_{k_r}\circ F_{k_{r-1}}\circ\cdots\circ F_{k_2}\circ F_{k_1}(x),$$

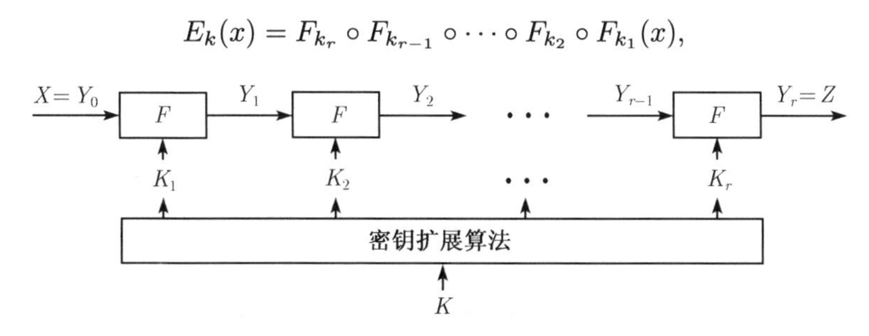

图 4.1　迭代分组密码的加密流程

其中, 轮密钥 k_i $(i=1,2,\cdots,r)$ 由密钥扩展算法对种子密钥 k 进行扩展生成. 为方便起见, 假设第 i 轮输入和输出分别为 Y_{i-1} 和 Y_i, 即 $Y_i=F_{k_i}(Y_{i-1})$; 若明文为 X, 则第一轮输入为 $Y_0=X$; 若该分组密码算法有 r 轮, 且设密文为 Z, 则 $Z=Y_r$.

定义 4.1(内积)　设 $a,b\in\{0,1\}^n$, $a=(a_1,a_2,\cdots,a_n),b=(b_1,b_2,\cdots,b_n)$, 向量 a 与 b 的内积定义为 $a\cdot b=\bigoplus_{i=1}^{n}a_i\cdot b_i$, 其中, $a_i\cdot b_i$ 表示比特 a_i 与 b_i 的与运算, 即二元域 $\mathbb{F}_2$ 上的乘法运算.

定义 4.2(线性掩码)　设 $X\in\{0,1\}^n$, X 的线性掩码定义为某个向量 $\Gamma X\in\{0,1\}^n$, ΓX 和 X 的内积 $\Gamma X\cdot X$ 代表 X 某些分量的线性组合, 即 $\Gamma X\cdot X=\bigoplus_{i,\,\Gamma X_i=1}X_i$.

定义 4.3(线性逼近表达式)　设迭代分组密码的轮函数为 $F(x,k)$, 给定一对线性掩码 (α,β), 称 $\alpha\cdot x\oplus\beta\cdot F(x,k)$ 为 $F(x,k)$ 的线性逼近表达式. 同样, 称 $\alpha\cdot x\oplus\beta\cdot E(x,k)$ 为分组密码 $E(x,k)$ 的线性逼近表达式.

假设 $p(\alpha,\beta)=\underset{X,K}{\mathrm{Prob}}\{\alpha\cdot X=\beta\cdot F(X,K)\}$, 则 p 表示线性逼近表达式 $\alpha\cdot X\oplus\beta\cdot F(X,K)=0$ 的概率. 在线性密码分析中, 一般采用偏差、相关性或势的概念来描述线性逼近表达式的概率特性, 依次定义为

$$\varepsilon_F(\alpha,\beta)=p(\alpha,\beta)-\frac{1}{2},$$

$$\mathrm{Cor}_F(\alpha,\beta)=2p(\alpha,\beta)-1,$$

$$\mathrm{Pot}_F(\alpha,\beta)=\left(p(\alpha,\beta)-\frac{1}{2}\right)^2.$$

参考文献 [28,39], 若将掩码 (α,β) 所对应的线性逼近表达式的线性概率定义为

$$\mathrm{LP}(\alpha,\beta)=\left(2\cdot\underset{X,K}{\mathrm{Prob}}\{\ \alpha\cdot X=\beta\cdot F(X,K)\ \}-1\right)^2,$$

就可以将线性密码分析与差分密码分析对应起来. 考虑加密函数 $E(x,k)$, 可以有类似的定义.

由线性逼近表达式的概念可知, 对轮函数 $F(x,k)$ 或加密函数 $E(x,k)$, 每一对线性掩码 (α,β) 都对应一个线性逼近表达式, 故可以认为一对线性掩码就定义了一个相应的线性逼近表达式. 进一步, 可以将线性掩码对 (α,β) 的偏差、相关性、势和线性概率定义为相应线性逼近表达式的偏差、相关性、势和线性概率. 故研究线性逼近表达式的概率特性就可以简单地描述为研究一对线性掩码的概率特性, 即输入掩码 α 到输出掩码 β 的概率传播特性. 本章将不加区分地采用线性逼近表达式或线性掩码对来刻画线性密码分析.

定义 4.4(线性壳)　迭代分组密码的一条 i 轮线性壳是指一对掩码 (β_0,β_i), 其中 β_0 是输入掩码, β_i 是输出掩码.

定义 4.5(线性特征) 迭代分组密码的一条 i 轮线性特征 $\Omega=(\beta_0,\beta_1,\cdots,\beta_i)$ 是指当输入掩码为 β_0, 在 i 轮加密的过程中, 中间状态 Y_j 的掩码为 β_j, 其中 $1\leqslant j\leqslant i$.

在英文文献中, 线性特征 (linear characteristic) 也称为线性路径 (linear path)、线性轨迹 (linear trail) 等. 它与线性壳 (linear hull) 的区别在于: 线性壳仅仅给定了输入掩码和输出掩码, 中间状态的掩码值未指定; 而线性特征不仅给定了输入输出掩码, 还指定了中间状态的掩码值. 这与 “差分特征” 和 “差分” 之间的关系很类似. 同样, 寻找线性特征往往比寻找线性壳更为容易, 读者可以参考图 4.2 理解线性特征和线性壳的区别与联系.

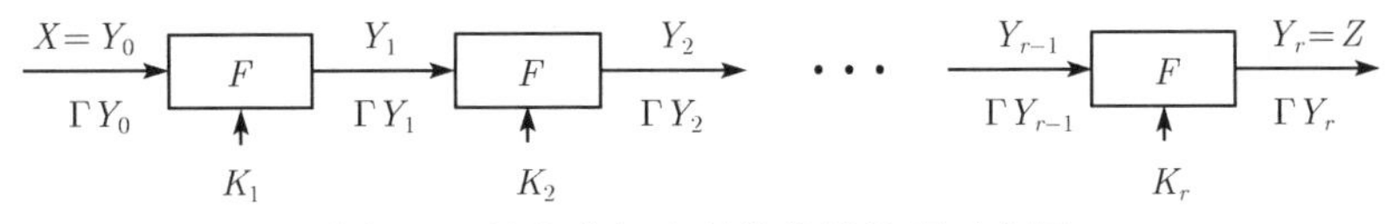

图 4.2 迭代分组密码的线性掩码示意图

一条 i 轮线性壳 (β_0,β_i) 对应一个 i 轮加密算法的线性逼近表达式, 而一条 i 轮线性特征 $(\beta_0,\beta_1,\cdots,\beta_i)$ 中, 每轮的输入、输出掩码也对应一个线性逼近表达式, 在一定的假设下, 这些线性逼近表达式可以通过 “堆积引理” 进行组合从而获得关于 (β_0,β_i) 的一个线性逼近表达式.

定义 4.6(线性壳的线性概率) 迭代分组密码的一条 i 轮线性壳 (β_0,β_i) 的线性概率 $\mathrm{LP}(\alpha,\beta)$ 也可记为 $\mathrm{LP}(\alpha\to\beta)$, 是指在输入 X, 轮密钥 $K_1,K_2,\cdots,K_i$ 取值独立且均匀分布的情形下, 当输入掩码为 β_0, 在经过 i 轮加密后, 输出掩码为 β_i 的线性概率.

定义 4.7(线性特征的线性概率) 迭代分组密码的一条 i 轮线性特征 $\Omega=(\beta_0,\beta_1,\cdots,\beta_i)$, 所对应的线性概率 $\mathrm{LP}(\Omega)$ 是指在输入 X, 轮密钥 $K_1,K_2,\cdots,K_i$ 取值独立且均匀分布的情形下, 当输入掩码为 β_0, 在加密过程中, 中间状态 Y_j 的掩码取值为 β_j 的线性概率, 其中 $1\leqslant j\leqslant i$.

需要注意的是, 同样可以给出线性壳和线性特征的偏差、相关性和势的定义, 这里不再赘述. 这些定义与线性概率存在相应的联系, 本章主要采用偏差的概念来刻画线性密码分析.

在进行线性密码攻击时, 寻找高线性概率的线性特征比寻找高线性概率的线性壳容易得多. 事实上, 当 $i=1$ 时, i 轮线性特征和 i 轮线性壳描述的概念一致, 两者都表征轮函数的线性掩码传播特性, 即轮函数线性逼近表达式的概率特性. 当 $i>1$ 时, 根据定义 4.7, 由 “堆积引理” 可知, i 轮线性特征 $\Omega=(\beta_0,\beta_1,\cdots,\beta_i)$ 的线性概率为

$$\mathrm{LP}(\Omega)=\prod_{j=1}^{i}\mathrm{LP}(\beta_{j-1},\beta_j),$$

其中, $\mathrm{LP}(\beta_{j-1},\beta_j)$ 表示第 j 轮轮函数的掩码传播概率. 若将所有起点线性掩码为 α, 终点线性掩码为 β 的线性特征记为 $\Omega=(\beta_0,\beta_1,\cdots,\beta_{i-1},\beta_i)$, $\beta_0=\alpha$, $\beta_i=\beta$, 则

$$\mathrm{LP}(\alpha,\beta)=\sum_{\beta_1,\beta_2,\cdots,\beta_{i-1}}\mathrm{LP}(\Omega).$$

Nyberg[31] 利用 "势" 的概念刻画了线性壳和线性特征之间的关系, 即

$$\mathrm{Pot}(\alpha,\beta)=\sum_{\beta_1,\beta_2,\cdots,\beta_{i-1}}\mathrm{Pot}(\Omega).$$

这与利用 "线性概率" 刻画线性壳和线性特征之间的关系是等价的.

还有一点需要注意的是, 定义 4.6 给出的 i 轮线性壳的线性概率 $\mathrm{LP}(\alpha,\beta)$ 要求轮密钥独立且均匀分布. 若将固定轮密钥为 $k_1,\cdots,k_i$ 时所对应 i 轮加密变换的线性壳概率记为

$$\mathrm{LP}[k_1,k_2,\cdots,k_i](\alpha,\beta),$$

则 $\mathrm{LP}(\alpha,\beta)$ 可以计算如下:

$$\mathrm{LP}(\alpha,\beta)=\frac{1}{2^{|k_1|\times\cdots\times|k_i|}}\times\sum_{k_1,\cdots,k_i}\mathrm{LP}[k_1,k_2,\cdots,k_i](\alpha,\beta),$$

其中, $|k_i|$ 表示 k_i 的比特长度. 这表明 "i 轮线性壳的线性概率" 是所有可能 "固定轮密钥下线性壳的线性概率" 的平均. 类似地, 关于线性特征的线性概率也有相应的结论.

定义 4.8(线性特征的级联) 给定两条线性特征 $\Omega^1=(\beta_0,\beta_1,\cdots,\beta_s)$, $\Omega^2=(\gamma_0,\gamma_1,\cdots,\gamma_t)$, 若 $\beta_s=\gamma_0$, 则称 $\Omega=(\beta_0,\cdots,\beta_s,\gamma_1,\cdots,\beta_t)$ 为 Ω^1 和 Ω^2 的级联, 记为 $\Omega=\Omega^1||\Omega^2$, 此时 $\mathrm{LP}(\Omega)=\mathrm{LP}(\Omega^1)\times\mathrm{LP}(\Omega^2)$.

若采用偏差来描述线性特征的级联, 则通过下一节介绍的 "堆积引理", 有 $\varepsilon_\Omega=2\times\varepsilon_{\Omega^1}\times\varepsilon_{\Omega^2}$.

定义 4.9(迭代线性特征) 若一条 i 轮线性特征 $\Omega=(\beta_0,\beta_1,\cdots,\beta_{i-1},\beta_i)$ 满足 $\beta_0=\beta_i$, 则称 Ω 是一条 i 轮迭代线性特征. 若 Ω 是迭代线性特征, 则它自身可进行级联, 而且可以级联多次.

有了上述定义, 接下来详细介绍对迭代分组密码的线性攻击, 先给出随机置换线性逼近表达式的如下性质:

命题 4.1 对 $\{0,1\}^n$ 上的随机置换 $\Re$, 任意给定掩码 α 和 β, $\alpha\neq0$, $\beta\neq0$, 则 $\mathrm{LP}(\alpha,\beta)=0$, 即偏差 $\varepsilon(\alpha,\beta)=0$.

若找到了一条 $r-1$ 轮线性逼近表达式 (α,β), 其线性概率 $\mathrm{LP}(\alpha,\beta)\neq0$, 即偏差 $\varepsilon(\alpha,\beta)\neq0$, 则利用该线性逼近表达式可以将 $r-1$ 轮的加密算法与随机置换区

分开, 利用该区分器 (称为线性区分器) 就可以对分组密码进行密钥恢复攻击. 假设攻击 r 轮加密算法, 为获得第 r 轮的轮密钥 (或部分比特), 攻击步骤如下:

步骤 1. 寻找一个 $r-1$ 轮的线性逼近表达式 (α, β), 设其偏差为 ε, 使得 $|\varepsilon(\alpha, \beta)|$ 较大.

步骤 2. 根据区分器的输出, 攻击者确定要恢复的第 r 轮轮密钥 k_r(或其部分比特), 设攻击的密钥量为 l. 对每个可能的候选密钥 gk_i, $0 \leqslant i \leqslant 2^l - 1$, 设置相应的 2^l 个计数器 λ_i, 初始化清零.

步骤 3. 均匀随机地选取明文 X, 在同一个未知密钥 k(即在未知的轮密钥 $k_1, k_2, \cdots, k_r$) 下加密, 获得相应的密文 Z. 这里选择明文的数目为 $m \approx c \cdot \dfrac{1}{\varepsilon^2}$, c 为某个常数.

步骤 4. 对每一个密文 Z, 用第 r 轮中每一个猜测的轮密钥 gk_i(或其部分比特) 对其 "解密" 得到 Y_{r-1}, 计算 $\alpha x \cdot X \oplus \beta \cdot Y_{r-1}$ 是否为 0, 若成立, 则给相应的计数器 λ_i 加 1.

步骤 5. 将 2^l 个计数器中 $\left|\dfrac{\lambda_i}{m} - \dfrac{1}{2}\right|$ 最大值所对应的密钥 gk_i(或其部分比特) 作为攻击获得的正确密钥值.

为更好地理解线性密码分析的思想, 建议读者参考阅读第 3 章对差分密码分析的相关解释, 两者有很多类似的地方, 这里只列出三点:

(1) 上述攻击算法中的步骤 1, 需要构造一个有效的 $r-1$ 轮线性逼近表达式, 准确地讲, 是要寻找固定密钥下 $r-1$ 轮加密函数对应的线性逼近表达式, 其偏差不等于 0, 这等价地要求攻击者在步骤 1 中构造未知密钥 k 下 $r-1$ 轮加密算法的某条高线性概率的线性壳. 用 $\hat{E}_k(\cdot)$ 表示当密钥为 k 时的 $r-1$ 轮加密算法, 则攻击者寻找的应该是如下形式的某条线性壳 (α, β), 其对应的线性概率 p_1 较大:

$$\operatorname*{Prob}_X(\alpha, \beta \,|\, K = k) = \left(2 \cdot \operatorname*{Prob}_X(\alpha \cdot X = \beta \cdot \hat{E}_k(X)) - 1\right)^2 \triangleq p_1.$$

需要指出的是, 当固定密钥 k 时, $\hat{E}_k(\cdot)$ 本质上就是一个大比特容量的 S 盒, 而且可以肯定地讲, 一定会存在高线性概率线性逼近表达式的, 但问题的关键在于存在性不等同于可以找到, 两者有着质的差别. 换句话说,

$$p_1 = \left(2 \times \frac{\#\{x \,|\, \alpha \cdot x \oplus \beta \cdot \hat{E}_k(x) = 0\}}{2^n} - 1\right)^2$$

存在精确的值, 但无法有效地计算. 因为密钥 k 未知. 想要求得 p_1, 唯一的途径就是遍历每一个明文 x, 并获得相应的 $\hat{E}_k(x)$, 计算线性逼近表达式, 并统计分布情况, 但这大大超过了穷尽搜索的复杂度, 而且对每个密钥 k 都必须分别计算, 故不可行. 与差分密码分析类似, Harpes 等提出了一个类似的概念 [16]: "固定密钥等价

假设"(fixed key equivalence hypothesis). "固定密钥等价假设" 即假设对大多数密钥而言, 固定密钥下线性逼近表达式的概率与各轮密钥相互独立且随机均匀分布时的概率近似相等, 也就是说, 固定轮密钥下线性壳的概率与各轮密钥相互独立且随机均匀分布时线性壳的概率近似相等, 即

$$\mathrm{LP}[k_1, k_2, \cdots, k_{r-1}](\alpha, \beta) \approx \mathrm{LP}(\alpha, \beta),$$

具体来讲,

$$\begin{aligned} p_1 &= (2 \cdot \operatorname*{Prob}_X (\alpha \cdot X \oplus \beta \cdot \hat{E}_k(X) = 0) - 1)^2 \\ &= \operatorname*{Prob}_X (\alpha, \beta \,|\, K = k) \\ &= \operatorname*{Prob}_X (\alpha, \beta \,|\, K_1 = k_1, K_2 = k_2, \cdots, K_{r-1} = k_{r-1}) \\ &\approx \operatorname*{Prob}_{X, K_1, \cdots, K_{r-1}} (\alpha, \beta) \\ &\triangleq p_2. \end{aligned}$$

注意到在实际攻击中, p_1 虽然不可求, 但有了上述假设后, 就可以用 p_2 来近似逼近 p_1, 而 p_2 就是前面提到的 "线性壳线性概率" 的定义. 很多迭代分组密码线性攻击的实验数据表明, 利用 p_2 作为近似值取代 p_1 仍能取得较好的攻击结果. 需要注意的是, 这并不表明 "随机等价假设" 适用于所有密码, 存在某些算法中, p_2 和 p_1 相差较大, p_1 的计算严重依赖于轮密钥. 若某些轮密钥值导致 p_1 显著增大, 则通过密钥扩展算法的特性, 将暗示种子密钥中存在针对线性攻击的 "弱密钥", 读者可参考对 RC5 算法的线性密码分析 [33,34].

(2) 线性密码分析中, 第二个比较常用的假设是利用 "线性特征" 来近似代替 "线性壳" 构造区分器. 在很多分组密码中, 同样可以近似认为某条 "线性特征" 由于其偏差较大而以显著的优势 "统治着" 整条 "线性壳", 从而可以用 P_Ω 来近似替代 p_2 求解. 关于这一点进一步的讨论, 可参考文献 [10,12,13].

(3) 同差分密码分析类似, 线性密码分析本质上属于统计范畴, 攻击成功的概率跟选择明文量有关. 在适当的假设下, 这个概率的准确值一般需要求得相应二项分布的精确数值解. 对于线性密码分析而言, 根据建立的概率模型, 可以用正态分布逼近二项分布来近似求解, Matsui 最初发表的论文中, 已经提到了这一点. 关于差分与线性密码分析成功概率更为深刻的研究, 可参考文献 [35].

4.2 DES 算法的线性密码分析

上一节主要介绍了迭代分组密码的线性分析原理, 本节研究对 DES 算法的线性分析. 同差分密码分析类似, 在进行线性密码分析时, 同样忽略算法中的初始置

换 IP 及其逆置换 IP^{-1}. 本节介绍对 DES 算法的线性分析原理, 4.2.1 节介绍 S 盒的线性逼近表; 4.2.2 节讲解 DES 算法的线性分析方法.

4.2.1 S 盒的线性逼近表

Matsui 对 DES 算法进行线性密码攻击的关键在于观察到由 S 盒导出的线性逼近表达式的偏差特性, 并给出了线性逼近表的概念.

定义 4.10(S 盒的线性逼近表) 设 $m, n \in \mathbb{N}$, 从 $\mathbb{F}_2^m$ 到 $\mathbb{F}_2^n$ 的非线性映射 (也称为 S 盒) 记为 $S: \mathbb{F}_2^m \to \mathbb{F}_2^n$. 给定 $\alpha \in \mathbb{F}_2^m, \beta \in \mathbb{F}_2^n$, 定义

$$\begin{aligned} IN_S(\alpha, \beta) &= \{x \in \mathbb{F}_2^m : \alpha \cdot x = \beta \cdot S(x)\}, \\ N_S(\alpha, \beta) &= \# IN_S(\alpha, \beta). \end{aligned}$$

构造 $2^m \times 2^n$ 的表格如下: 以 α 为行指标遍历 $\mathbb{F}_2^m$, β 为列指标遍历 $\mathbb{F}_2^n$, 行列交错处的项取值 $N_S(\alpha, \beta) - 2^{m-1}$. 称 α 为 S 盒的输入掩码, β 为 S 盒的输出掩码, 三元数组 $(\alpha, \beta, N_S(\alpha, \beta) - 2^{m-1})$ 按上述方式构成的表称为 S 盒的线性逼近表.

$N_S(\alpha, \beta)$ 可以解释为: 固定 $\alpha \in \mathbb{F}_2^m, \beta \in \mathbb{F}_2^n$, 将 x 遍历 $\mathbb{F}_2^m$, 得到 2^m 个输入, 这些输入中, 能够满足 $\alpha \cdot x = \beta \cdot S(x)$ 的有 $N_S(\alpha, \beta)$ 个, 即方程 $\alpha \cdot x = \beta \cdot S(x)$ 的解的个数为 $N_S(\alpha, \beta)$. 为描述方便, 本章仍采用 $IN_S(\alpha, \beta)$ 和 $N_S(\alpha, \beta)$ 对 S 盒的线性分布特性进行刻画, 希望读者不要与 S 盒的差分分布表的概念发生混淆.

如果将 S 盒进行分量表示, 即 $S(x) = (f_0(x), f_1(x), \cdots, f_{n-1}(x))^{\mathrm{T}}$, 其中, $f_i(x) = f_i(x_0, x_1, \cdots, x_{m-1})$, 则 $\alpha \cdot x = \beta \cdot S(x)$ 转化为

$$\bigoplus_{i=0}^{m-1} \alpha_i \cdot x_i = \bigoplus_{j=0}^{n-1} \beta_j \cdot f_j(x).$$

可见, 输出掩码 β 所对应的函数 $\bigoplus\limits_{j=0}^{n-1} \beta_j \cdot f_j(x)$ 为 S 盒坐标函数的线性组合, 它定义了一个 m 元非线性布尔函数; 而输入掩码 α 则对应着一个 m 元线性布尔函数 $\bigoplus\limits_{i=0}^{m-1} \alpha_i \cdot x_i$, 研究 S 盒的线性逼近性质, 就是研究非线性函数 $\beta \cdot S(x)$ 在多大程度上可以用线性函数 $\alpha \cdot x$ 来逼近, 如果逼近程度好, 就说明由该输入掩码和输出掩码对 S 盒进行刻画时, 所对应选择的输入比特和输出比特具有一定的相关性, 这种相关性可以将 S 盒和随机意义下的函数区分开.

定义 $P_S(\alpha \to \beta) = \dfrac{N_S(\alpha, \beta)}{2^m}$, 则可以给出 S 盒线性逼近的概率解释: 固定 $\alpha \in \mathbb{F}_2^m, \beta \in \mathbb{F}_2^n$, 随机 (满足均匀分布) 给定输入 x, 则 $\alpha \cdot x = \beta \cdot S(x)$ 将以概率 $P_S(\alpha \to \beta)$ 成立, 也可以形象地认为输入线性掩码 α 依概率传播到输出线性掩码 β. 如果 $P_S(\alpha \to \beta) \neq \dfrac{1}{2}$, 就称线性逼近表达式 $\alpha \cdot x = \beta \cdot S(x)$ 有偏差, 此时对线性

密码分析有效. 而判断 $P_S(\alpha \to \beta)$ 是否等于 $\frac{1}{2}$, 只需判断 $N_S(\alpha, \beta)$ 是否等于 2^{m-1}, 这也就是关于 "线性逼近表" 定义中取值 $N_S(\alpha, \beta) - 2^{m-1}$ 的原因. 进一步, 线性逼近的有效程度则可以用 $\varepsilon(\alpha \to \beta) \triangleq P_S(\alpha \to \beta) - \frac{1}{2}$ 来度量, 称 $\varepsilon(\alpha \to \beta)$ 为 S 盒的线性偏差. 如果这个偏差大于 0, 表明 $\beta \cdot S(x) \oplus \alpha \cdot x = 0$ 的可能性大; 而如果这个偏差小于 0, 则表明 $\beta \cdot S(x) \oplus \alpha \cdot x = 1$ 的可能性大一些.

S 盒的线性逼近表, 实际上是研究随机输入的 x, 经过 S 盒作用后得到 $S(x)$, 输入掩码 α 所确定的比特 $\alpha \cdot x$ 和输出掩码 β 所确定的比特 $\beta \cdot S(x)$ 之间的符合

表 4.1　S 盒 S_5 的部分线性逼近表

输入	输出掩码														
掩码	1	2	3	4	5	6	7	8	9	10	11	12	13	14	15
1	0	0	0	0	0	0	0	0	0	0	0	0	0	0	0
2	4	−2	2	−2	2	−4	0	4	0	2	−2	2	−2	0	−4
3	0	−2	6	−2	−2	4	−4	0	0	−2	6	−2	−2	4	−4
4	2	−2	0	0	2	−2	0	0	2	2	4	−4	−2	−2	0
5	2	2	−4	0	10	−6	−4	0	2	−10	0	4	−2	2	4
6	−2	−4	−6	−2	−4	2	0	0	−2	0	−2	−6	−8	2	0
7	2	0	2	−2	8	6	0	−4	6	0	−6	−2	0	−6	−4
8	0	2	6	0	0	−2	−6	−2	2	4	−12	2	6	−4	4
9	−4	6	−2	0	−4	−6	−6	6	−2	0	−4	2	−6	8	−4
10	4	0	0	−2	−6	2	2	2	2	−2	2	4	−4	−4	0
11	4	4	4	6	2	−2	−2	−2	−2	2	−2	0	−8	−4	0
12	2	0	−2	0	2	4	10	−2	4	−2	−8	−2	4	−6	−4
13	6	0	2	0	−2	4	−10	−2	0	−2	4	−2	8	−6	0
14	−2	−2	0	−2	4	0	2	−2	0	4	2	−4	6	−2	−4
15	−2	−2	8	6	4	0	2	2	4	8	−2	8	−6	2	0
16	2	−2	0	0	−2	−6	−8	0	−2	−2	−4	0	2	10	−20
17	2	−2	0	4	2	−2	−4	4	2	2	0	−8	−6	2	4
18	−2	0	−2	2	−4	−2	−8	4	6	4	6	−2	4	−6	0
19	−6	0	2	−2	4	2	0	4	−6	4	2	−6	4	−2	0
20	4	−4	0	0	0	0	0	−4	−4	4	4	0	4	−4	0
21	4	0	−4	−4	4	−8	−8	0	0	−4	4	8	4	0	4
22	0	6	6	2	−2	4	0	4	0	6	2	2	2	0	0
23	4	−6	−2	6	−2	−4	4	4	−4	−6	2	−2	2	0	4
24	6	0	2	4	−10	−4	2	2	0	−2	0	2	4	−2	−4
25	2	4	−6	0	−2	4	−2	6	8	6	4	10	0	2	−4
26	2	2	−8	−2	4	0	2	−2	0	4	2	0	−2	−2	0
27	2	6	−4	−6	0	0	2	6	8	0	−2	−4	−6	−2	0
28	0	−2	2	4	0	−6	2	−2	6	−4	0	2	2	0	0
29	4	−2	6	−8	0	−2	2	10	−2	−8	−8	2	2	0	4
30	−4	−8	0	−2	−2	−2	2	−2	2	−2	6	4	4	4	0
31	−4	8	−8	2	−6	−6	−2	−2	2	−2	−2	−8	0	0	−4
32	0	0	0	0	0	0	0	0	0	0	0	0	0	0	0

率. 考虑从 $\mathbb{F}_2^m$ 到 $\mathbb{F}_2^n$ 上的线性映射 L(用矩阵 A 来表示), 假设 $y = Ax$, 若输出掩码为 β, 则 $\beta \cdot y = (A^{\mathrm{T}} \cdot \beta) \cdot x$. 故此时, 输入掩码 $\alpha = A^{\mathrm{T}}\beta$. 可见, 对线性映射, 掩码传播无概率可言, 它是确定性的, 给定输出掩码 β, 则输入掩码必为 $\alpha = A^{\mathrm{T}}\beta$. 相反, S 盒的线性逼近特性, 即它的掩码传播概率特性, 不仅与输出掩码 β 有关, 还与具体的输入值 x 有关, 这从另一个侧面反映了它与线性映射的区别.

DES 的 8 个 S 盒均可按照上述定义给出相应的线性逼近分布表, 表 4.1 给出了 S_5 的部分线性逼近表.

下一节给出如何将 S 盒的一个有效的线性逼近表达式推广至轮函数, 进而推广至迭代若干轮之后的算法, 据此可以对 DES 算法进行线性密码分析.

4.2.2 DES 算法的线性分析

本节主要介绍 Matsui 对 DES 算法的线性密码分析, 根据前面所述, 攻击的关键首先是寻找明文和相应密文之间的一个有效的线性逼近表达式. Matsui 在文献 [26] 中采用的是线性特征区分器所对应的线性逼近表达式, 为描述方便, 我们采用文献 [26] 中的记号, 见图 4.3, 其中最右边比特位从 0 开始标记. 这些标记与线性掩码的标记是等价的.

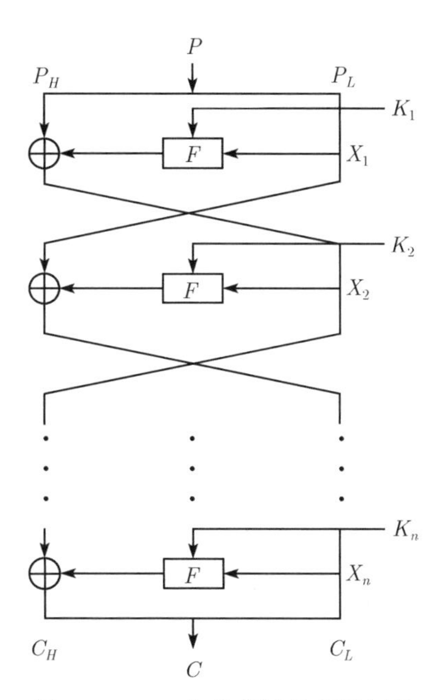

图 4.3 DES 加密算法及相关记号

P 64 比特的明文

C 64 比特的密文

$P_H(C_H)$	$P(C)$ 的左边 32 比特
$P_L(C_L)$	$P(C)$ 的右边 32 比特
X_i	第 i 轮轮函数的输入
K_i	第 i 轮 48 比特的轮密钥
$F(X_i, K_i)$	第 i 轮轮函数
$A[i]$	A 的第 i 个比特位
$A[i, j, \cdots, k]$	$A[i] \oplus A[j] \oplus \cdots \oplus A[k]$

由于 DES 算法的密钥扩展算法比较简单, 攻击者可以通过构造线性特征, 利用堆积引理获得如下的线性逼近表达式及其概率偏差:

$$P[i_1, i_2, \cdots, i_a] \oplus C[j_1, j_2, \cdots, j_b] = K[k_1, k_2, \cdots, k_c], \tag{4.1}$$

其中, P 为明文, C 为密文, K 为种子密钥, $i_1, i_2, \cdots, i_a; j_1, j_2, \cdots, j_b; k_1, k_2, \cdots, k_c$ 代表固定的比特位置. 一旦找到了形如式 (4.1) 的线性表达式, 就可以利用算法 1 恢复 DES 算法的 1 比特密钥信息. 当密钥扩展算法比较复杂时, 线性特征所对应的线性逼近表达式中的 K 应该代表轮密钥的级联. 此时, 利用算法 1 很难得到种子密钥 1 比特的信息, 通常需要利用下面介绍的算法 2 进行攻击.

算法 1

随机给定 N 个已知明文和对应的密文, 令 T 为使方程 (4.1) 左边等于 0 成立的个数.

若 $(T - N/2) \cdot (p - 1/2) > 0$, 则

$$K[k_1, k_2, \cdots, k_c] = 0;$$

若 $(T - N/2) \cdot (p - 1/2) < 0$, 则

$$K[k_1, k_2, \cdots, k_c] = 1.$$

算法 1 给出的攻击方法基于极大似然估计, 在本质上仍属于概率算法, 为此, Matsui 给出如下引理描述算法 1 成功的概率与选择明文量 N 之间的关系. 表 4.2 给出了表达式 4.2 的数值解.

引理 4.1　*令 N 为随机选择的明文量, p 为线性表达式 (4.1) 成立的概率, 假设偏差 $\varepsilon = |p - 1/2|$ 充分小, 则算法 1 成功的概率为*

$$\int_{-2\sqrt{N}\,|p-1/2|}^{\infty} \frac{1}{\sqrt{2\pi}}\, \mathrm{e}^{-x^2/2}\, \mathrm{d}x. \tag{4.2}$$

表 4.2 算法 1 成功概率的数值解

N	$\frac{1}{4}\|p-1/2\|^{-2}$	$\frac{1}{2}\|p-1/2\|^{-2}$	$\|p-1/2\|^{-2}$	$2\|p-1/2\|^{-2}$
成功概率/%	84.1	92.1	97.7	99.8

为了更加有效地攻击 n 轮 DES 算法, Matsui 还给出了第 2 个攻击方法: 首先构造 $n-1$ 轮 DES 算法的有效线性表达式 $\mathcal{D}$, 然后将第 n 轮部分解密, 代入表达式 $\mathcal{D}$, 获得攻击所需的线性逼近表达式:

$$P[i_1,i_2,\cdots,i_a]\oplus C[j_1,j_2,\cdots,j_b]\oplus F_n(C_L,K_n)[l_1,l_2,\cdots,l_d]=K[k_1,k_2,\cdots,k_c]. \tag{4.3}$$

当猜测的第 n 轮轮密钥 K_n 正确时, 表达式 (4.3) 统计的就是 $n-1$ 轮算法的线性逼近表达式 $\mathcal{D}$ 的概率特性; 当猜测的轮密钥 K_n 是错误时, 表达式 (4.3) 取值分布趋于 $\frac{1}{2}$, 此时偏差更小. 根据这个区别, 采用算法 2 可以对 DES 算法的最后一轮进行密钥恢复攻击.

算法 2

随机给定 N 个已知明文和对应的密文, 对 K_n 的每一个候选密钥 $K_n^{(i)}(i=1,2,\cdots)$, 令 T_i 为满足方程 (4.3) 左边等于 0 成立的个数. 令 $T_{\max}$ 和 $T_{\min}$ 分别为所有 T_i 中的最大值和最小值.

若 $|T_{\max}-N/2|>|T_{\min}-N/2|$, 则

输出 $T_{\max}$ 所对应的候选密钥值作为正确密钥

若 $p>1/2$, 猜测 $K[k_1,k_2,\cdots,k_c]=0$;

若 $p<1/2$, 猜测 $K[k_1,k_2,\cdots,k_c]=1$.

若 $|T_{\min}-N/2|>|T_{\max}-N/2|$, 则

输出 $T_{\min}$ 所对应的候选密钥值作为正确密钥

若 $p>1/2$, 猜测 $K[k_1,k_2,\cdots,k_c]=1$;

若 $p<1/2$, 猜测 $K[k_1,k_2,\cdots,k_c]=0$.

算法 2 给出的攻击方法仍然基于极大似然估计, 对该概率算法, Matsui 给出如下两个引理来描述算法 2 成功的概率与选择明文量 N 之间的关系. 当 $d=1$, $l_1=15$ 时, 表 4.3 给出了表达式 (4.4) 的数值解.

引理 4.2 令 N 为随机选择的明文量, p 为线性表达式 (4.3) 成立的概率, 假设偏差 $\varepsilon=|p-1/2|$ 充分小, 则算法 2 成功的概率仅依赖于 $l_1,l_2,\cdots,l_d$ 和 $\sqrt{N}|p-1/2|$.

表 4.3 当 $d=1$, $l_1=15$ 时算法 2 成功概率的数值解

N	$2\|p-1/2\|^{-2}$	$4\|p-1/2\|^{-2}$	$8\|p-1/2\|^{-2}$	$16\|p-1/2\|^{-2}$
成功概率/%	48.6	78.5	96.7	99.9

引理 4.3 假设引理 4.2 成立, 对每一个猜测的轮密钥的候选值 $K_n^{(i)}$ 和随机变量 X, 设下述等式成立的概率为 $q^{(i)}$:

$$F_n(X, K_n)[l_1, l_2, \cdots, l_d] = F_n(X, K_n^{(i)})[l_1, l_2, \cdots, l_d],$$

如果所有的 $q^{(i)}$ 相互独立, 则算法 2 成功的概率为

$$\int_{-2\sqrt{N}|p-1/2|}^{\infty} \left(\prod_{K_n^{(i)} \neq K_n} \int_{-x-4\sqrt{N}(p-1/2)q^{(i)}}^{x+4\sqrt{N}(p-1/2)(1-q^{(i)})} \frac{1}{\sqrt{2\pi}} \mathrm{e}^{-y^2/2}\, \mathrm{d}y \right) \frac{1}{\sqrt{2\pi}} \mathrm{e}^{-x^2/2}\, \mathrm{d}x. \tag{4.4}$$

算法 1 和算法 2 能够实施的前提都是假设找到 DES 算法的一个有效的线性逼近表达式. 4.2.1 节已经介绍了 S 盒线性逼近表的概念, 这是一个局部线性逼近的概念, 如何将其推广至全局进而给出迭代若干轮之后算法的线性逼近特性? 针对这个问题, Matsui 提出了堆积引理, 在适当的假设下, 堆积引理能将局部的线性逼近特性推广至全局.

引理 4.4(堆积引理) 假设 $X_i (1 \leqslant i \leqslant n)$ 是取值为 0 或 1 的相互独立的随机变量, 其概率分布为 $P(X_i = 0) = p_i$, $P(X_i = 1) = 1 - p_i$, 则

$$P(X_1 \oplus X_2 \oplus \cdots \oplus X_n = 0) = \frac{1}{2} + 2^{n-1} \prod_{i=1}^{n} \left(p_i - \frac{1}{2} \right).$$

证明 对 n 采用数学归纳法证明:

(1) 当 $n = 1$ 时, 容易验证结论成立.

(2) 设 $n = k$ 时结论成立, 即 $P(X_1 \oplus X_2 \oplus \cdots \oplus X_k = 0) = 1/2 + 2^{k-1} \prod_{i=1}^{k} (p_i - 1/2)$, 则当 $n = k + 1$ 时,

$$\begin{aligned}
&P(X_1 \oplus X_2 \oplus \cdots \oplus X_k \oplus X_{k+1} = 0) \\
&= P(X_1 \oplus X_2 \oplus \cdots \oplus X_k = 0, X_{k+1} = 0) + P(X_1 \oplus X_2 \oplus \cdots \oplus X_k = 1, X_{k+1} = 1) \\
&= \left(1/2 + 2^{k-1} \prod_{i=1}^{k} (p_i - 1/2) \right) \cdot p_{k+1} + \left(1/2 - 2^{k-1} \prod_{i=1}^{k} (p_i - 1/2) \right) \cdot (1 - p_{k+1}) \\
&= 1/2 + 2^k \prod_{i=1}^{k} (p_i - 1/2) \cdot p_{k+1} - 2^{k-1} \prod_{i=1}^{k} (p_i - 1/2) \\
&= 1/2 + \left(2^k \prod_{i=1}^{k} (p_i - 1/2) \right) \cdot (p_{k+1} - 1/2) \\
&= 1/2 + 2^k \prod_{i=1}^{k+1} (p_i - 1/2).
\end{aligned}$$

上述第 2 个等号成立是因为由诸 X_i 的独立性, 可推出 $X_1 \oplus X_2 \oplus \cdots \oplus X_k$ 与 X_{k+1} 的独立性. □

可见, 堆积引理成立的关键在于诸 X_i 的独立性. 由下面的分析将看出, 堆积引理可以将局部的线性逼近关系通过适当的组合推广至全局的线性逼近关系, 这是攻击者利用线性分析方法对一个密码系统进行攻击的前提. 然而, 在寻找这一全局线性逼近关系的过程中, 一般不能满足 "独立性" 这么苛刻的条件, 攻击者需要进行适当的假设或弱化, 使得堆积引理能够合理应用. 理论分析与实验数据表明, 在一定的误差范围之内, 这些假设或弱化是必要的, 也是可行的.

令 $P(X_i=0)=p_i=1/2+\varepsilon_i$, 称 $\varepsilon_i=p_i-1/2$, $\mathrm{Cor}_i=2p_i-1$ 分别为 X_i 的偏差、相关性; 令 $P(X_1\oplus X_2\oplus\cdots\oplus X_n=0)=p=1/2+\varepsilon$, 称 $\varepsilon=p-1/2$, Cor$=2p-1$ 分别为 $X_1\oplus\cdots\oplus X_n$ 的偏差、相关性. 此时, 堆积引理有如下两种更为简洁的表达式:

(1) 偏差表示

$$\varepsilon=2^{n-1}\prod_{i=1}^{n}\varepsilon_i.$$

(2) 相关性表示

$$\mathrm{Cor}=\prod_{i=1}^{n}\mathrm{Cor}_i.$$

Feistel 结构的密码中单轮差分和线性掩码的传播特性不同, 如图 4.4 所示. 对差分而言, 假设第 i 轮的输入差分为 $(\Delta X_{i-1},\Delta X_i)$, 此时轮函数 F 的输入差分为 ΔX_i, 若假设轮函数 F 的输出差分为 ΔY_i, 则第 i 轮的输出差分变为 $(\Delta X_i,\Delta X_{i-1}\oplus\Delta Y_i)$; 对线性掩码而言, 假设第 i 轮的输入掩码为 $(\Gamma Y_i,\Gamma Y_{i-1})$, 此时轮函数 F 的输出掩码为 ΓY_i, 若假设轮函数 F 的输入掩码为 ΓX_i, 则第 i 轮的输出掩码为 $(\Gamma Y_{i-1}\oplus\Gamma X_i,\Gamma Y_i)$.

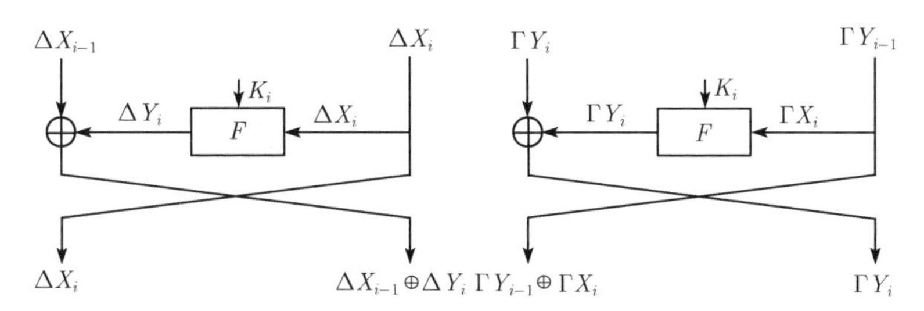

图 4.4 Feistel 结构密码单轮差分 (左) 与线性掩码 (右) 传播特性

结合图 4.4, 下面通过几个例子来讲解对 DES 算法的线性密码分析.

用 "–" 表示概率为 1(偏差为 1/2) 的线性逼近表达式, 表示该轮不需要线性逼近. 另外, 根据 DES 算法中 S 盒的线性逼近特性, 有 $N_{S_5}(16,15)=12$, $N_{S_1}(27,4)=22$, $N_{S_1}(4,4)=30$, $N_{S_5}(16,14)=42$, $N_{S_5}(34,14)=16$, 分别将其扩展到轮函数

$F(X,K)$, 可得到如下 5 个线性逼近表达式及其相应的概率、偏差:

$$A:\quad X[15]\oplus F(X,K)[7,18,24,29]=K[22],\qquad p=\frac{12}{64}\quad \varepsilon=-\frac{20}{64},$$

$$B:\quad X[27,28,30,31]\oplus F(X,K)[15]=K[42,43,45,46],\qquad p=\frac{22}{64}\quad \varepsilon=-\frac{10}{64},$$

$$C:\quad X[29]\oplus F(X,K)[15]=K[44],\qquad p=\frac{30}{64}\quad \varepsilon=\frac{2}{64},$$

$$D:\quad X[15]\oplus F(X,K)[7,18,24]=K[22],\qquad p=\frac{42}{64}\quad \varepsilon=\frac{12}{64},$$

$$E:\quad X[12,16]\oplus F(X,K)[7,18,24]=K[19,23],\qquad p=\frac{16}{64}\quad \varepsilon=-\frac{16}{64}.$$

下面分别用 A,B,C,D,E 表示上述 5 条线性逼近表达式

例 4.1(3 轮 DES 算法的线性密码分析)　参考图 4.5, 构造 3 轮线性特征 $A-A$, 根据堆积引理, 可以得到 3 轮 DES 算法的线性区分器,

$$P_H[7,18,24,29]\oplus C_H[7,18,24,29]\oplus P_L[15]\oplus C_L[15]=K_1[22]\oplus K_3[22]. \tag{4.5}$$

该线性逼近表达式的概率偏差为 $\varepsilon=2\times\left(-\frac{20}{64}\right)\times\left(-\frac{20}{64}\right)\approx 0.20$. 利用式 (4.5), 通过算法 1 可以获得 $K_1[22]\oplus K_3[22]$ 的取值.

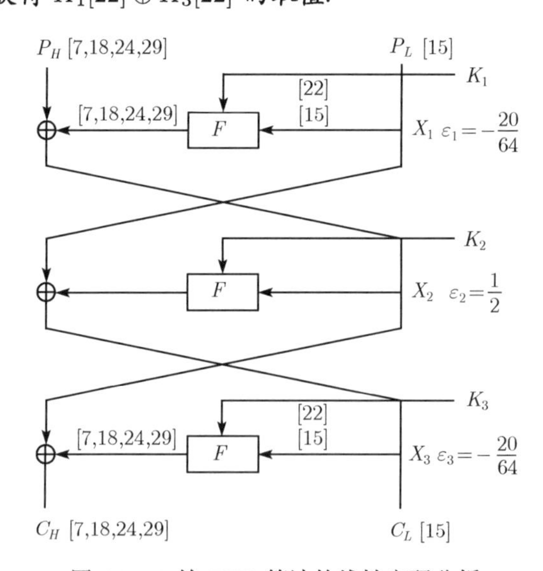

图 4.5　3 轮 DES 算法的线性密码分析

例 4.2(5 轮 DES 算法的线性密码分析)　参考图 4.6, 构造 5 轮线性特征 $BA-AB$. 根据堆积引理, 可以得到 5 轮 DES 算法的线性区分器:

$$P_H[15]\oplus P_L[7,18,24,27,28,29,30,31]\oplus C_H[15]\oplus C_L[7,18,24,27,28,29,30,31]$$
$$=K_1[42,43,45,46]\oplus K_2[22]\oplus K_4[22]\oplus K_5[42,43,45,46]. \tag{4.6}$$

该线性逼近表达式的概率偏差为

$$\varepsilon = 2^3 \times \left(-\frac{10}{64}\right) \times \left(-\frac{20}{64}\right) \times \left(-\frac{20}{64}\right) \times \left(-\frac{10}{64}\right) \approx 0.019.$$

利用式 (4.6), 通过算法 1 可以获得 $K_1[42,43,45,46] \oplus K_2[22] \oplus K_4[22] \oplus K_s[42,43,45,46]$ 的取值.

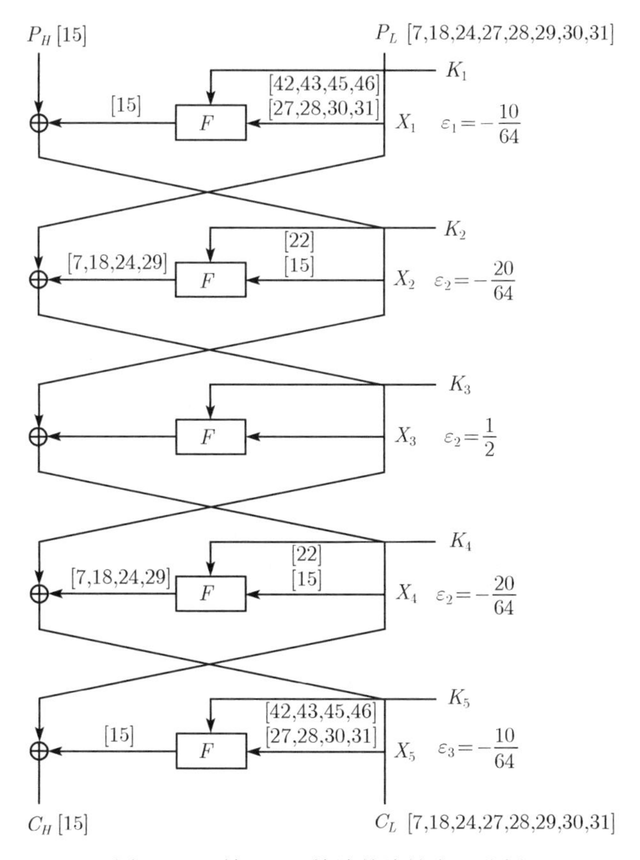

图 4.6 5 轮 DES 算法的线性密码分析

观察例 4.1 和例 4.2 不难发现, 攻击所构造的线性特征的偏差的取值在很大程度上依赖于线性特征所 "激活" 的 S 盒的个数, 当某个 S 盒的输出掩码非零时, 该 S 盒就会影响这条线性特征所对应逼近表达式的偏差取值. 为此, 先给出线性活跃 S 盒的概念.

定义 4.11(线性活跃 S 盒) 在一条 i 轮线性特征 $\Omega = (\beta_0, \beta_1, \cdots, \beta_i)$ 中, 若第 j 轮 $(j \leqslant i)$ 的输出掩码 β_j, 导致该轮某个 S 盒的输出掩码非零, 则称这条线性特征导致该 S 盒活跃, 或称该 S 盒针对这条线性特征是活跃的, 简称该 S 盒是线性活跃 S 盒.

在进行线性密码分析之前, 为了构造有效的线性特征区分器, 需要让该线性特征中活跃 S 盒的个数尽可能地少. Matsui 在攻击 DES 算法时构造的线性特征, 每一轮只包含一个活跃 S 盒.

例 4.3(8 轮 DES 算法的线性密码分析) 参考图 4.7, 先构造 7 轮线性特征 $E-DCA-A$, 根据堆积引理, 该线性特征的概率偏差为

$$\varepsilon = 2^4 \times \left(\frac{-16}{64}\right) \times \frac{10}{64} \times \left(\frac{-2}{64}\right) \times \left(\frac{-20}{64}\right) \times \left(\frac{-20}{64}\right) \approx 1.95 \times 2^{-10},$$

线性特征如下:

$$\begin{aligned} & P_H[7,18,24] \oplus P_L[12,16] \oplus X_7[15] \oplus X_8[7,18,24,29] \\ = & K_1[19,23] \oplus K_3[22] \oplus K_4[44] \oplus K_5[22] \oplus K_7[22]. \end{aligned}$$

将第 8 轮进行部分解密, 代入上述 7 轮线性特征, 得到攻击的线性逼近表达式:

$$\begin{aligned} & P_H[7,18,24] \oplus P_L[12,16] \oplus C_H[15] \oplus C_L[7,18,24,29] \oplus F_8(C_L,K_8)[15] \\ = & K_1[19,23] \oplus K_3[22] \oplus K_4[44] \oplus K_5[22] \oplus K_7[22]. \end{aligned} \tag{4.7}$$

当猜测的第 8 轮轮密钥的部分比特 $K_8[42]-K_8[47]$ 正确时, 式 (4.7) 统计的正好是 7 轮线性区分器的偏差, 而当猜测的部分密钥比特错误时, 式 (4.7) 统计的偏差趋于 0. 这样, 设置 64 个计数器, 利用算法 2 可以恢复 K_8 的 6 个比特的密钥信息. Matsui 的实验数据表明, 当数据复杂度为 $4|1.95\times 2^{-10}|^{-2}\approx 2^{20}$ 时, 成功概率为 88%; 当数据复杂度为 $8|1.95\times 2^{-10}|^{-2}\approx 2^{21}$, 成功概率为 99%. 两种情形下均略高于理论预测值.

例 4.4(12 轮 DES 算法的线性密码分析) 构造 11 轮线性特征 $A-ACD-DCA-A$, 根据堆积引理, 该线性特征的概率偏差为

$$\varepsilon=2^7\times\left(\frac{-20}{64}\right)\times\left(\frac{-20}{64}\right)\times\left(\frac{-2}{64}\right)\times\frac{10}{64}\times\frac{10}{64}\times\left(\frac{-2}{64}\right)\times\left(\frac{-20}{64}\right)\times\left(\frac{-20}{64}\right)\approx 1.91\times 2^{-16}.$$

将第 12 轮进行部分解密, 结合上述 11 轮线性特征, 得到攻击的线性逼近表达式:

$$\begin{aligned} & P_H[7,18,24,29] \oplus P_L[15] \oplus C_H[15] \oplus C_L[7,18,24,29] \oplus F_{12}(C_L,K_{12})[15] \\ = & K_1[22] \oplus K_3[22] \oplus K_4[44] \oplus K_5[22] \oplus K_{11}[22]. \end{aligned} \tag{4.8}$$

当猜测的第 12 轮轮密钥的部分比特 $K_{12}[42]-K_{12}[47]$ 正确时, 式 (4.8) 统计的正好是 11 轮线性区分器的偏差, 而当猜测的部分密钥比特错误时, 式 (4.8) 统计的偏差趋于 0. 同样, 设置 64 个计数器, 利用算法 2 可以恢复 K_{12} 的 6 个比特的密钥信息. 选择明文量为 $8|1.91\times 2^{-16}|^{-2}\approx 2^{33}$, 成功概率约为 99%, 同样高于理论预测值.

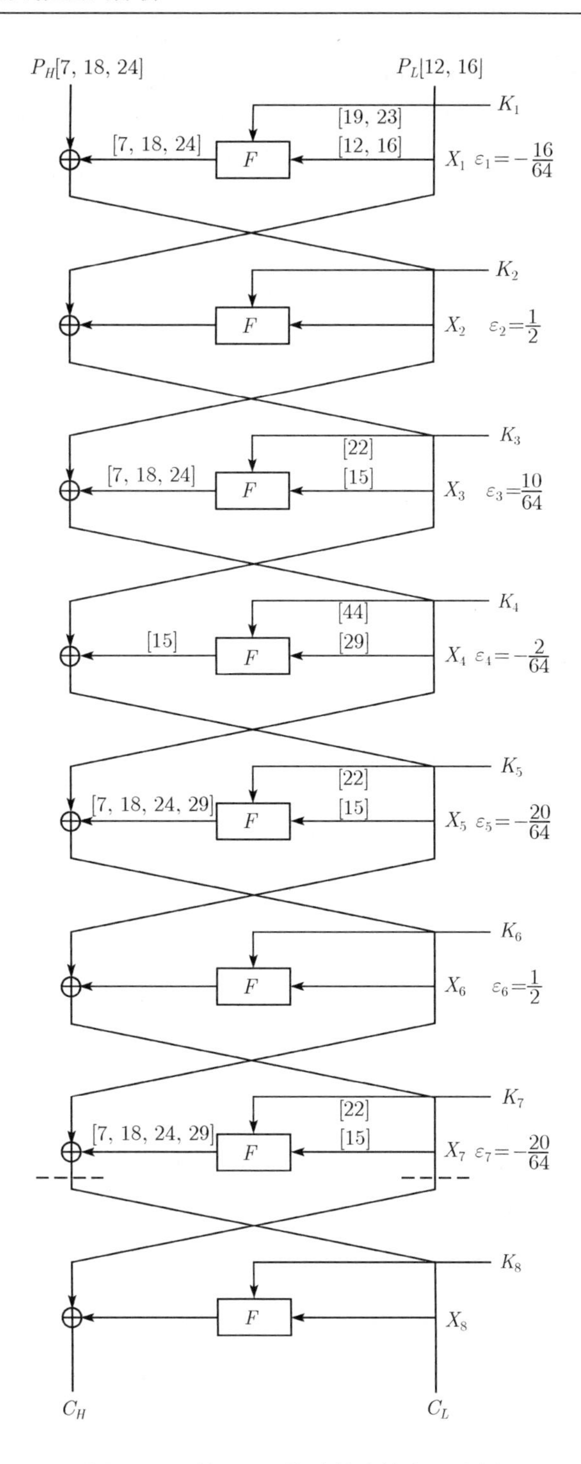

图 4.7 8 轮 DES 算法的线性密码分析

例 4.5(16 轮 DES 算法的线性密码分析)　构造 15 轮线性特征 $E-DCA-ACD-DCA-A$, 根据堆积引理, 该线性特征的概率偏差为

$$\varepsilon = 2^{10} \times \left(\frac{-16}{64}\right) \times \frac{10}{64} \times \left(\frac{-2}{64}\right) \times \left(\frac{-20}{64}\right) \times \left(\frac{-20}{64}\right) \times \left(\frac{-2}{64}\right) \times \frac{10}{64} \times \frac{10}{64} \times \left(\frac{-2}{64}\right) \times \left(\frac{-20}{64}\right) \times \left(\frac{-20}{64}\right) \approx 1.19 \times 2^{-22}.$$

将第 16 轮进行部分解密, 结合上述 15 轮线性特征和 DES 算法的对称性, 可以得到如下两个攻击的线性逼近表达式:

$$\begin{aligned}&P_H[7,18,24] \oplus P_L[12,16] \oplus C_H[15] \oplus C_L[7,18,24,29] \oplus F_{16}(C_L,K_{16})[15]\\ =& K_1[19,23] \oplus K_3[22] \oplus K_4[44] \oplus K_5[22] \oplus K_7[22] \oplus K_8[44]\\ &\oplus K_9[22] \oplus K_{11}[22] \oplus K_{12}[44] \oplus K_{13}[22] \oplus K_{15}[22],\end{aligned} \tag{4.9}$$

$$\begin{aligned}&C_H[7,18,24] \oplus C_L[12,16] \oplus P_H[7,18,24] \oplus P_L[7,18,24,29] \oplus F_{16}(C_L,K_{16})[15]\\ =& K_{15}[19,23] \oplus K_{13}[22] \oplus K_{12}[44] \oplus K_{11}[22] \oplus K_9[22] \oplus K_8[44]\\ &\oplus K_7[22] \oplus K_5[22] \oplus K_4[44] \oplus K_3[22] \oplus K_1[22].\end{aligned} \tag{4.10}$$

利用算法 2, 上述每个表达式可以恢复 7 个比特的密钥信息, 一共恢复 14 比特的密钥, 数据复杂度为 $|1.49 \times 2^{-24}|^{-2} \approx 2^{47}$.

Matsui 还给出了另外一种对完整 16 轮 DES 算法更加有效的线性密码分析方法, 采用两条最优的 14 轮线性特征作为区分器, 线性偏差约为 $\varepsilon = -1.19 \times 2^{-21}$, 通过部分加密明文和解密密文得到攻击所需的表达式, 同时采用纠错译码中的阵列译码的思想, 提高了攻击的效率和成功的概率, 此时数据复杂度为 2^{43}, 这也是公开文献中第一次对完整轮数 DES 算法的实验攻击 [27].

最后需要指出的是, Matsui 对 DES 算法的线性密码分析, 均采用了线性特征区分器来构造攻击所需的线性逼近表达式, 这些线性特征中, 每一轮的线性逼近表达式只含有 1 个活跃 S 盒. 由于 DES 算法轮函数中相邻 S 盒的输入包含相同的比特, 若构造的线性逼近表达式包含相邻的 2 个以上的活跃 S 盒, 则利用堆积引理获得最终的线性逼近表达式, 其偏差值将明显偏离真实值, 此时, 利用该逼近表达式和算法 1 得到的单比特密钥信息将不再准确 [1].

4.3　Camellia 算法的线性密码分析

对一个算法进行线性密码分析的关键是寻找到高线性概率的线性壳 (线性特征), 一旦找到了这样的线性壳 (线性特征), 就可以按照 4.1 节描述的攻击方法对该

算法进行线性密码分析. 故本节对 Camellia 算法的线性密码分析, 只关注线性特征特别是迭代线性特征的寻找.

同迭代差分特征类似, Camellia 算法不存在 2 轮迭代线性特征. 更一般地, 有如下命题成立.

命题 4.2 轮函数是双射的 Feistel 密码不存在 2 轮迭代线性特征.

Knudsen 提出对 Feistel 密码的两类特殊的差分特征, 即 3 轮和 4 轮差分特征 [21], 根据差分和线性的关系, 同样可以给出相应两类特殊的 3 轮和 4 轮线性特征, 这两类线性特征可以分别用来构造 6 轮和 8 轮迭代线性特征.

假设轮函数 F 存在如下非零偏差: $\varepsilon(\tau \to \phi)$ 和 $\varepsilon(\phi \to \tau)$, 则存在如图 4.8 所示的 3 轮线性特征. 上述 3 轮线性特征可以构造如图 4.9 所示的 6 轮迭代线性特征. 假设轮函数 F 存在如下非零偏差: $\varepsilon(\phi \to \tau)$, $\varepsilon(\phi \to \psi)$ 和 $\varepsilon(\tau \oplus \psi \to \phi)$, 则存在如图 4.10 所示的 4 轮线性特征. 上述 4 轮线性特征可以构造如图 4.11 所示的 8 迭代线性特征. 如无特别声明, 本节所指的 3 轮和 4 轮线性特征均指如图 4.8 和图 4.10 所示的线性特征.

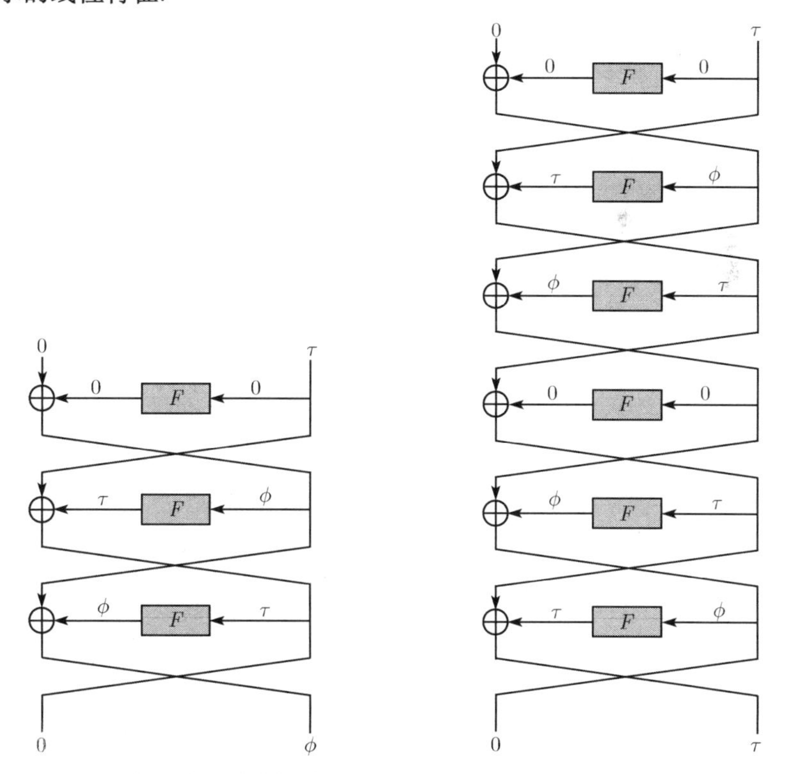

图 4.8 Feistel 密码的 3 轮线性特征　　图 4.9 Feistel 密码的 6 轮迭代线性特征

关于 Camellia 算法的具体描述, 读者可参考第 2 章, 其 Feistel 结构特性如下:

$$(L_{i+1}, R_{i+1}) = (F(L_i \oplus k) \oplus R_i, L_i),$$

根据文献 [41], 本节将 Camellia 算法所采用的 Feistel 结构做如下的等价刻画:

$$(L_{i+1}, R_{i+1}) = (R_i, F(R_i \oplus k) \oplus L_i).$$

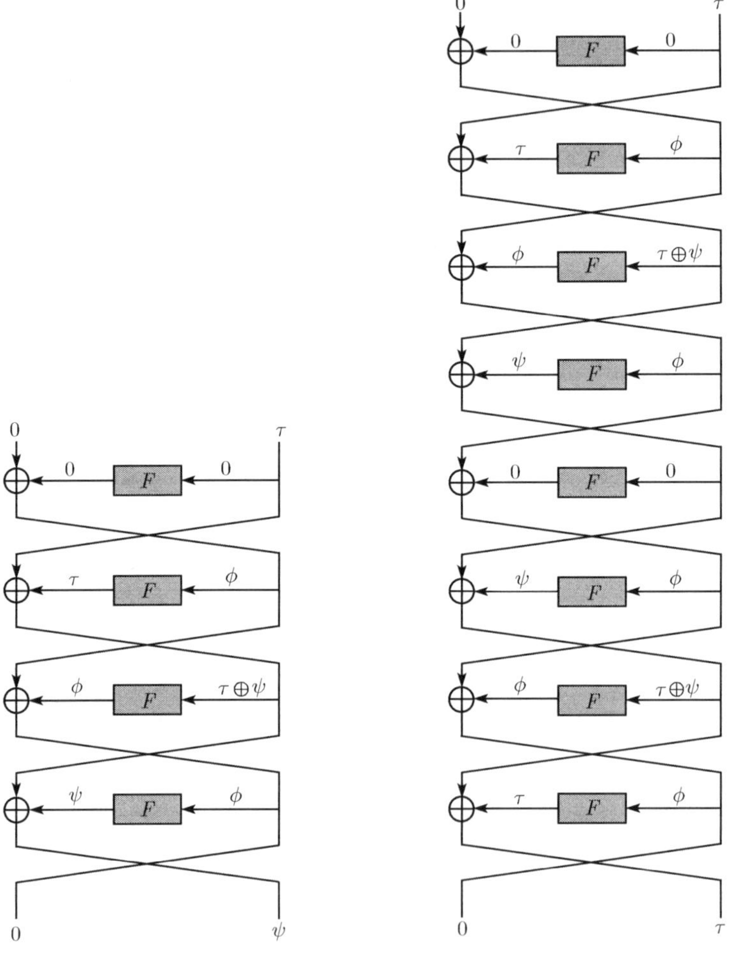

图 4.10　Feistel 密码的 4 轮线性特征　　　图 4.11　Feistel 密码的 8 轮迭代线性特征

由于 Camellia 算法不存在 2 轮迭代线性特征, 下面主要讲解如何寻找 3 轮和 4 轮线性特征. Camellia 算法中共采用 4 个 S 盒, 每个 S 盒的最大线性偏差为 2^{-4}, 而 P 置换是一个 8×8 的二元矩阵. 在构造线性特征的过程中, 发现 P 置换及其逆变换的性质, 根据这些性质, 可以给出如下命题, 证明不再赘述, 读者可参考文献 [41].

命题 4.3　Camellia 的 3 轮线性特征中活跃 S 盒的个数超过 5 个; Camellia 的 4 轮线性特征中活跃 S 盒的个数至少为 11.

在寻找线性特征的时候, 一般希望该特征中包含的线性活跃 S 盒的个数尽可能地少. 在命题 4.3 的基础上进一步分析发现, Camellia 算法的 3 轮线性特征中含有线性活跃 S 盒的个数为: (τ,ϕ) 包含 4 个活跃 S 盒, (ϕ,τ) 包含 4 个活跃 S 盒. 据此, 结合一些搜索技巧可以找到偏差为 $2^{-26.77}$ 的 3 轮线性特征, $\tau=\phi=(0,110,0,186,0,186,0,110)$. 同样, 可以找到偏差为 $2^{-34.58}$ 的 4 轮线性特征, $\tau=(18,85,0,71,85,71,18,18)$, ϕ =(0,0,0,0,122,0,0,200), $\psi=(73,229,0,172,229,172,73,73)$.

4.4 SMS4 算法的线性密码分析

本节主要讲解对 SMS4 算法的线性密码分析, 同前一节所述, 我们关注迭代线性特征的寻找. SMS4 算法采用了非平衡 Feistel 结构, 轮函数采用了 SPN 型函数, 在迭代特征的寻找过程中, 线性扩散层的线性分支数起到了非常重要的作用. 假设从 $(\mathbb{F}_2^n)^m$ 到自身的线性变换记为 L, 对 $y=(y_1,y_2,\cdots,y_m)\in(\mathbb{F}_2^n)^m$, 令 $W(y)$ 表示 y 中非零分量的个数, 那么 L 的线性分支数定义如下:

定义 4.12(线性变换的线性分支数) 称 $B(L)=\min\limits_{y\neq 0}(\ W(y)+W(L^{\mathrm{T}}(y))\ )$ 为线性变换 L 的线性分支数, 其中 L^{T} 表示线性变换 L 所对应矩阵的的转置所对应的线性变换.

假设混淆层由 m 个并行的 $n\times n$ 的 S 盒构成, 扩散层为 L, 则线性分支数的概念实际上刻画了在连续 2 轮的 SPN 变换中, 任意一条线性特征至少包含了 $B(L)$ 个线性活跃 S 盒.

SMS4 算法的混淆层 T 采用 4 个并行的 8×8 的 S 盒, 其最大线性偏差为 2^{-4}. 扩散层的线性变换为

$$L(x)=x\oplus(x\lll 2)\oplus(x\lll 10)\oplus(x\lll 18)\oplus(x\lll 24),$$

从而

$$L^{\mathrm{T}}(x)=x\oplus(x\ggg 2)\oplus(x\ggg 10)\oplus(x\ggg 18)\oplus(x\ggg 24),$$

此时容易验证 L 变换的线性分支数是 5.

SMS4 采用了非平衡 Feistel 结构, 使得攻击者容易构造如图 4.12所示的 5 轮迭代线性特征, 其中, $0\neq\alpha\in(\mathbb{F}_2^8)^4$, 前三轮线性掩码对应的偏差为 $\dfrac{1}{2}$; 后两轮线性掩码对应的偏差为 $\varepsilon(\alpha\to\alpha)$. 为构造最优的 5 轮迭代线性特征, 要求 $|\varepsilon(\alpha\to\alpha)|$ 的值较大, 故希望单轮的线性逼近中活跃 S 盒的个数达到最小. 由于轮函数 F 为 SPN 型函数, 且扩散层的线性分支数是 5. 因此只有 1 个、2 个活跃 S 盒数据不能满足要求, 故最小活跃 S 盒的个数为 3. 不妨假设 $\alpha=(0,a_1,a_2,a_3)$, 其中 $a_i\neq 0$.

搜索概率 $\varepsilon(\alpha \to \alpha)$ 非零的值, 结合 S 盒的线性偏差特性, 发现存在 24 个这样的 α, $|\varepsilon(\alpha \to \alpha)| = 2^{-10.2}$. 故而根据该 5 轮迭代线性特征构造的 18 轮线性特征的线性偏差为 $2^5 \times (2^{-10.2})^6 = 2^{-56.2}$, 据此可对 21 或 22 轮 SMS4 算法实施线性攻击 [15].

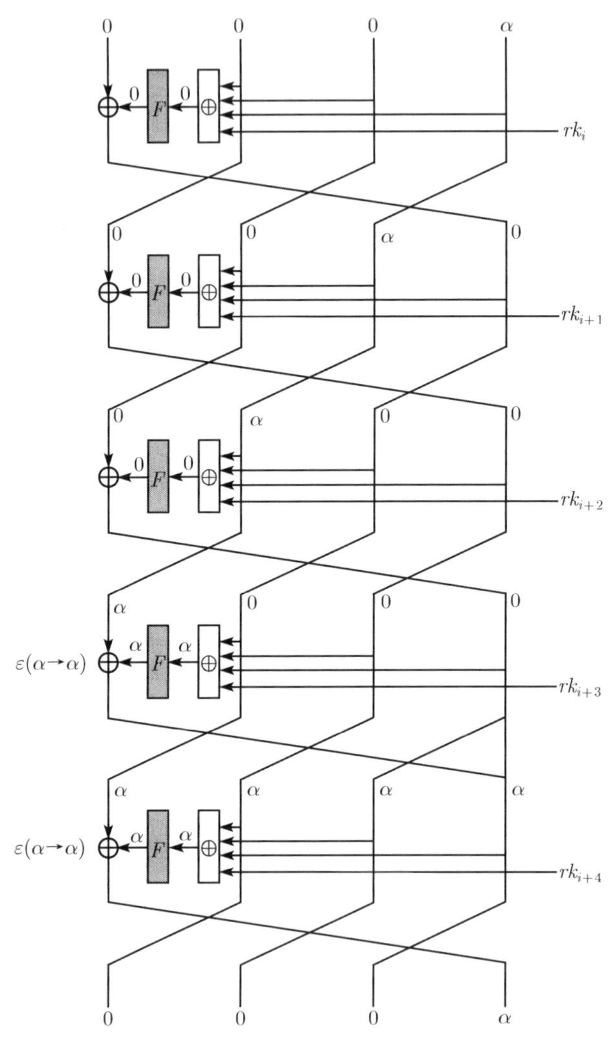

图 4.12　SMS4 算法的 5 轮迭代线性特征

4.5　进一步阅读建议

无独有偶, 线性密码分析的最初思想也是来源于对 FEAL 密码的分析, Tardy-Corfdir 和 Gilbert 在 1991 年的国际密码年会上最先提出了一种对 FEAL 密码的

已知明文攻击方法 [37], 该方法蕴含了线性密码分析的初步思想. 1992 的欧洲密码年会上, Matsui 和 Yamagishi 推广了 Tardy-Corfdir 和 Gilbert 的工作 [25], 他们对 FEAL 密码的攻击方法更加系统和完善, 已经完全包含了线性密码分析的思想. 一年之后的欧洲和美洲密码年会上, Matsui 利用该思想对 DES 算法的成功分析 [26,27], 使得线性密码分析方法正式被密码界所接受, 从此受到密码分析和设计者的格外青睐. 关于 DES 算法线性密码分析的进一步工作可参考文献 [7,18,19,40], 国内吴文玲等学者给出了对多个分组密码算法的线性密码分析, 可参考文献 [42-45]

与差分密码分析中 "差分特征"(differential characteristic) 和 "差分"(differential) 的概念类似, 线性密码分析中相应的概念为 "线性特征"(linear characteristic) 与 "线性壳"(linear hull). Matsui 对 DES 算法的线性攻击实际上采用的是 1 条 (2 条) 线性特征, 即具体的线性逼近路径, 换句话说, 不仅输入、输出掩码确定, 掩码在各轮之间的传播状态实际上也是指定的. Nyberg 在 1994 年的欧洲密码年会上推广了 "线性特征", 提出 "线性壳" 的概念 [31]. 线性壳即指仅仅输入掩码和输出掩码固定, 而中间状态的掩码可以取任意的可能值. "差分" 和 "线性壳" 理论更能准确地刻画差分密码分析和线性密码分析的本质, 进一步, 如果设计者要给出算法抵抗差分和线性密码分析的原因, 严格来讲, 必须给出 "差分" 和 "线性壳" 的概率特性, 这就是所谓的 "理论安全"[30,31]; 而如果只给出 "差分特征" 和 "线性特征" 的概率特性, 这就是所谓的 "实际安全"[22].

Matsui 对 DES 的线性密码分析中, 提出了 "线性逼近" 的概念. Biham[4], 给出了 "线性特征" 的概念, 并指出线性密码分析与差分密码分析在很大程度上是类似的. Chabaud 和 Vaudenay[8], 根据差分攻击和线性攻击的联系, 第一次从纯理论角度刻画了差分性质良好的函数和高非线性度函数之间的联系. Matsui[29] 利用差分和线性的对偶性提出一个有效的算法, 用来寻找满足一定条件且最优的差分特征和线性特征. Daemen 等 [14] 指出采用布尔映射的 "相关矩阵" 是刻画线性密码分析最有力的工具之一, 进一步发现差分传播概率矩阵和相关矩阵可以通过 Walsh-Hadamard 变换联系起来.

线性密码分析仍然存在很多变形和推广, 比较典型的包括如下几点:

(1) 在线性密码分析中引入非线性逼近技术, 即在研究线性逼近关系的基础上, 引入若干非线性性项, 研究新表达式的偏差特性, 可以适当降低数据复杂度, 同时提高恢复密钥比特的效率 [23];

(2) 利用 "多重线性逼近" 的概念, 即若干条线性特征同时用于线性密码分析 [2,3,20];

(3) 划分密码分析, 通过将明文和密文空间进行有效的剖分, 通过研究满足一定分布的明文输入对应密文输出分布对该剖分的不均性来恢复密钥 [17];

(4) 双线性密码分析, 最初针对 Feistel 密码提出, 在研究线性逼近关系的基础

上, 引入一个双线性项, 对新表达式的偏差分布进行刻画, 在某些情形下, 可以提高攻击效率 [9];

(5) 差分-线性密码分析 [5,24]、差分-非线性密码分析 [6,36]、高阶差分-线性密码分析和 Square 线性密码分析 [6,36], 这些攻击方法将差分分析技术、积分分析技术与线性密码分析技术相结合.

差分和线性密码分析方法的出现, 使得设计者在设计新的算法时, 必须慎重对待算法对这两种攻击的免疫能力. 换句话说, 一个新的分组密码算法一般都需要给出其抵抗差分分析和线性分析的理由. 现在, 密码界比较认同的做法都是预先假设一个概率模型, 在该模型下, 分别计算出差分和线性壳概率的上界, 只要这个界足够小 (一般跟分组密码的分组长度有关), 就可以说明算法对两种攻击具有免疫性. 基于这些概率模型而给出的分组密码设计准则就包含著名的 "宽轨迹策略"[11] 和 "去相关理论"[38]. 当然, 这些证明也只是理论上的, 与实际当中分组密码的安全性仍然有一定的差距, 因此, 是否存在更加精确的概率模型 [32] 来论证算法的安全性是一项极具挑战的工作. 更进一步, 分组密码的可证明安全还衍生出诸多新的研究课题, 例如包括新的密码算法结构的安全性分析、满足各种密码学指标的轮函数的设计等等, 这些都极大地推动了密码学及相关领域的发展.

参 考 文 献

[1] Blöcher U, Dichtl M. Problems with the linear cryptanalysis of DES using more than one active S-Box per round[C]. FSE 1996, LNCS 1008. Springer-Verlag, 1996: 265–274.

[2] Biryukov A, Cannière C, Quisquater M. On multiple linear approximations[C]. CRYPTO 2004, LNCS 3152. Springer-Verlag, 2004: 1–22.

[3] Baignères T, Junod P, Vaudenay S. How far can we go beyond linear cryptanalysis[C]. ASIACRYPT 2004, LNCS 3329. Springer-Verlag, 2004: 432–450.

[4] Biham E. On Matsui's linear cryptanalysis[C]. EUROCRYPT 1994, LNCS 950. Springer-Verlag, 1995: 341–355.

[5] Biham E, Dunkelman O, Keller N. Enhancing differential-linear cryptanalysis[C]. ASIACRYPT 2002, LNCS 2501. Springer-Verlag, 2002: 254–266.

[6] Biham E, Dunkelman O, Keller N. New combined attacks on block ciphers[C]. FSE 2005, LNCS 3557. Springer-Verlag, 2002: 126–144.

[7] Collard B, Standaert F, Quisquater J. Improving the time complexity of Matsui's linear cryptanalysis[C]. ICISC 2007, LNCS 4817. Springer-Verlag, 2007: 77–88.

[8] Chabaud F, Vaudenay S. Links between differential and linear cryptanalysis[C]. EUROCRYPT 1994, LNCS 950. Springer-Veralg, 1995: 356–365.

[9] Courtois N. Feistel schemes and bi-linear cryptanalysis (extended abstract)[C]. CRYPTO 2004, LNCS 3152. Springer-Verlag, 2004: 23–40.

[10] Daemen J. Cipher and Hash function design strategies based on linear and differential cryptanalysis[D]. Phd Thesis, K. U. Leuven, 1995.

[11] Daemen J, Rijmen V. The wide trail design strategy[C]. IMA 2001, LNCS 2260. Springer-Verlog, 2001: 222–238.

[12] Daemen J, Rijmen V. The Design of Rijndael—AES: The Advanced Encryption Standard[M]. Springer-Verlag, 2002.

[13] Daemen J, Rijmen V. Probability distributions of correlation and differentials in block ciphers[EB]. http://eprint.iacr.org/2005/212.pdf.

[14] Daemen J, Govaerts R, Vandewalle J. Correlation matrices[C]. FSE 1994, LNCS 950. Springer-Verlag, 1995: 275–285.

[15] Etrog J, Robshaw M. The cryptanalysis of reduced-round SMS4[C]. SAC 2008, LNCS 5381, springer-rerlag 2009: 51–65.

[16] Harpes C, Kramer G, Massey J. A generalization of linear cryptanalysis and the applicability of Matsui's piling-up lemma[C]. EUROCRYPT 1995, LNCS 921. Springer-Verlag, 1995: 24–38.

[17] Harpes C, Massey J. Partitioning cryptanalysis[C]. FSE 1997, LNCS 1267. Springer-Verlag, 1997: 13–27.

[18] Junod P. On the complexity of Matsui's attack[C]. SAC 2001, LNCS 2259. Springer-Verlag, 2001: 199–211.

[19] Junod P, Vaudenay S. Optimal key ranking procedures in a statistical cryptanalysis[C]. FSE 2003, LNCS 2887. Springer-Verlag, 2003: 1–15.

[20] Kaliski Jr. B, Robshaw M. Linear cryptanalysis using multiple approximations[C]. CRYPTO 1994, LNCS 839. Springer-Verlag, 1994: 36–39.

[21] Knudsen L. Iterative characteristics of DES and s^2-DES[C]. CRYPTO 1992, LNCS 740. Springer-Verlag, 1993: 497–511.

[22] Knudsen L. Practically secure Feistel ciphers. FSE 1993, LNCS 809. Springer-Verlag, 1994: 211–221.

[23] Knudsen L, Robshaw M. Non-linear approximations in linear cryptanalysis[C]. EUROCRYPT 1996, LNCS 1070. Springer-Verlag, 1996: 224–236.

[24] Langford S, Hellman M. Differential-Linear Cryptanalysis[C]. CRYPTO 1994, LNCS 839. Springer-Verlag, 1994: 17–25.

[25] Matsui M, Yamagishi A. A new method for known plaintext attack of FEAL cipher[C]. EUROCRYPT 1992, LNCS 658. Springer-Veralg, 1992: 81–91.

[26] Matsui M. Linear cryptanalysis method for DES cipher[C]. EUROCRYPT 1993, LNCS 765. Springer-Veralg, 1994: 386–397.

[27] Matsui M. The first experimental cryptanalysis of the Data Encryption Standard[C]. CRYPTO 1994, LNCS 839. Springer-Verlag, 1994: 1–11.

[28] Matsui M. New structure of block ciphers with provable security against differential and linear cryptanalysis[C]. FSE 1996, LNCS 1039. Springer-Verlag, 1996: 205-218.

[29] Matsui M. On correlation between the order of S-boxes and the strength of DES[C]. EUROCRYPT 1994, LNCS 950. Springer-Veralg, 1995: 366–375.

[30] Nyberg K, Knudsen L. Provable security against a differential attack[J]. Journal of Cryptology, 1995, 8(1): 27–38.

[31] Nyberg K. Linear approximation of block ciphers[C]. EUROCRYPT 1994, LNCS 950. Springer-Veralg, 1995: 439–444.

[32] Piret G, Standaert F-X. Provable security of block ciphers against linear cryptanalysis: a mission impossible? An experimental review of the practical security approach and the key equivalence hypothesis in linear cryptanalysis[J]. Des. Codes. Cryptogr, 2009, 50: 325–338.

[33] Selçuk A. New results in linear cryptanalysis of RC5[C]. FSE 1998, LNCS 1372. Springer-Verlag, 1998: 1–16.

[34] Selçuk A. New bias Estimation in linear cryptanalysis of RC5[C]. INDOCRYPT 2000, LNCS 1977. Springer-Verlag, 2000: 52–66.

[35] Selçuk A. On probability of success in linear and differential cryptanalysis[J]. Journal of Cryptology, 2008, 21: 131–147.

[36] Shin Y, Kim J, Kim G, Hong S, and Lee S. Differential-linear type attacks on reduced rounds of SHACAL-2. ACISP 2004, LNCS 3108. Springer-Verlag, 2004: 110–122.

[37] Tardy-Corfdir A, Gilbert H. A known plaintext attack of FEAL-4 and FEAL-6[C]. CRYPTO 1991, LNCS 576. Springer-Veralg, 1992: 172–182.

[38] Vaudensy S. Provable security for block ciphers by decorrelation Module[J]. Journal of Cryptology, 2003, 16 (4): 249–286.

[39] Vaudensy S. On the security of CS-cipher[C]. FSE 1999, LNCS 1636. Springer-Verlag, 1999: 260–274.

[40] Vaudenay S. An experiment on DES statistical cryptanalysis[C]. CCS 1996. ACM Press, 1996: 139–147.

[41] 李超, 沈静. Camellia 的差分和线性迭代特征 [J]. 电子学报, 2005, 33(8): 1345–1348.

[42] 吴文玲. Q 的线性密码分析 [J]. 计算机学报, 2003, 26(01):55–59.

[43] 吴文玲, 冯登国. NUSH 分组密码的线性密码分析 [J]. 中国科学 (E 辑), 2002, 32(6):831–837.

[44] 吴文玲, 李宝, 冯登国, 卿斯汉. LOKI97 的线性密码分析 [J]. 软件学报, 2000, 11(02): 202–206.

[45] 吴文玲, 马恒太, 唐柳英. 5 轮 SAFER++ 的非线性密码分析 [J]. 电子学报, 2003, 31(07): 961–965.

第 5 章 高阶差分密码分析的原理与实例分析

在差分密码分析方法提出来以后, 人们做了一系列工作, 对如何刻画一个算法的抗差分密码攻击能力, 如何设计出抗差分密码分析能力强的密码算法和 S 盒都进行了非常细致的研究, 得到了一系列非常重要的理论结果. 目前, 设计出的分组密码算法一般都具有对差分密码分析的可证明安全性, 因此, 人们或寻求其他方法, 或推广差分密码分析的思想, 得到了很多新的密码分析方法. 差分密码分析的变种主要包括: 高阶差分密码分析、截断差分密码分析、不可能差分密码分析、Boomerang 攻击、Rectangular 攻击等, 其他密码分析方法如积分攻击也可以看作差分密码分析的推广.

高阶差分的概念来自于数学分析中的高阶导数, 但是由于密码分析通常是建立在离散空间之上, 所以高阶差分的概念与高阶导数又有本质的区别. 下面将发现, 求 $\mathbb{F}_2^n$ 上某个函数的 t 阶导数, 实际上就是在某一线性子空间上对函数求和, 而在数学分析中求高阶导数与线性空间可以看作两个没有关联的概念.

一个密码算法的高阶差分性质可以由该算法轮函数的代数次数决定, 代数次数越低, 则高阶差分密码分析就越可能成功, 因此在设计密码算法时, 总是尽可能使得其轮函数代数次数高以抵抗高阶差分密码分析.

本章和后续章节将主要讲述差分密码分析的主要变种, 如高阶差分密码分析、截断差分密码分析以及不可能差分密码分析等; 其他密码分析方法主要讲述积分攻击、插值攻击以及相关密钥攻击.

5.1 高阶差分密码分析的基本原理

5.1.1 基本概念

高阶差分密码分析[8] 由来学嘉提出, 是将传统的差分进行推广. 对非线性组件可以用低代数次数的布尔函数表示出来的分组密码进行高阶差分分析比较有效, 分析的复杂度由高阶差分的阶决定, 而高阶差分的阶是由中间值的布尔多项式的最低次数决定. 为定义高阶差分, 首先给出高阶导数的定义.

定义 5.1 给定两个 Abel 群 $(S,+)$ 与 $(T,+)$, 函数 $f: S \to T$ 在点 $a \in S$ 的一阶导数定义为 $\Delta_a f(x) = f(x+a) - f(x)$. 由于 $\Delta_a f(x)$ 也是 $(S,+)$ 到 $(T,+)$ 上

的函数, f 在点 $a_1, a_2, \cdots, a_i$ 的 i 阶导数可按照递归的方式定义为

$$\Delta_{a_1,\cdots,a_i} f(x) = \Delta_{a_i}(\Delta_{a_1,\cdots,a_{i-1}} f(x)),$$

其中 $\Delta_{a_1,\cdots,a_{i-1}} f(x)$ 为 $f(x)$ 在点 $a_1, \cdots, a_{i-1}$ 处的 $(i-1)$ 阶导数. $f(x)$ 的 0 阶导数定义为 $f(x)$ 本身.

差分的概念与数学分析中的导数类似, 而高阶差分的概念则与高阶导数对应.

例 5.1　当 $i=2$ 时, $f(x)$ 在点 a_1, a_2 处的 2 阶导数为

$$\begin{aligned}
\Delta_{a_1,a_2} f(x) &= \Delta_{a_2}(\Delta_{a_1} f(x)) \\
&= \Delta_{a_2}(f(x+a_1) - f(x)) \\
&= (f(x+a_1+a_2) - f(x+a_2)) - (f(x+a_1) - f(x)) \\
&= f(x+a_1+a_2) - f(x+a_1) - f(x+a_2) + f(x).
\end{aligned}$$

从而 $f(x+a_1+a_2) = \Delta_{a_1,a_2} f(x) + \Delta_{a_1} f(x) + \Delta_{a_2} f(x) + f(x)$.

性质 5.1　导数有如下基本性质:

(1)　$f(x+a_1+\cdots+a_n) = \sum\limits_{i=0}^{n} \sum\limits_{1 \leqslant j_1 \leqslant \cdots \leqslant j_i \leqslant n} \Delta_{a_{j_1},\cdots,a_{j_i}} f(x)$.

(2)　$\Delta_a(f+g) = \Delta_a f + \Delta_a g$.

(3)　$\Delta_a(f(x)g(x)) = f(x+a)\Delta_a g(x) + (\Delta_a f(x))g(x)$.

证明　性质 (1) 是例 5.1 的直接推广, 性质 (2) 和性质 (3) 可直接验证得到. □

数学分析中有如下公式: $(x^n)' = nx^{n-1}$, 因此, 对于一个多项式 $f(x)$ 而言, $\deg\left(f^{(n)}(x)\right) + n \leqslant \deg(f(x))$, 在高阶导数中, 也有类似的结论:

命题 5.1　若 $\deg(f)$ 是函数 $f(x)$ 的次数, 则

$$\deg(\Delta_a f(x)) \leqslant \deg(f(x)) - 1.$$

证明　仅给出单变元情形的证明, 多变元情形与单变元类似, 读者可自行完成.

若 $\deg(f(x)) = 1$, 则 $f(x) = kx + b$, $\Delta_a(f(x)) = f(x+a) - f(x) = ka$, 故当 $\deg(f(x)) = 1$ 时, 命题成立.

假设当 $\deg(f(x)) = n-1$ 时命题成立, 当 $\deg(f(x)) = n$ 时, 不妨设 $f(x) = xg(x) + b$, 其中 $\deg(g(x)) = \deg(f(x)) - 1$, 则

$$\begin{aligned}
\Delta_a(f(x)) &= (x+a)g(x+a) - xg(x) \\
&= x(g(x+a) - g(x)) + ag(x+a) \\
&= x\Delta_a(g(x)) + ag(x+a).
\end{aligned}$$

从而 $\deg(\Delta_a(f(x))) \leqslant \max\{\deg(x\Delta_a(g(x))), \deg(ag(x+a))\} \leqslant n-1$, 故命题成立.

□

推论 5.1 若 $f(x)$ 的某个 i 阶导数 $\Delta_{a_1,\cdots,a_i}f(x)$ 不是常量, 则 $\deg(f(x))\geqslant i$.

证明 根据命题 5.1, 有

$$\deg(f)\geqslant\deg(\Delta_{a_1}f)+1\geqslant\cdots\geqslant\deg(\Delta_{a_1,\cdots,a_i}f)+i,$$

从而命题成立. □

上述推论说明, 在无法精确确定一个函数的次数的情况下, 可以通过计算函数的高阶导数来估计函数的次数.

以下讨论布尔函数的导数, 群运算为 "异或", 用 "$\oplus$" 来表示.

命题 5.2 设 f 为从 $\mathbb{F}_2^n$ 到 $\mathbb{F}_2^m$ 的映射. 令 $a_1,\cdots,a_i\in\mathbb{F}_2^n$, $L[a_1,a_2,\cdots,a_i]$ 为 $a_1,\cdots,a_i$ 张成的子空间, 即 $L[a_1,a_2,\cdots,a_i]=\left\{\sum\limits_{j=1}^{i}c_ja_j|c_j\in\mathbb{F}_2\right\}\subset\mathbb{F}_2^n$. 则

$$\Delta_{a_1,\cdots,a_i}f(x)=\sum_{c\in L[a_1,\cdots,a_i]}f(x\oplus c).$$

证明 当 $n=1$ 时, 即 $\Delta_af(x)=f(x\oplus a)\oplus f(x)$.

假设当 $n=i-1$ 时亦成立, 则当 $n=i$ 时,

$$\begin{aligned}\Delta_{a_1,\cdots,a_i}f(x)&=\Delta_{a_i}(\Delta_{a_1,\cdots,a_{i-1}}f(x))\\&=\Delta_{a_1,\cdots,a_{i-1}}f(x\oplus a_i)\oplus\Delta_{a_1,\cdots,a_{i-1}}f(x)\\&=\left(\sum_{c\in L[a_1,\cdots,a_{i-1}]}f(x\oplus c\oplus a_i)\right)\oplus\left(\sum_{c\in L[a_1,\cdots,a_{i-1}]}f(x\oplus c)\right)\\&=\sum_{c\in L[a_1,\cdots,a_i]}f(x\oplus c).\end{aligned}$$

命题得证. □

由于向量生成的线性空间与向量的顺序无关, 因此有如下推论:

推论 5.2 布尔函数的高阶导数与对变量求导的顺序无关, 即对任意置换 π, 有 $\Delta_{a_1,\cdots,a_i}f(x)=\Delta_{a_{\pi(1)},\cdots,a_{\pi(i)}}f(x)$.

命题 5.3 设 f 为从 $\mathbb{F}_2^n$ 到 $\mathbb{F}_2^n$ 的映射, $a_1,a_2,\cdots,a_i\in\mathbb{F}_2^n$ 为 i 个线性无关的向量, 假设 x 在 $\mathbb{F}_2^n$ 上均匀分布, 则对任意 $b\in\mathbb{F}_2^n$, $\Delta_{a_1,\cdots,a_i}f(x)=b$ 的概率要么为零, 要么至少为 2^{i-n}.

证明 由命题 5.2 可知, 若 $\Delta_{a_1,\cdots,a_i}f(x_0)=b$, 则

$$c\in L[a_1,\cdots,a_{i-1}],\quad \Delta_{a_1,\cdots,a_i}f(x_0\oplus c)=b,$$

而 $\sharp\{x_0\oplus c|c\in L[a_1,\cdots,a_{i-1}]\}=2^i$, 故结论成立. □

命题 5.4 若 a_i 与 $a_1,a_2,\cdots,a_{i-1}$ 线性相关, 则 $\Delta_{a_1,\cdots,a_i}f(x)=0$.

证明　若 a_i 与 $a_1, a_2, \cdots, a_{i-1}$ 线性相关, 则 $a_i \in L[a_1, \cdots, a_{i-1}]$, 从而

$$\sum_{c \in L[a_1, \cdots, a_{i-1}]} f(x \oplus c \oplus a_i) = \sum_{c \in L[a_1, \cdots, a_{i-1}]} f(x \oplus c),$$

由命题 5.2 的证明可得 $\Delta_{a_1, \cdots, a_i} f(x) = 0$. □

命题 5.4 表明, 在计算高阶导数时, 只需考虑线性无关的点即可, 在线性相关的点处求高阶导数其结果是平凡的, 都是零, 对于我们的讨论没有帮助, 因此以下都假设这些点是线性无关的.

命题 5.5　设 $f: \mathbb{F}_2^n \to \mathbb{F}_2^m$, 则 f 的 n 阶导数为常数; 进一步, 若 $f: \mathbb{F}_2^n \to \mathbb{F}_2^n$ 可逆, 则 f 的 $n-1$ 阶导数为常数.

证明　只要注意到如下事实: f 为 $\mathbb{F}_2^n$ 到 $\mathbb{F}_2^n$ 的函数, 则 $\deg(f(x)) \leqslant n$; 进一步, 若 $f(x)$ 可逆, 则 $f(x)$ 的次数 $\leqslant n-1$. □

下面以一个简单的例子来说明如何求一个布尔函数的高阶导数.

例 5.2　计算四元布尔函数 $f(x_1, x_2, x_3, x_4) = x_1x_2x_3 \oplus x_1x_2x_4 \oplus x_2x_3x_4$ 在 $(0001, 1010)$ 处的二阶导数.

显然, (0001) 和 (1010) 线性独立, 且 $\deg f = 3$,

$$\begin{aligned}\Delta_{0001} f(x_1, x_2, x_3, x_4) &= f(x_1, x_2, x_3, x_4 \oplus 1) \oplus f(x_1, x_2, x_3, x_4) \\ &= x_1x_2 \oplus x_2x_3, \\ \Delta_{1010}(x_1x_2 \oplus x_2x_3) &= x_2 \oplus x_2 = 0.\end{aligned}$$

所以 $\Delta_{\{0001,1010\}} f(x_1, x_2, x_3, x_4) = 0$. 读者可以自行验证 $\Delta_{\{1010,0001\}} f(x_1, x_2, x_3, x_4) = 0$ 的正确性.

在介绍了高阶导数的相关概念与基本性质之后, 下面讨论导数与差分的联系.

差分密码分析最基本的思想是寻找某一以高概率出现的差分, 记 a 是两个输入 x 与 x^* 的差分, b 是输出 $y = y(x)$ 与 $y^* = y(x^*)$ 的差分, 于是差分对 (a, b) 出现的概率即为在输入差分 $\Delta x = a$ 的条件下输出差分 $\Delta y = b$ 的条件概率, 假设 x 均匀分布, 这一概率可以记为 $P(\Delta y = b | \Delta x = a)$. 如果差分是由群上的运算 "+" 来定义, 即 $\Delta x = x - x^*$, 那么

$$P(\Delta y = b | \Delta x = a) = P(f(x+a) - f(x) = b) = P(\Delta_a f = b).$$

命题 5.6　假设输入 x 是均匀分布的, 则差分对 (a, b) 出现的概率即为 $f(x)$ 在 a 点的一阶导数值取 b 的概率.

很自然地, 可以将这种关系推广至高阶导数与高阶差分.

定义 5.2　$f(x)$ 的一条 i 阶差分是指一个 $i+1$ 元数组 $(a_1, \cdots, a_i; \beta)$, 使得

$$\Delta_{a_1, \cdots, a_i} f(x) = \beta,$$

其中 $a_1, \cdots, a_i$ 相互独立.

定义 5.3 设 $F = (f_0, \cdots, f_{m-1})$ 是从 $\mathbb{F}_2^n$ 到 $\mathbb{F}_2^m$ 的向量值布尔函数, 则 F 的 i 阶差分定义为每个分量函数的 i 阶差分, 即

$$\Delta_{\alpha_1, \cdots, \alpha_i} F = (\Delta_{\alpha_1, \cdots, \alpha_i} f_0, \cdots, \Delta_{\alpha_1, \cdots, \alpha_i} f_{m-1}),$$

其中 $\alpha_1, \cdots, \alpha_i \in \mathbb{F}_2^n$ 且线性无关.

下面主要针对布尔函数来讨论高阶差分密码分析.

定义 5.4 布尔函数 F 的 i 阶差分是指一个 $i+1$ 元数组 $(\alpha_1, \cdots, \alpha_i; \beta) \in (\mathbb{F}_2^n)^{i+1}$, 其中 $\alpha_1, \cdots, \alpha_i$ 线性无关, P 为任意给定的明文, 并且满足

$$\sum_{\gamma \in L[\alpha_1, \cdots, \alpha_i]} F(P \oplus \gamma) = \beta.$$

易见, 在计算 i 阶差分时, 需要的明文数量为 2^i.

通过以上定义, 高阶导数与高阶差分的联系一目了然, 即 $f(x)$ 有一条 i 阶差分 $(a_1, \cdots, a_i; \beta)$ 当且仅当 $f(x)$ 在 $a_1, \cdots, a_i$ 处的 i 阶导数可以取到 β. 在不至混淆的情况下, 通常采用一阶差分的说法, 将上述定义中的 $i+1$ 元数组称为 $f(x)$ 的 i 阶差分为 β.

5.1.2 高阶差分密码分析的一般流程

对一个 r 轮分组密码算法实施高阶差分密码分析的一般流程如下:

步骤 1. 根据算法特点, 寻找 $r-1$ 轮高阶差分区分器;

步骤 2. 猜测最后一轮的轮密钥, 部分解密并验证高阶差分区分器的正确性, 通过计数器方法判断密钥的正确性.

后续章节将讲述如何根据算法特点寻找高阶差分区分器以及如何根据高阶差分区分器来获取密钥.

在差分密码分析中, 如果倒数第二轮的输出差分以某一较高概率预测得到, 那么最后一轮的密钥可以通过部分解密密文对后, 比较所得状态对的差分得到. 由命题 5.2, 高阶差分分析就是将普通差分分析推广为在多于两个输入的情况下恢复密钥. 如果 $r-1$ 轮加密函数的 i 阶差分可以预测, 那么就可以通过这一差分值和 2^i 个输出恢复出 r 轮密码的最后一轮子密钥, 其本质和普通差分分析是一样的, 具体内容将在下一节中介绍.

5.1.3 对 Feistel 结构算法的高阶差分密码分析

本小节通过一个例子讲解如何进行高阶差分密码分析, 例子来源于文献 [7]. 首先回顾一下分组长度为 $2n$ 的 r 轮 Feistel 型密码的概念. 令 C_0^L 和 C_0^R 分别为明文的左半部分和右半部分, 每一部分长度都是 n, 对明文进行以下迭代:

$$\begin{cases} C_i^L = C_{i-1}^R, \\ C_i^R = f(K_i, C_{i-1}^R) + C_{i-1}^L, \end{cases}$$

密文定义为 (C_r^R, C_r^L). 其中轮函数 $f:\{0,1\}^n \times \{0,1\}^l \to \{0,1\}^n$ 将长为 n 的明文和长为 l 的密钥映射为长为 n 的输出, "+" 是交换群上的运算, 例如, 在二元域上指模二加, 记作 "$\oplus$", 轮密钥 $(K_1, K_2, \cdots, K_r)$ 通常是由种子密钥按照密钥扩展算法计算得到, 在纯粹理论模型下, 有时也可以假设这些轮密钥是独立的.

下面介绍文献 [7] 中的 Feistel 型密码算法, r 轮算法定义为变换 $\mathbb{F}_p^2 \times \mathbb{F}_p^r \to \mathbb{F}_p^2$, 轮函数定义为 $f(x,k) = (x+k)^2 \bmod p$, 其中 p 为奇素数.

定理 5.1 令 $f(x,k) = (x+k)^2 \mod p$, 其中 p 为奇素数, "+" 为模 p 加法. x 与 y 的差分定义为 $x - y \mod p$, 则函数 f 的差分均匀度为 1, 即所有非平凡的一阶差分概率均为 $1/p$, 且 f 的二阶差分为常数.

证明 对于任意给定的 $a \neq 0 \mod p$, 有

$$\begin{aligned} & f(x) - f(x+a) = f(y) - f(y+a) \mod p \\ \Leftrightarrow & x^2 - (x^2 + a^2 + 2ax) = y^2 - (y^2 + a^2 + 2ay) \mod p \\ \Leftrightarrow & 2ax = 2ay \mod p \\ \Leftrightarrow & 2a(x-y) = 0 \mod p \\ \Leftrightarrow & x = y \mod p. \end{aligned}$$

于是 $\Delta_a f(x) = f(x+a) - f(x)$ 为置换, 所以 f 的差分均匀度为 1. 为证 f 的二阶差分为常数, 令 a_1, a_2 为两个常数, 则

$$\begin{aligned} \Delta_{a_1,a_2} f(x) &= f(x+a_1+a_2) - f(x+a_1) - f(x+a_2) + f(x) \\ &= x^2 + (a_1+a_2)^2 + 2(a_1+a_2)x - (x^2 + a_1^2 + 2a_1x) - (x^2 + a_2^2 + 2a_2x) + x^2 \\ &= (a_1+a_2)^2 - a_1^2 - a_2^2 \\ &= 2a_1a_2 \mod p. \end{aligned}$$

从而 f 的二阶差分是常数. □

对上述 5 轮 Feistel 分组密码进行一阶差分攻击时, 需要一个 3 或 4 轮的差分, 容易看出, 上述分组密码存在概率为 $\frac{1}{p}$ 的 3 轮差分, 假设每对明文蕴含一个密钥, 则信噪比 $S/N = \frac{p \times 1/p}{1 \times 1} = 1$, 因此, 这个差分不能区分出正确密钥和错误密钥. 如果对第 4 轮和第 5 轮的密钥都进行猜测, 仅需要一个 2 轮差分, 由于这一密码存在 2 轮差分的最大概率为 $1/p$, 这种情况下, 其信噪比为 $S/N = \frac{p^2 \times 1/p}{1 \times 1} = p > 1$. 因此, 这一攻击是可以实现的, 需要 $2p$ 个选择明文, 对每一对明文都需要猜测第 4 轮和第 5 轮的密钥, 需要加密 p^2 次, 因此时间复杂度为 p^3. 以上是传统差分分析的情形, 下面看二阶差分攻击的情形:

定理 5.2 令 $f(x,k)=(x+k)^2 \mod p$ (p 为奇素数) 是分组长度为 $\log_2 p^2$ 的 5 轮 Feistel 型分组密码的轮函数, 其密钥长度为 $5\times\log_2 p$. 则对该密码实施二阶差分攻击需要 8 个选择明文和 p^2 次加密.

证明 令 $\alpha=(a,0)$, $\beta=(b,0)$, 其中 a 和 b 为固定值, 即 α 和 β 的右半部分都为 0, 考虑 $f(x)$ 的如下形式的二阶导数 $\Delta_{\alpha,\beta}f(x)$(如图 5.1 所示). 根据定理 5.1, 第 3 轮输出的左半部分的二阶差分为 $(a,b,2\times a\times b)$. 因此有如下攻击算法:

步骤 1. 随机选择明文 P_1, 令 $P_2=P_1+\alpha$, $P_3=P_1+\beta$, $P_4=P_1+\alpha+\beta$, 计算 P_1,P_2,P_3,P_4 所对应的密文 C_1,C_2,C_3,C_4;

步骤 2. 猜测第 5 轮的轮密钥 K_5, 并利用 K_5 对 C_1,C_2,C_3,C_4 部分解密, 相应的结果记为 D_1,D_2,D_3,D_4;

步骤 3. 猜测第 4 轮的轮密钥 K_4, 对 $i=1,2,3,4$, 计算, $t_i=f(D_i^R+K_4)$, 并令

$$s_{K_5,K_4}=(t_1+t_4-(t_2+t_3))-\left(D_1^L+D_4^L-(D_2^L+D_3^L)\right);$$

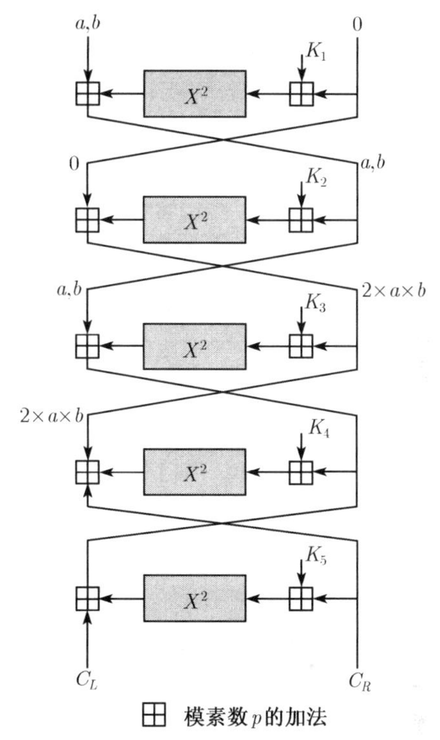

图 5.1 5 轮 Feistel 密码的二阶差分攻击

步骤 4. 检验 $s_{K_5,K_4}=2\times a\times b$ 是否成立, 若成立, 则输出 K_5 和 K_4;

步骤 5. 如果有必要, 重复上述步骤, 直到 K_5 和 K_4 唯一确定.

对于选定的 a, b 和随机选取的 K_5, K_4, $s_{K_5,K_4}=2\times a\times b$ 的概率为 $\frac{1}{p}$, 经过一组明文 (4 个) 淘汰后, 候选密钥还剩下 $p^2\times\frac{1}{p}$ 个, 因此, 经过 N 组明文 ($4\times N$ 个) 淘汰后, 候选密钥还剩下 $p^2\times\left(\frac{1}{p}\right)^N=p^{2-N}$. 因此, 只需要令 $N=2$ 即可, 从而攻击的数据复杂度为 $4\times N=8$.

用第一组密文筛选出候选密钥时, 首先将所有的密文对存储下来, 然后用所有可能的密钥值解密. 因此, 共需要计算 $4\times p^2$ 次 F 函数, 合 $\frac{4\times p^2}{5}$ 次加密; 第二组密文筛选密钥时, 第一组密文筛选出的密钥必须全部用来对第二组密文解密, 共需要计算 $4\times p$ 次 F 函数, 合 $\frac{4\times p}{5}$ 次加密. 因此整个攻击的时间复杂度为

$\frac{4 \times p^2}{5} + \frac{4 \times p}{5} \approx p^2$, 需要的存储空间为 $p^2 + N \approx p^2$(密钥量和一组密文), 即时间复杂度为 p^2, 空间复杂度为 p^2. □

事实上, 还可以改变上述攻击的流程:

步骤 1. 随机选择明文 P_1, 令 $P_2 = P_1 + \alpha$, $P_3 = P_1 + \beta$, $P_4 = P_1 + \alpha + \beta$, 计算 P_1, P_2, P_3, P_4 所对应的密文 C_1, C_2, C_3, C_4; 随机选择明文 P_1^*, 令 $P_2^* = P_1^* + \alpha$, $P_3^* = P_1^* + \beta$, $P_4^* = P_1^* + \alpha + \beta$, 计算 $P_1^*, P_2^*, P_3^*, P_4^*$ 所对应的密文 $C_1^*, C_2^*, C_3^*, C_4^*$;

步骤 2. 猜测第 5 轮的轮密钥 K_5, 并利用 K_5 对 C_1, C_2, C_3, C_4 和 $C_1^*, C_2^*, C_3^*, C_4^*$ 部分解密, 相应的结果记为 D_1, D_2, D_3, D_4 和 $D_1^*, D_2^*, D_3^*, D_4^*$;

步骤 3. 猜测第 4 轮的轮密钥 K_4, 对 $i = 1, 2, 3, 4$, 计算, $t_i = f(D_i^R + K_4)$, 并令

$$s_{K_5,K_4} = (t_1 + t_4 - (t_2 + t_3)) - (D_1^L + D_4^L - (D_2^L + D_3^L));$$

步骤 4. 若 $s_{K_5,K_4} = 2 \times a \times b$, 计算 $t_i^* = f(D_i^{R,*} + K_4)$, 并令

$$s_{K_5,K_4}^* = (t_1^* + t_4^* - (t_2^* + t_3^*)) - (D_1^{L,*} + D_4^{L,*} - (D_2^{L,*} + D_3^{L,*}));$$

步骤 5. 检验 $s_{K_5,K_4}^* = 2 \times a \times b$ 是否成立, 若成立, 则输出 K_5 和 K_4.

上述攻击的数据复杂度仍然为 $2 \times N$, 时间复杂度也为 p^2, 但此时的空间复杂度为 $2 \times N$, 即仅需要存储两组密文, 而不需要存储密钥.

5.2 $\mathcal{KN}$ 算法的高阶差分密码分析

5.2.1 $\mathcal{KN}$ 算法简介

基于有限域上二次函数理论, Knudsen 和 Nyberg 给出了一个抗差分密码分析和线性密码攻击的 Feistel 型分组密码[11].

设第 i 轮的输入为 $(L_{i-1}, R_{i-1}) \in \mathbb{F}_2^{32}$, 轮密钥为 k_i, 则 (见图 5.2)

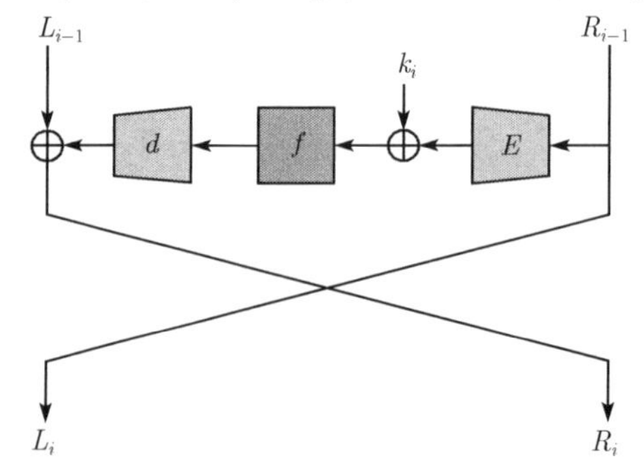

图 5.2 $\mathcal{KN}$ 算法轮变换示意图

$$\begin{cases} L_i = R_{i-1}, \\ R_i = L_{i-1} \oplus F(R_{i-1}, k_i). \end{cases}$$

轮函数定义为 $F(k,x) = d(f(e(x) \oplus k))$, 其中 e 变换在输入 32 比特向量后添加 1 比特得到 33 比特向量; f 定义为幂函数 $f(x) = x^3 \in \mathbb{F}_{2^{33}}[x]$; d 变换将输入 33 比特向量去掉一比特得到 32 比特向量. 上述密码称作 $\mathcal{KN}$ 算法. 需要说明的是, $\mathcal{KN}$ 算法只是实验密码, 设计这样的密码只是为了说明一定的密码学问题, 在实际应用中不会采用.

可以证明, 在 $\mathbb{F}_{2^{33}}[x]$ 中, $f(x) = x^3$ 是 APN 函数, 因此 6 轮 $\mathcal{KN}$ 算法具有很好的抗差分和线性密码分析的能力. 然而这并不是一个安全的算法, 因为利用高阶差分, 可以很容易攻破 $\mathcal{KN}$ 算法.

5.2.2 对 6 轮 $\mathcal{KN}$ 算法的高阶差分密码分析

本节例子来源于文献 [5]. 注意到 $33 = 2^5 + 1$, 所以若将 $f(x) = x^3$ 写成分量 $x = (x_1, x_2, \cdots, x_{33})$ 的布尔函数, 则每个分量布尔函数的代数次数均 $\leqslant 2$, 由于 e 变换和 d 变换均是线性变换, 它们不改变布尔函数的代数次数, 因此, 若将轮函数写成布尔函数, 则每个分量的代数次数均 $\leqslant 2$.

根据上面的分析, $\mathcal{KN}$ 算法的输入为 $(L_0(x), R_0)$, 其中 R_0 为常数, $L_0(x)$ 可变, 记第 i 轮的输出为 $(L_i(x), R_i(x))$, 则当 $i \geqslant 2$ 时,

$$\begin{cases} \deg(L_i(x)) \leqslant 2^{i-2}, \\ \deg(R_i(x)) \leqslant 2^{i-1}. \end{cases}$$

因此, 对于 5 轮 $\mathcal{KN}$ 算法而言, 第 5 轮的输出 $(L_5(x), R_5(x))$ 满足 $\deg(L_5(x)) \leqslant 8$. 根据高阶差分的基本性质, 令输入 $L_0(x) = (x_1 \cdots x_8 c_9 \cdots c_{32})$, 其中 $(x_1 \cdots x_8)$ 遍历 $\mathbb{F}_2^8$, $c_i \in \mathbb{F}_2$ 均为常数, 则

$$\sum_{x_1, \cdots, x_8} L_5(x) = 0.$$

这就是 $\mathcal{KN}$ 算法 5 轮高阶差分区分器, 基于此可以对 6 轮 $\mathcal{KN}$ 实施攻击:

步骤 1. 选择明文为

$$\begin{cases} L_0 = (x_1 \cdots x_8 c_9 \cdots c_{32}), \\ R_0 = (d_1 d_2 \cdots d_{32}), \end{cases}$$

其中 $(x_1 \cdots x_8)$ 遍历 $\mathbb{F}_2^8$, c_i 和 d_i 均为常数, 对这 256 个明文加密, 相应的密文记为 $C_0, \cdots, C_{255}$.

步骤 2. 猜测第 6 轮密钥 k_6, 计算 $s = \sum\limits_{i=0}^{255} C_i^{(L)} \oplus F(C_i^{(R)}, k_6)$, $C_i^{(L)}$ 和 $C_i^{(R)}$ 分别表示 C_i 的左半部分和右半部分. 其中, 若 $s \neq 0$, 则猜测值错误.

步骤 3.　如有必要, 重复上述步骤, 直到 k_6 唯一确定.

下面计算攻击的复杂度.

错误密钥能通过检测的概率为 2^{-32}, 经过一组数据淘汰后, 错误密钥还剩下 $(2^{33}-1)\times 2^{-32}\approx 2$, 因此, 两组数据可以唯一确定正确密钥, 从而攻击的数据复杂度为 2^9.

表 5.1　$\mathcal{KN}$ 密码的高阶差分

轮数	选择明文量	时间复杂度
6	2^9	2^{41}
6	2^5	2^{70}
7	2^{17}	2^{49}
7	2^9	2^{74}
8	2^{17}	2^{82}

对于第一组数据, 每猜测一个密钥, 必须对所有密文部分解密, 因此一共需计算 $2^{33}\times 2^8=2^{41}$ 次 F 函数, 合 $2^{41}/6\approx 2^{38.5}$ 次 6 轮加密.

该攻击不需存储密钥, 但必须存储一组数据, 因此存储复杂度为 2^8.

类似地, 可以攻击 7 轮和 8 轮的 $\mathcal{KN}$ 密码, 复杂度如表 5.1 所示.

5.3　Camellia 算法的高阶差分密码分析

上一节讨论了对特殊类型的 Feistel 结构算法和 $\mathcal{KN}$ 算法的高阶差分密码分析, 实际上这两个密码都属于玩具密码, 现实中不会使用. 下面以广泛应用的 Camellia 算法为例, 详细研究实施高阶差分密码分析的方法, 例子来源于文献 [3].

5.3.1　对 6 轮 Camellia 算法的基本攻击

为方便起见, 本节用 (P_L,P_R) 表示明文, (C_L,C_R) 表示密文, Z_i 表示第 i 轮中经过 S 盒变换后的输出, Y_i 表示经过 P 置换后的输出, Z_{ij}, Y_{ij} 以及 C_{Lj} 和 C_{Rj} 分别表示 Z_i, Y_i, C_L 和 C_R 的第 j 个字节.

如图 5.3 所示的 6 轮 Camellia 算法 (最后一轮包含数据交换), 根据 Feistel 结构密码的定义可知

$$P_L\oplus Y_2\oplus Y_4\oplus Y_6=C_L,$$

即

$$P^{-1}(P_L\oplus C_L)=Z_2\oplus Z_4\oplus Z_6,$$

从而

$$(P^{-1}(P_L))_i\oplus(P^{-1}(C_L))_i=Z_{2i}\oplus Z_{4i}\oplus Z_{6i}.$$

令 P_L 为常数, V_N 为 P_R 遍历的 N 维子空间, 当 P_R 变化时, 上式的 N 阶差分为

$$\begin{aligned}\sum_{x\in V_N}((P^{-1}(P_L))_i\oplus(P^{-1}(C_L))_i)&=\sum_{x\in V_N}(Z_{2i}\oplus Z_{4i}\oplus Z_{6i})\\&=\sum_{x\in V_N}Z_{2i}\oplus\sum_{x\in V_N}Z_{4i}\oplus\sum_{x\in V_N}Z_{6i},\end{aligned}$$

由于 P_L 为常数, 因此

$$\sum_{x\in V_N}(P^{-1}(C_L))_i=\sum_{x\in V_N}Z_{2i}\oplus\sum_{x\in V_N}Z_{4i}\oplus\sum_{x\in V_N}Z_{6i}.$$

根据算法流程可知 $\sum\limits_{x\in V_N}Z_{6i}=\sum\limits_{x\in V_N}s(C_{Ri}\oplus k_{6i})$, 因此

$$\sum_{x\in V_N}(P^{-1}(C_L))_i=\sum_{x\in V_N}s(C_{Ri}\oplus k_{6i})\oplus\sum_{x\in V_N}Z_{2i}\oplus\sum_{x\in V_N}Z_{4i}.\quad(5.1)$$

观察式 (5.1) 可知, C_L 和 C_R 均为密文, 而 k_{6i}, $\sum\limits_{x\in V_N}Z_{2i}$ 和 $\sum\limits_{x\in V_N}Z_{4i}$ 未知. 若能找到合适的子空间 V_N 使得 $\sum\limits_{x\in V_N}Z_{2i}=\sum\limits_{x\in V_N}Z_{4i}=0$, 则 k_{6i} 可以通过测试的方法得到. 下面分析是否能找到这样的 V_N 使得 $\sum\limits_{x\in V_N}Z_{2i}=\sum\limits_{x\in V_N}Z_{4i}=0$.

由于 Camellia 算法是基于字节运算设计的算法, 因此, 首先测试是否存在 P_R 的某个字节 j 使得 $\sum\limits_{P_{Rj}}Z_{2i}=\sum\limits_{P_{Rj}}Z_{4i}=0$, 在文献 [3] 中测试了所有可能的 j, 发现只有 1 个字节变化时上式不可能成立. 那么有没有二元数组 (i_1,i_2) 使得当 (P_{Ri_1},P_{Ri_2}) 遍历 $\mathbb{F}_{2^{16}}$ 时上式成立呢?

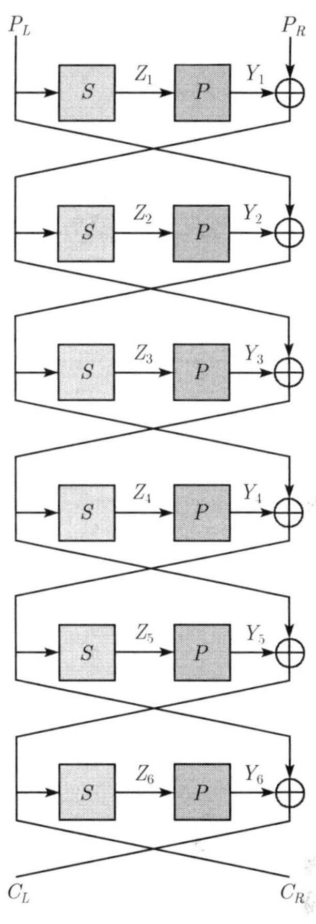

图 5.3 6 轮 Camellia 算法示意图

表 5.2 Camellia 算法高阶差分

(i_1,i_2)	观测字节
(1,2)	Z_{46}
(1,4)	Z_{45}
(1,6)	Z_{43},Z_{47},Z_{48}
(1,7)	$Z_{42},Z_{43},Z_{45},Z_{46}$
(2,3)	Z_{47}
(2,7)	Z_{44},Z_{45},Z_{48}
(2,8)	$Z_{43},Z_{44},Z_{46},Z_{47}$
(3,4)	Z_{48}
(3,5)	$Z_{41},Z_{44},Z_{47},Z_{48}$
(3,8)	Z_{41},Z_{45},Z_{46}
(4,5)	Z_{42},Z_{46},Z_{47}
(4,6)	$Z_{41},Z_{42},Z_{45},Z_{48}$

文献 [3] 利用计算机搜索到了可能的 (i_1,i_2), 见表 5.2. 比如表中第二行表示当明文 P_R 中第 1 和第 2 个字节遍历所有 2^{16} 个值时, 经过第 4 轮 S 盒变换后, 第 6 个字节上所有值的和为 0, 即 $\sum Z_{46}=0$. 因此, 如下攻击等式成立:

$$\sum_{x\in V_N}(P^{-1}(C_L))_i=\sum_{x\in V_N}s(C_{Ri}\oplus k_{6i}).\quad(5.2)$$

根据式 (5.2), 有如下对 6 轮 Camellia 算法的攻击:

步骤 1. 选择明文

$$\begin{cases} P_L = (c_1, c_2, c_3, c_4, c_5, c_6, c_7, c_8), \\ P_R = (x, y, d_3, d_4, d_5, d_6, d_7, d_8), \end{cases}$$

其中 (x, y) 遍历 2^{16} 种选择. 对上述明文加密, 相应的密文记为 (C_L, C_R)(最后一轮包含数据的左右交换).

步骤 2. 猜测第 6 轮第 6 个字节的密钥 k_{66}, 验证

$$\sum_{x \in V_N} (P^{-1}(C_L))_6 = \sum_{x \in V_N} s(C_{R6} \oplus k_{66})$$

是否成立, 若不成立, 则 k_{66} 为错误的猜测值.

步骤 3. 重复上述步骤直到 k_{66} 唯一确定.

在上述攻击中, 错误密钥能通过检测的概率为 2^{-8}, 因此分析完一组数据后, 错误密钥还有 $(2^8 - 1) \times 2^{-8} \approx 1$, 因此为唯一确定密钥, 必须取两组明文.

因此, 上述攻击的数据复杂度为 2^{17} 个选择明文, 对于第 1 组数据中每个密文, 都要猜测 k_{66} 的所有可能性, 因此攻击的时间复杂度为 $2^{17} \times 2^8$ 次查表运算, 由于 6 轮 Camellia 算法共进行 6×8 次查表运算, 因此, 攻击的时间复杂度大约为 $2^{17} \times 2^8 / (6 \times 8) \approx 2^{19.5}$ 次 6 轮加密; 空间复杂度为存储一组数据的复杂度即 2^{16}.

5.3.2 对 7 轮 Camellia 算法的高阶差分密码分析

在上述 6 轮攻击的基础上, 进一步猜测第 7 轮 5 字节密钥即可得到对 7 轮 Camellia 算法的高阶差分密码分析. 设第 6 轮的输出为 (L_6, R_6), 则 7 轮 Camellia 算法的输出为

$$\begin{cases} C_L = P(S(L_6 \oplus k_6)) \oplus R_6, \\ C_R = L_6. \end{cases}$$

等式 (5.2) 则相应变成

$$\sum_{x \in V_N} (P^{-1}(L_6))_6 = \sum_{x \in V_N} s(R_{66} \oplus k_{6i}).$$

在上式中, $L_6 = C_R$ 可直接从密文得到, R_{66} 由 L_{61}, L_{62}, L_{66}, L_{67} 和 L_{68} 以及相应位置上的密钥决定, 因此和 6 轮攻击相比, 7 轮攻击需猜测 k_{71}, k_{72}, k_{76}, k_{77} 和 k_{78} 共 5 个字节的密钥以得到 R_{66}.

由于错误密钥能通过检验的概率为 2^{-8}, 因此需 7 组选择明文方可使能通过检测的密钥量为 $(2^{48} - 1) \times (2^{-8})^7 < 1$, 因此, 7 轮攻击的数据复杂度为 7×2^{16} 个选择明文, 时间复杂度为 $2^{16} \times 2^{48} = 2^{64}$ 次查表运算, 合 $2^{64} / (7 \times 8) \approx 2^{58}$ 次 7 轮加密, 空间复杂度主要是存储第一轮产生的候选密钥共 $2^{48} \times 2^{-8} = 2^{40}$, 存储一组数据的复杂度与之相比可以忽略.

5.4 进一步阅读建议

经典差分密码分析需要计算差分或差分特征的概率, 在恢复密钥阶段通过统计的方法来确定正确的密钥, 这个方法在实施高阶差分时同样有效, 但就目前已有的结果看, 在具体实施高阶差分密码分析时, 并没有计算高阶差分的概率.

利用高阶差分对密码实施攻击时, 在选取好固定点 $a_0, a_1, \cdots, a_{t-1}$ 后, 现有攻击考虑的总是高阶差分为常数的情形, 在这种情况下, 恢复密钥时, 若对某一猜测密钥值, 对应的高阶差分值并不是已经求得的值, 那么这个密钥一定是错误的, 这与 Square 攻击是十分类似的. 尽管也存在高概率的高阶差分, 在已有文献中都没有关于这个问题的讨论.

文献 [3] 对 Camellia 算法抗高阶差分密码分析能力进行了评估, 这也就是 5.3 节的内容. 作者主要采用了计算机搜索结合数学证明的方法, 这是一个很重要的方法, 因为在分析算法安全性时, 很多安全漏洞并不明显, 因此需要分析者根据算法结构初步评估可能的漏洞所在, 然后结合计算机搜索或肯定或否定分析者的猜想. 正如文献 [3] 一样, 作者搜索到了 Camellia 算法的高阶差分, 在附录中进一步给出了严格的数学证明. 在 Knudsen 提出积分攻击的概念后, 高阶差分密码分析就可以纳入积分攻击的范畴, 从而算法抗高阶差分的能力可以通过评估算法抗积分攻击的能力进行评估. 如文献 [3] 中作者证明计算机搜索出的高阶差分的正确性时, 所用的方法就是本书第 8 章中所要讲的利用计数器方法寻找积分区分器.

本章主要参考了高阶差分的原始文献, 包括最初来学嘉提出高阶差分概念的文献 [8]、Knudsen 对高阶差分分析进行应用的文献 [7]、Jakobsen 和 Knudsen 首次将高阶差分分析应用到对差分密码分析和线性密码分析可证明安全密码 $\mathcal{KN}$ 算法的文献 [5]. 与高阶差分密码分析相关的文献还有：改进的利用解方程的方法实施高阶差分的文献 [12] 以及高阶差分对 MISTY1 算法的攻击的文献 [1, 13, 14] 等, 这些也是高阶差分理论最基础的部分. 读者可以进一步阅读高阶差分密码分析的其他文献, 如文献 [4, 6, 9, 10] 等.

与高阶差分紧密联系的另一个概念是布尔函数的线性结构[2]. 我们说函数 f 具有线性结构是指存在非零常数 a, 使得对一切 x, $f(x+a)-f(x)$ 为常数. 对线性结构的研究既包括对各种密码算法的攻击研究, 也包括对加密函数非线性标准的讨论. 从定义可以看出, $f(x)$ 具有线性结构当且仅当存在非零常数 a, 使得 $f(x)$ 在 a 点的一阶导数为常数, 或者说 $f(x)$ 有一个概率为 1 的差分. 通过上面对差分与导数的关系研究可以发现, 在设计布尔函数时, 对于较小的 i, 函数非平凡的 i 阶导数要尽可能以 2^{i-n} 的概率取遍每一个可能的值. 特别地, 当 $i=1$ 时, 满足这样条件的函数就是几乎完全非线性函数, 简称 APN(Almost Perfect Nonlinear Function)

函数.

测试代数次数是高阶差分的另一个用途. 代数次数是衡量一个密码安全性的重要指标. 如果密码的代数次数低, 很容易受到各种各样的密码攻击, 显然, 高阶差分密码分析就是其中的一种. 既然高阶差分密码分析的最大优点就是对低代数次数的密码十分有效, 那么自然会考虑, 如何用高阶差分的方法来求一个密码的代数次数, 或者确定代数次数的下界.

在 DES 的 8 个 S 盒中, 每个 S 盒的代数次数都是 5, 一个公开的问题便是: 16 轮 DES 的输出函数, 其代数次数是多少? 利用高阶差分的方法, 可以确定一个密码代数次数的下界. 下面给出具体的测试方法.

输入: 分组密码 $E_K(\cdot)$, 密钥 K, 明文 $x_1 \neq x_2$, 整数 r.

输出: $E_K(\cdot)$ 的代数次数的最小值 i, $i \leqslant r$.

令 $a_1, a_2, \cdots, a_i$ 线性独立, f 定义为

$$f(x) = \Delta_{a_1,\cdots,a_i} E_K(x),$$

则测试代码如下:

```
for ( i = 1 ; i <= r ; i ++ )
{
    y[1] = f(x[1]) ;
    y[2] = f(x[2]) ;
    if( y[1] == y[2] )
        return i ;
}
```

在上述代码中, 如果 $y_1 \neq y_2$, 根据推论 5.1 可知, 代数次数大于 i; 如果 $y_1 = y_2$, 代数次数可能大于 i, 因为可能存在其他的 x_1 和 x_2 使得 $y_1 \neq y_2$. 如果 f 的 i 阶导数是常数, 那么对于任意的非零整数 r, 都有 $i + r$ 阶导数为零, 测试应该被终止. 另外, 计算一次 i 阶导数, 相当于计算两次 $i - 1$ 阶导数, 所以 y_1 和 y_2 值可以被存储起来在下一次计算中重复使用以减少开销.

测试一个分组密码的代数次数, 需要随机选取密钥 K 和两个明文, 如果测试输出为 d, 那么 E_K 的代数次数至少为 d, 对尽可能多的密钥和明文重复测试过程. 在 DES 等分组密码中, 选取的 r 一般不大于 32, 因为测试代数次数为 r 时需要加密次数为 2^r, 因此, 若 r 太大, 则将超出计算机的计算能力范围.

参 考 文 献

[1] Babbage S, and Frisch L. On MISTY1 higher order differential cryptanalysis[C]. ICISC

2000, LNCS 2015. Springer-Verlag, 2001: 22–36.

[2] Evertse J. H. Linear structures in blockciphers[C]. EUROCRYPT 1987, LNCS 304. Springer-Verlag, 1988: 249–266.

[3] Hatano Y, Tanaka H, Kaneko T. Higher order differential attack of Camellia(II)[C]. SAC 2002, LNCS 2595. Springer-Verlag, 2003: 129–146.

[4] Hatano Y, Tanaka H, Kaneko T. An optimized algebraic method for higher order differential attack[C]. AAECC 2003, LNCS 2643. Springer-Verlag, 2003: 61–70.

[5] Jakobsen T, Knudsen L. The interpolation attack on block ciphers[C]. FSE 1997, LNCS 1267. Springer-Verlag, 1997: 28–40.

[6] Kang J, Chee S, Park C. A note on the higher order differential attack of block ciphers with two-block structures[C]. ICISC 2000, LNCS 2015. Springer-Verlag, 2001: 1–13.

[7] Knudsen L. Truncated and higher order differentials[C]. FSE 1994, LNCS 1008. Springer-Verlag, 1995: 196–211.

[8] Lai X. Higher order derivatives and differential cryptanalysis[C]. Communications and Cryptography, Kluwer Academic Press, 1994: 227–233.

[9] Moriai S, Shimoyama T, Kaneko T. Higher order differential attack of a CAST cipher[C]. FSE 1998, LNCS 1372. Springer-Verlag, 1998: 17–31.

[10] Moriai S, Shimoyama T, Kaneko T. Higher order differential attack using chosen higher order differences[C]. SAC 1998, LNCS 1556. Springer-Verlag, 1999: 106–117.

[11] Nyberg K, Knudsen L. Provable security against a differential attack[J]. Journal of Cryptology, 1995, 8(1): 27–38.

[12] Shimoyama T, Moriai S, Kaneko T. Improving the higher order differential attack and cryptanalysis of the $\mathcal{KN}$ cipher[C]. Pre-Proceedings of 1997 Information Security Workshop, 1997: 1–8.

[13] Tanaka H, Hisamatsu K, Kaneko T. Strength of MISTY1 without FL function for higher order differential attack[C]. AAECC-13, LNCS 1719. Springer-Verlag, 1999: 221–230.

[14] Tsunoo Y, Saito T, Shigeri M, and Kawabata T. Higher order differential attacks on reduced-round MISTY1[C]. ICISC 2008, LNCS 5461, Springer-Verlag, 2009: 415–431.

第 6 章 截断差分密码分析的原理与实例分析

自差分密码分析方法提出以后, 人们陆续利用它对很多的分组密码算法进行了安全性评估, 对差分密码分析也逐渐有了比较深刻的认识. 对新出现的密码算法, 试图运用差分密码分析的方法实施攻击几乎是不可能的, 在这种情形下, Knudsen 等在 FSE 1994 上提出了差分密码分析的一个变形, 称为截断差分密码分析[7]. 与经典差分密码分析考虑的具体差分值不同, 截断差分只考虑差分的一部分性质. 比如说差分落在某个集合里、差分的某一位为 0 等. 利用截断差分的思想, 可以对某些抵抗经典差分密码分析的算法进行攻击.

目前, 截断差分通常和不可能差分一起, 形成截断不可能差分, 我们所说的不可能差分绝大部分情况下是指截断不可能差分.

本章将介绍截断差分密码分析的基本原理以及对 DES 算法、Camellia 算法和 ARIA 算法的截断差分攻击.

6.1 截断差分密码分析的基本原理

6.1.1 基本概念

本节主要给出截断差分的定义以及一些常见的实例, 以帮助理解截断差分这个概念.

定义 6.1 设函数 $f:\mathbb{F}_{2^n}\to\mathbb{F}_{2^n}$, $A\subset\mathbb{F}_{2^n}$, $B\subset\mathbb{F}_{2^n}$ 称 $A\to B=\{\alpha\to\beta|\alpha\in A,\beta\in B$, 且存在 $x\in\mathbb{F}_{2^n}$, 使得 $f(x\oplus\alpha)\oplus f(x)\in\beta\}$为函数 f 的一条截断差分.

定义 6.2 给定函数 f 的一条截断差分 $A\to B$, 称 $p(A\to B)=\operatorname*{Prob}_x\{f(x\oplus\alpha)\oplus f(x)\in B|\alpha\in A\}$ 为截断差分 $A\to B$ 的概率.

上述定义与经典差分密码分析类似, 但是必须注意, 在计算两者概率时, 方法大不相同, 经典差分利用 S 盒的差分分布表来计算差分概率, 而在截断差分分析中, 所用的性质几乎与 S 盒的选取无关, 大部分情况下只是利用了 S 盒是满射这条性质, 这一点在下面的叙述中将会充分体现.

例 6.1 对于任意定义在 $\mathbb{F}_{2^n}$ 上的 S 盒和取定的 $\alpha\in\mathbb{F}_{2^n}$, 定义 $B_\alpha=\{S(x)\oplus S(x\oplus\alpha)|x\in\mathbb{F}_{2^n}\}$, 则 $\alpha\to B_\alpha$ 为一条截断差分, $p(\alpha\to B_\alpha)=1$.

例 6.2 对于任意定义在 $\mathbb{F}_{2^n}$ 上的 S 盒, 定义 $\Delta=\{x|x\in\mathbb{F}_{2^n},x\neq 0\}$, 则 $\Delta\to\Delta$ 为一条截断差分, 且当 S 盒为双射时, $p(\Delta\to\Delta)=1$.

例 6.2 中所提及的截断差分又叫做字节差分. 通常用如下形式表示:

$$\delta(x) = \begin{cases} 1, & \text{若 } x \neq 0, \\ 0, & \text{若 } x = 0. \end{cases}$$

也就是说, 如果某个地方有差分, 就记 1, 没有差分的地方记作 0. 字节差分在密码分析中有广泛的应用, 如对 Camellia, Rijndael, CRYPTON 等算法的截断差分分析; 对其他一些著名算法的不可能差分也利用了字节差分, 关于这个问题, 将在介绍不可能差分密码分析时详细论述.

例 6.3 对于任意定义在 $\mathbb{F}_{2^n}$ 上的 S 盒, 令 $\Delta = \{x\,|\,x \in \mathbb{F}_{2^n}, x \neq 0\}$, $\Delta_0 = \{x\,|\,x \in \mathbb{F}_{2^n}, x$ 的最高位比特为 $1\}$, 则 $\Delta \to \Delta_0$ 为一条截断差分, 且 $p(\Delta \to \Delta_0) = 0.5$.

上述概率是从平均意义来说的, 对于不同的 S 盒和不同的输入差分, 这个概率值一般不一样, 在密码分析中, 由于中间状态一般不可知, 因此从平均意义上看一个概率是比较有意义的.

在计算截断差分概率时会经常用到如下定理:

定理 6.1 [3] 设 S 是 $\mathbb{F}_{2^n}$ 上的一个随机置换, 对于任意给定 δ, $p(S(x) \oplus S(x \oplus \delta) = S(y) \oplus S(y \oplus \delta)) \approx 2^{1-n}$.

上述定理的通俗解释是: 当同一个 $n \times n$ 的 S 盒的两次输入差分均相等时, 输出差分也相等的概率为 2^{1-n}.

例 6.4 截断差分 $(a, 0, 0, 0) \to (0, b, b, b)$(其中 a, $b \in F_{2^8}^*$) 表示当输入差分的最高位字节有差分时, 低 3 位字节输出差分相等.

例 6.5 3.4 节指出, SMS4 算法存在形如 $(\alpha, \alpha, \alpha, 0) \to (0, \alpha, \alpha, \alpha)$ 且概率为 1 的 3 轮截断差分, 根据定理 6.1 可知, 对于随机给定的 $\alpha \neq 0$, $(\alpha, \alpha, \alpha, 0) \to (\alpha, \alpha, \alpha, 0)$ 是 SMS4 的一条概率为 $p(\alpha \to \alpha) \times p(\alpha \to \alpha) \approx (2^{-32})^2$ 的 5 轮截断差分.

有关如何寻找算法截断差分的内容在后续不可能差分密码分析和积分攻击中将会进一步论述, 本章只给一出些简单的寻找方法以及如何利用截断差分对算法实施攻击.

6.1.2 截断差分分析的一般流程

对一个 r 轮迭代分组密码算法实施截断差分密码分析的流程与对它实施经典差分密码分析的流程基本一致.

步骤 1. 寻找一条高概率且有效的 $r-1$ 轮截断差分路径;

步骤 2. 选择满足特定条件的明文并加密得到密文, 选择差分对满足特定形式的密文对;

步骤 3. 对上一步中的密文对部分解密, 通过计数的方法确定正确密钥.

第 1 步中之所以说高概率且有效是因为高概率的截断差分不一定是有效的截断差分, 比如, 对于任何一个分组密码算法 $\mathcal{E}$, 只要输入差分不为 0, 则输出差分一定不为 0, 因此这条截断差分的概率为 1, 显然, 这条截断差分没有提供任何信息.

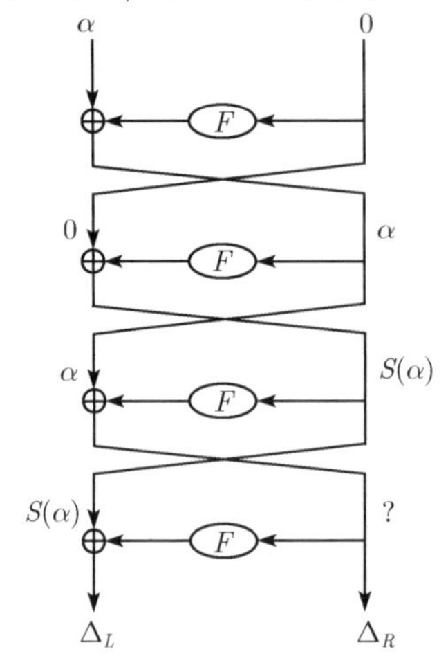

图 6.1 Feistel 密码 4 轮截断差分

实际上, 对一个 r 轮密码算法实施截断差分密码分析时, 可以利用 r 轮特征, 而且这个特征概率可以比随机情况糟糕, 关于这个问题将在讲述对 ARIA 算法的截断差分时详细论述.

下面以低轮 Feistel 密码为例, 叙述截断差分密码分析的最基本原理和方法, 以下假设 Feistel 密码的轮函数为 $F_k(x) = F(x \oplus k), x \in \mathbb{F}_{2^n}$.

根据图 6.1, 研究 4 轮 Feistel 密码的截断差分性质. 首先假设输入差分为 $(\alpha, 0)$, 则第 1 轮的输出差分为 $(0, \alpha)$, 第 2 轮的输出差分为 $(\alpha, S_{k_2}(\alpha))$, 其中 $S_{k_2}(\alpha) = \{F_{k_2}(x) \oplus F_{k_2}(x \oplus \alpha)\}$ 表示当输入差分为 α 时, F 函数的所有可能的输出差分值组成的集合. 根据 Feistel 密码的结构特点, 第 3 轮的输出差分必定为 $(S_{k_2}(\alpha), ?)$ 的形式, 其中? 表示如果不经过仔细计算, 不可能知道其具体值.

下面说明集合 $S_{k_2}(\alpha)$ 与密钥 k_2 的取值无关. 根据定义,

$$S_{k_2}(\alpha) = \{F_{k_2}(x) \oplus F_{k_2}(x \oplus \alpha)\} = \{F(x \oplus k_2) \oplus F(x \oplus \alpha \oplus k_2)\},$$

若令 $y = x \oplus k_2$, 则 $S_{k_2}(\alpha) = \{F(y) \oplus F(y \oplus \alpha)\}$, 显然这与 k_2 的选取无关.

根据以上分析, 可得如下定理:

定理 6.2 设 Feistel 密码的轮函数为 $F(x \oplus K)$, 令 $S(\alpha) = \{F(x) \oplus F(x \oplus \alpha) | x \in \mathbb{F}_{2^n}\}$, 则算法存在概率为 1 的 3 轮截断差分

$$(\alpha, 0) \rightarrow (S(\alpha), ?).$$

利用定理 6.2 中的截断差分特征, 可以对 4 轮 Feistel 密码进行截断差分密码分析:

步骤 1. 选择明文 (p_1, q) 和 (p_2, q), 其中 $p_1 = p_2 \oplus \alpha$, 并加密, 相应密文分别为 $\left(c_l^{(1)}, c_r^{(1)}\right)$ 和 $\left(c_l^{(2)}, c_r^{(2)}\right)$;

步骤 2. 猜测最后一轮的子密钥, 不妨记作 k^*, 计算 $d_1 = c_l^{(1)} \oplus F\left(c_r^{(1)} \oplus k^*\right)$, $d_2 = c_l^{(2)} \oplus F\left(c_r^{(2)} \oplus k^*\right)$ 和 $\Delta = d_1 \oplus d_2$;

步骤 3. 若 $\Delta \in S(\alpha)$, 则保留 k^*, 否则删除 k^*;

步骤 4. 若以上三步未能唯一确定 k^*, 则换另一个 q, 重复上述三个步骤, 直到 k^* 唯一确定为止.

假设需要猜测的密钥为 n 比特, 则攻击复杂度的计算如下:

由于特征为 2 的域上不存在完全非线性函数, 因此对任意 α, $S(\alpha)$ 中最多只能取到 $\mathbb{F}_{2^n}$ 中的一半元素, 因此, 经过第 3 步过滤后, 最多只有一半的密钥能通过检测. 要想唯一确定密钥, 需要选择的明文对的数目 N 必须满足 $2^n \times \left(\frac{1}{2}\right)^N = 1$, 因此该攻击需要选择 n 对明文.

利用第 t 对明文淘汰密钥之前, 大概还有 2^{n-t+1} 个候选密钥值. 因此需要计算 $2 \times 2^{n-t+1}$ 次 F 函数, 从而整个算法需要计算

$$\sum_{t=1}^{n} 2 \times 2^{n-t+1} = 4 \times (2^n - 1)$$

次 F 函数, 相当于 $4 \times (2^n - 1)/4 = 2^n - 1$ 次加密.

如果上述密码中的 F 函数采用的是 SPN 结构, 根据函数特定的性质, 就有可能计算出算法的 4 轮甚至更多轮数的截断差分, 具体细节此处不再赘述.

6.2 Camellia 算法的截断差分密码分析

6.2.1 Camellia 算法的 5 轮截断差分

本节以 Camellia 算法为例介绍字节差分在密码分析中的应用, 这也是使用最为广泛的一类截断差分, 例子源于文献 [3].

如图 6.2, 设 Camellia 算法的输入差分为 $\Delta_0 = \{0, \delta\delta\delta\delta0000\}$, 经过第 1 轮变换后, 输出差分为 $\Delta_1 = \{\delta\delta\delta\delta0000, 0\}$. 根据算法流程, 第 2 轮变换首先经过密钥加运算, 该运算不改变差分值; 其次通过 S 盒, 差分值发生改变且由于 S 盒是非线性变换, 每个 S 盒的输出差分不一定相同, 不妨记经过 S 盒后的差分为 $(\gamma_1\gamma_2\gamma_3\gamma_4 0000)$, 则

$$P(\gamma_1\gamma_2\gamma_3\gamma_4 0000) = \begin{pmatrix} \gamma_1 \oplus \gamma_3 \oplus \gamma_4 \\ \gamma_1 \oplus \gamma_2 \oplus \gamma_4 \\ \gamma_1 \oplus \gamma_2 \oplus \gamma_3 \\ \gamma_2 \oplus \gamma_3 \oplus \gamma_4 \\ \gamma_1 \oplus \gamma_2 \\ \gamma_2 \oplus \gamma_3 \\ \gamma_3 \oplus \gamma_4 \\ \gamma_1 \oplus \gamma_4 \end{pmatrix}.$$

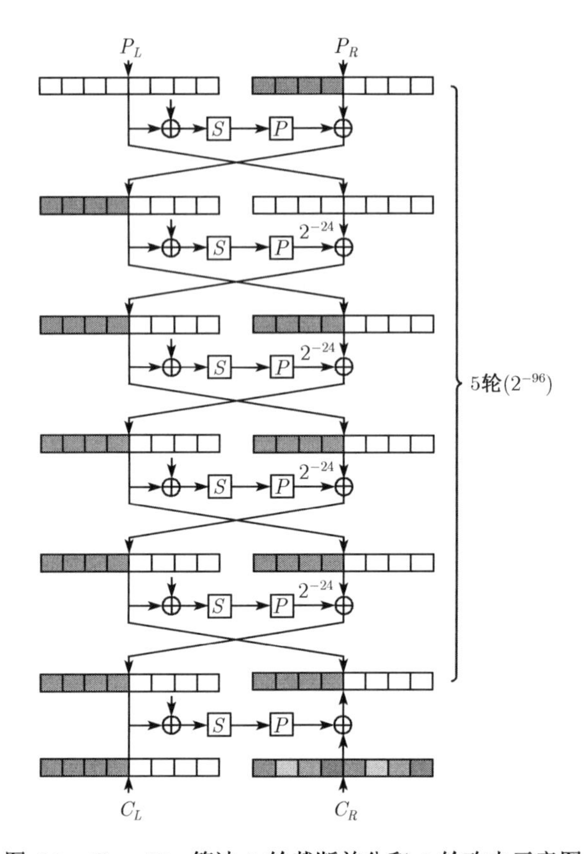

图 6.2　Camellia 算法 5 轮截断差分和 6 轮攻击示意图

若对 γ_i 不做任何要求, 则差分传播到这一步时, 活跃 S 盒的数目几乎为 8, 从而计算下一步概率时将非常困难. 若要求 $\gamma_1=\gamma_2=\gamma_3=\gamma_4$, 则 $P(\gamma_1\gamma_2\gamma_3\gamma_4 0000)=(\gamma_1\gamma_1\gamma_1\gamma_1 0000)$, 从而第 2 轮的输出差分为 $\Delta_2=(\gamma_1\gamma_1\gamma_1\gamma_1 0000, \delta\delta\delta\delta 0000)$.

下面计算 $\gamma_1=\gamma_2=\gamma_3=\gamma_4$ 的概率, 若第 1 个 S 盒的输出差分不作限制, 那么第 2 个、第 3 个和第 4 个 S 盒的输出差分必须和第 1 个 S 盒的输出差分相等, 因此

$$p(\gamma_1=\gamma_2=\gamma_3=\gamma_4)=(2^{-8})^3=2^{-24}. \tag{6.1}$$

根据上述讨论可知, Camellia 算法存在如下概率为 $1\times(2^{-24})^4=2^{-96}$ 的 5 轮截断差分, 其中对 δ 和 γ_i 只作不等于 0 的要求, 并不限定其具体值.

注意到当 4 个 S 盒为同一个 S 盒时, 根据定理 6.1, 式 (6.1) 对应的概率变为 2^{-21}, 从而 5 轮截断差分的概率为 2^{-84}, 从这个角度看, 在算法设计时, 采用不同的 S 盒可以从一定程度上提高算法的安全性.

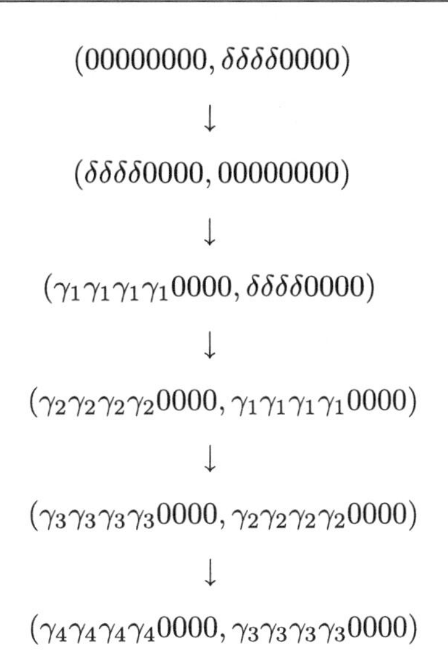

对于一个随机置换, 若输入差分为 $\Delta_0 = (00000000, \delta\delta\delta\delta0000)$, 则输出差分为 $\Delta_5 = (\gamma_4\gamma_4\gamma_4\gamma_40000, \gamma_3\gamma_3\gamma_3\gamma_30000)$ 的概率为

$$(2^{-8})^4 \times (2^{-8})^3 \times (2^{-8})^4 \times (2^{-8})^3 = 2^{-112},$$

因此, 上述截断差分可以将 5 轮 Camellia 算法与随机置换区分开.

根据上面的分析可知, 在寻找截断字节差分时, 线性变换将发挥出更重要的作用, S 盒的具体性质几乎不影响截断差分的结果, 只需假设它为理想变换即可.

6.2.2 对 6 轮 Camellia 算法的截断差分密码分析

根据上面计算的概率可知, 我们所选的这条截断差分可以将 5 轮 Camellia 算法与一个随机置换区分开, 因此, 这是一条有效的截断差分. 利用这条截断差分对 6 轮密码实施截断差分密码分析.

步骤 1. 令集合 $\Lambda = (c_1c_2c_3c_4c_5c_6c_7c_8, xxxxd_1d_2d_3d_4)$, 其中 c_i 和 d_i 均固定为常数, 对 Λ 中的所有消息加密. Λ 中有 2^8 个明文, 可以组成 $2^8 \times (2^8-1)/2 \approx 2^{15}$ 个差分形式为 $(00000000, \delta\delta\delta\delta0000)$ 的明文对. 记密文集合为 Γ.

步骤 2. 在 Γ 中选择满足如下条件的密文对 (C, C^*)(为方便起见, 记 $C = (C_L, C_R)$, $C^* = (C_L^*, C_R^*)$), 其中左半部分密文差分满足 $C_L \oplus C_L^* = (\delta\delta\delta\delta0000, 0)$, 右半部分密文差分满足 $P^{-1}(C_R \oplus C_R^*) = (\gamma_1\gamma_2\gamma_3\gamma_40000)$. 猜测最后一轮 (第 6 轮) 轮密钥 $k^{(6)}$ 中的前 4 个字节, 即 $k_1^{(6)}k_2^{(6)}k_3^{(6)}k_4^{(6)}$, 解密一轮后, 若

$$\begin{aligned} S_1(C_{L1} \oplus k_1^{(6)}) \oplus C_{R1} \oplus C_{R1}^* &= S_2(C_{L2} \oplus k_2^{(6)}) \oplus C_{R2} \oplus C_{R2}^* \\ &= S_3(C_{L3} \oplus k_3^{(6)}) \oplus C_{R3} \oplus C_{R3}^* \\ &= S_1(C_{L4} \oplus k_4^{(6)}) \oplus C_{R4} \oplus C_{R4}. \end{aligned}$$

则 $k_1^{(6)}k_2^{(6)}k_3^{(6)}k_4^{(6)}$ 对应的计数器增加 1.

步骤 3. 重复上述步骤, 直到有一个 $k_1^{(6)}k_2^{(6)}k_3^{(6)}k_4^{(6)}$ 对应的计数器明显高于其他值对应的计数器, 则该密钥值就是最后一轮正确的轮密钥.

下面计算该攻击复杂度:

假设攻击需要正确对的个数为 c, 则选择明文对的数量为 $m = c \times \frac{1}{p}$, 先计算上述攻击的信噪比, 需要猜测 4 个字节的密钥量, 截断差分特征的概率为 2^{-96}, 而过滤强度 $\lambda = 2^{-24} \times 2^{-32} \times 2^{-32} = 2^{-88}$, 过滤之后剩下的密文对平均蕴含 2^8 个密钥. 故信噪比 $S/N = \frac{2^{32} \times 2^{-96}}{2^{-88} \times 2^8} = 2^{16}$, 从而只需要 4 个正确对即可将正确密钥恢复出来. 此时需要的明文对为 $4 \times \frac{1}{2^{-96}} = 2^{98}$, 即选择 2^{83} 个数组.

我们从另外一个角度来分析攻击的复杂度:

假设攻击需要 2^t 组不同的 Λ, 则一共有 $2^t \times 2^{15}$ 对差分形式为 (00000000, $\delta\delta\delta\delta$0000) 的明文对. 第 2 步中选择密文对为 $2^{t+15} \times (2^{-8})^3 \times (2^{-8})^4 \times (2^{-8})^4 = 2^{t-73}$; 根据上面截断差分概率为 2^{-96} 可知, 正确对出现约 $2^{t+15} \times 2^{-96} = 2^{t-81}$ 次, 从而正确密钥对应的计数器为 2^{t-81} 次. 令 $t = 83$, 则正确密钥对应的计数器为 4. 而选择密文数目为 $2^{t-73} = 2^{10}$, 对于每对密文, 能通过检测的密钥大约有 $2^{32} \times 2^{-24} = 2^8$ 个, 因此一共有 $2^{10} \times 2^8 = 2^{18}$ 个密钥能通过检测. 对于错误密钥, 相当于从 2^{32} 个元素中随机选择 2^{18} 个元素, 有一个元素出现 4 次的概率是非常低的 $(2^{-32\times 3} \times 2^{18\times 4}/4! \approx 2^{-28.5})$. 因此, 选择 2^{83} 组明文可以将正确密钥与错误密钥区分开.

综上所述, 攻击的数据复杂度为 $2^{83} \times 2^8 = 2^{91}$ 个选择明文; 对 2^{10} 对选择密文, 需进行 $2 \times 2^{10} \times 2^{32} = 2^{43}$ 次查表运算, 合 $2^{43}/(6 \times 8) \approx 2^{37.5}$ 次 6 轮加密; 另外, 需对 2^{18} 个密钥候选值计数, 因此存储复杂度为 2^{18}.

6.3 ARIA 算法的截断差分密码分析

本节以 ARIA 为例进一步研究字节差分在截断差分中的应用, 例子来源于文献 [1] 对 ARIA 算法的安全性分析报告.

6.3.1 ARIA 算法 7 轮截断差分

如图 6.3, 假设 ARIA 算法的输入差分为 $(000\delta_1\delta_2 0\delta_3 0\delta_4\delta_5 000\delta_6\delta_7 0)$, 其中 $\delta_i \neq 0$, 为使第 1 轮输出只有一个活跃 S 盒, 则必须要求上述 7 个非零差分经过各自的 S 盒后, 输出差分相等, 因此这一步的概率为 $(2^{-8})^6 = 2^{-48}$.

由于第 2 轮的输入只有一个活跃 S 盒, 因此输出有 7 个活跃 S 盒, 这一步概率为 1.

在第 3 轮的输入中有 7 个活跃 S 盒且每个 S 盒的输出差分必须相等.

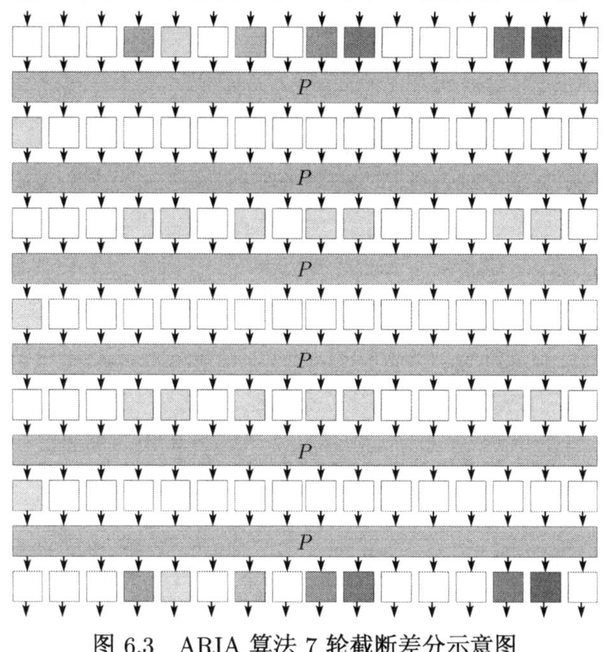

图 6.3 ARIA 算法 7 轮截断差分示意图

根据定理 6.1, 对于相同的 S 盒, 当输入差分相等时, 输出差分相等的概率为 2^{-7}; 而对于不同的 S 盒, 当输入差分相等, 输出差分相等的概率为 2^{-8}, 由此可算得输出差分只有一个活跃字节的概率为 $(2^{-7})^2 \times 2^{-8} \times (2^{-7})^3 = 2^{-43}$.

根据上面的计算可得, 第 6 轮输出有 7 个活跃字节, 且每个活跃字节差分均相等的概率为 2^{-134}, 从而第 7 轮输出差分为 $(000\gamma_1\gamma_2 0\gamma_3 0\gamma_4\gamma_5 000\gamma_6\gamma_7 0)$(其中 $\gamma_i \neq 0$) 的概率为 2^{-134}.

6.3.2 对 7 轮 ARIA 算法的截断差分密码攻击

尽管上述 7 轮截断差分的概率为 $2^{-134} < 2^{-128}$, 但仍然可以利用这条截断差分对 ARIA 算法实施攻击.

步骤 1. 令明文 $\Lambda = (c_0c_1c_2x_1x_2c_5x_3c_7x_4x_5c_{10}c_{11}c_{12}x_6x_7c_{15})$, 其中 $c_i \in \mathbb{F}_{2^8}$ 均为常数, $(x_1x_2x_3x_4x_5x_6x_7)$ 遍历 $\mathbb{F}_{2^8}^7$, 因此 Λ 中有 2^{56} 个明文, 2^{111} 个明文对满足上述 7 轮截断差分的输入条件; 对 Λ 中所有消息加密, 密文集记为 Γ.

步骤 2. 在 Γ 中选择差分形式与上述 7 轮截断差分的输出形式一致的密文对, 过滤出的密文对有 $2^{111} \times (2^{-8})^9 = 2^{39}$, 对这些密文对, 猜测第 1 轮 7 字节密钥和第 7 轮 7 字节子密钥, 验证相应活跃字节所有对应的差分是否相等, 如果相等, 则给相应密钥的计数器增加 1.

步骤 3. 重复上述步骤, 直到有一个计数器的值明显高与其他计数器, 这就是正确密钥.

假设正确对出现至少 4 次, 则选择明文结构的数目 2^N 必须满足 $2^N \times 2^{111} \times 2^{-134} = 4$, 从而 $N = 25$. 对于每个选择密文对, 所猜测的密钥能通过检测的概率为 $(2^{-8})^{12} = 2^{-96}$, 因此每个选择密文对蕴含了 $2^{8\times 14} \times 2^{-96} = 2^{16}$ 个密钥, 第 2 步选择密文对的数目为 $2^N \times 2^{111} \times 2^{-72} = 2^{64}$, 因此候选密钥数目为 $2^{16} \times 2^{64} = 2^{80}$.

错误密钥出现 4 次的概率 $2^{-112\times 3} \times (2^{80})^4/4! \approx 2^{-20.5}$, 因此正确密钥和错误密钥可以区分开.

上述攻击的数据复杂度为 $2^{25} \times 2^{56} = 2^{81}$ 个选择明文; 攻击需存储 2^{80} 个候选密钥; 时间复杂度表面上看来比较大, 因为对每个过滤出的密文对而言, 都需要用 2^{112} 个密钥进行部分解密, 实际不然.

以猜测第 1 轮密钥为例, 首先猜测 k_3, 则相应位置的差分可以计算出来, 从而后面 6 个字节的密钥可以通过查表的方式求出来, 而不是猜测, 因此上述攻击的时间复杂度为 $2 \times 2^{25} \times 2^{111} \times 2^{-72} \times (2^8)^2 = 2^{81}$ 次查表运算.

6.4　进一步阅读建议

实际上, 最早利用差分的部分性质分析算法安全性的文献是 [2], 即 Biham 和 Shamir 提出差分密码分析的经典文献, 差分 $W \in \{0,1,2,3,8,9,A,B\}$, $X \in \{0,4\}$, $Y \in \{0,8\}$ 以及 $Z \in \{0,4\}$ 等都说明一个差分在某个集合中. 尽管如此, 第一次系统提出截断差分概念的依旧是文献 [4], 要理解截断差分密码分析的思想, 通读该文献是十分必要的.

一般在特征为 2 的有限域上讨论问题, 在实际寻找截断差分 $A \to B$ 时, 通常 A 具有封闭性, 即若 $x \in A$, $y \in A$, 且 $x \neq y$, 则 $x \oplus y \in A$. 首先, 假设 A 中有 t 个元素, 且这 t 个元素对应的活跃字节一样, 即在某一个字节上, 要么所有 t 个元素都为 0, 要么都不为 0. B 中所有元素对应的活跃字节也一样. 下面基于这个来比较截断差分和经典差分.

由于经典差分考虑具体的差分值, 因此, 对于明文 P 而言, 有且只有一个明文 P^* 满足差分条件, 而对于截断差分而言, 令 $X_c = \{c \oplus a | a \in A\}$, 则任意 $P, Q \in X_c$, $P \oplus Q \in A$, 因此, 若 A 中有 t 个元素, 则 X_c 可以产生 $\binom{t}{2} = \dfrac{t(t-1)}{2}$ 对符合差分条件的对. 也就是说, 经典差分分析中, 每个明文相当于提供了 $\dfrac{1}{2}$ 个明文对, 而在截断差分分析中, 每个明文相当于提供了 $\dfrac{t(t-1)}{2} \times \dfrac{1}{t} = \dfrac{t-1}{2}$ 个明文对. 这说明在相同数目明文集合中, 利用截断差分分析的方法可以得到更多满足条件的明文对. 从这个角度看, 文献 [2] 所定义的 "quartet" 和 "octet" 也蕴含了截断差分的思想, 只是没有系统提出而已.

在公开文献中, 以对 Camellia 算法的截断差分分析最为全面, 而文献 [3] 在这些文献中又是最基础的, 它比较全面地研究了基于字节差分截断差分攻击的原理和方法, 对于初学者来说, 认真研读这篇文章是十分必要的. 在前面介绍的差分密码分析中定义了 "差分活跃 S 盒", 指的是输入有差分的 S 盒. 但是在截断差分密码分析中可以发现, 并非输入有差分的 S 盒都是 " 有效的差分活跃 S 盒", 也就是说, 即使一个 S 盒的输入有差分, 这个差分并不一定会降低整个截断差分特征的概率.

通常考虑的截断差分均为异或截断差分, 有关模减截断差分的文献读者可阅读 Knudsen 在 FSE 1996 上对 SAFER 算法的截断差分分析[5], 这个结果由 Wu 等在 ASIACRYPT 1998 上进行了改进[8].

截断差分是密码分析学中一个很重要的概念, 后续章节将陆续研究不可能差分以及积分攻击等, 这两者特别是前者与截断差分的关系甚为密切, 如通常所述的利用 "中间相遇法" 寻找不可能差分, 首先必须找两条概率为 1 的截断差分, 有关内容可参见文献 [6, 9, 10] 对 n-Cell 结构和 Zodiac 算法的不可能差分和积分分析, 更详细的论述见第 7 章和第 8 章.

参 考 文 献

[1] Biryukov A, Canniere C, Lano J, Ors S, Preneel B. Security and performance analysis of Aria. Version 1.2[R]. 2004.

[2] Biham E, Shamir A. Differential cryptanalysis of DES-like cryptosystems[J]. Journal of Cryptology, 1991, 2(3): 3–72.

[3] Kanda K, Matsumoto T. Security of Camellia against truncated differential cryptanalysis[C]. FSE 2001, LNCS 2355. Springer-Verlag, 2002: 286–299.

[4] Knudsen L. Truncated and higher order differentials[C]. FSE 1994, LNCS 1008. Springer-Verlag, 1995: 196–211.

[5] Knudsen L, Berson T. Truncated differentials of SAFER[C]. FSE 1996, LNCS 1039. Springer-Verlag, 1996: 15–26.

[6] Li R, Sun B, Li C. Distinguishing attacks on a kind of generalized unbalanced Feistel Network[EB]. http://eprint.iacr.org/2009/360.

[7] Sugita M, Kobara K, Imai H. Security of reduced version of the block cipher Camellia against truncated and impossible differential cryptanalysis[C]. ASIACRYPT 2001, LNCS 2248. Springer-Verlag, 2001: 193–207.

[8] Wu H, Bao F, Deng R, Ye Q. Improved truncated differential attacks on SAFER[C]. ASIACRYPT 1998, LNCS 1514. Springer-Verlag, 1998: 133–147.

[9] Wu W，Zhang L，Zhang L，Zhang W. Security analysis of the GF-NLFSR structure and the Four-Cell block cipher[C]. ICICS 2009, LNCS 5927. Springer-Verlag. 2009: 17–31.

[10] 孙兵, 张鹏, 李超. Zodiac 算法新的不可能差分密码分析和积分攻击. 待发表.

第 7 章　不可能差分密码分析的原理与实例分析

不可能差分密码分析是差分密码分析的一个变种，这个概念由 Knudsen 和 Biham 分别独立提出[1,10]. Knudsen 在研究 DEAL 算法的安全性时发现[9]，如果 Feistel 结构密码的轮函数是双射，则算法存在 “天然 5 轮不可能差分”，从而对 6 轮密码的安全性构成威胁；在 EUROCRYPTO 1999 上 Biham 等在研究 Skipjack 算法安全性时提出不可能差分的概念[1]，并在 FSE 1999 上系统讲述了如何采用 “中间相遇” 的方法寻找不可能差分[2]. Hong 等利用不可能差分分析的方法，找到了 Zodiac 算法 14 轮不可能差分，从而首次从理论上攻破了完整 16 轮的 Zodiac 算法[7]. Kim 等[9] 总结了已有关于不可能差分的结果，提出了 $\mathcal{U}$ 方法，该方法可以有效地找出各种算法结构中所固有的不可能差分形式，这些固有的不可能差分只与算法结构有关，而与算法所采用的具体非线性变换无关，这也就是所谓的不可能截断差分. 不可能差分密码分析是当前对简化轮数的 Rijndael 算法[12,25] 和 Camellia 算法[13,22] 最有效的攻击手段.

需要指出的是，利用不可能事件这种思想分析密码其实很早就有了，著名的是在第二次世界大战时，英国分析德国的英格玛 (Enigma) 就利用了这种思想 (比如一个明文消息不可能加密成它本身). 不可能差分分析与经典差分密码分析利用高概率差分来恢复密钥相反，它是利用概率为 0 的差分 (不可能差分)，其基本思想是排除那些导致概率为 0 的差分出现的候选密钥，因为正确的密钥加密后的密文不可能出现这样的差分.

7.1　不可能差分密码分析的基本原理

7.1.1　基本概念

定义 7.1　设函数 f 定义在 Abel 群 A 上，若对某一 $\alpha \in A$, $f(x+\alpha)-f(x) \neq \beta$ 对一切 $x \in A$ 成立，则称 $(\alpha \nrightarrow \beta)$ 是函数 f 的不可能差分.

例 7.1　$\mathbb{F}_4$ 上的 S 盒定义如下表所示：

x	00	01	10	11
$S(x)$	10	11	01	00

当输入差分为 01 时，通过直接计算可得

$$S(00) \oplus S(00 \oplus 01) = 01, \quad S(01) \oplus S(01 \oplus 01) = 01,$$

$$S(10) \oplus S(10 \oplus 01) = 01, \quad S(11) \oplus S(11 \oplus 01) = 01,$$

因此 $01 \nrightarrow 10$, $01 \nrightarrow 11$ 都是这个 S 盒的不可能差分.

由于特征为 2 的有限域上不存在完全非线性函数, 因此, 任意特征为 2 的有限域上的映射 f 和给定输入差分 α, 一定存在 β 使得 $\alpha \overset{f}{\nrightarrow} \beta$ 是不可能差分.

定义 7.2 对于一个迭代分组密码算法, 设 α_0 为明文对 X 和 X^* 的差分 ΔX, α_r 为相应的第 r 轮输出 C 和 C^* 的差分 ΔC, 若 $P(\Delta C = \alpha_r | \Delta X = \alpha_0) = 0$, 则称 $\alpha_0 \overset{r}{\nrightarrow} \alpha_r$ 为一条 r 轮不可能差分.

通常的密码算法都是基于特征为 2 的有限域构造的, 因此肯定存在不可能差分, 但对一个具体密码算法而言, 并不能确定一条给定的差分是可能的还是不可能的, 只能确定算法特殊形式差分是否能出现.

中间相遇是寻找不可能差分最有效的方法之一. 从加密方向看, 设差分 $\alpha \to \gamma_1$ 以 1 的概率成立; 从解密方向看, $\gamma_2 \leftarrow \beta$ 也以 1 的概率成立. 但 $\gamma_1 \neq \gamma_2$, 这就说明 $\alpha \nrightarrow \beta$ 是一条不可能差分. 对于不同的算法, 寻找矛盾的方法并不相同, 这就要求我们对不同的算法结构进行认真细致的研究.

$$\alpha \overset{1}{\to} \gamma_1 \nleftrightarrow \gamma_2 \overset{1}{\leftarrow} \beta.$$

关于如何寻找一个已知算法的不可能差分, 一般的思想是通过连接两段差分, 而这两段差分在 “连接处” 是矛盾的, 即前面提到的中间相遇法. 然而在实际中, 不可能靠 “人工” 一个一个的去试, 尤其是对于加密结构比较复杂的算法. 文献 [9] 给出了一个普遍的方法叫做 $\mathcal{U}$ 方法, 用这种方法可以借助计算机来找到大多数分组密码结构的天然不可能差分, 当然, 结合算法的具体特性, 经过更细致的分析是可能得到更多不可能差分的. 有关 $\mathcal{U}$ 算法的细节参见文献 [9].

7.1.2 不可能差分密码分析的基本过程

对 r 轮迭代密码进行不可能差分分析的流程为:

步骤 1. 寻找 $r-1$ 轮不可能差分 $\alpha_0 \overset{r-1}{\nrightarrow} \alpha_{r-1}$;

步骤 2. 选择满足差分为 α_0 的明文对 $(P, P \oplus \alpha_0)$, 并进行 r 轮加密, 所得密文记为 C 和 C^*;

步骤 3. 猜测第 r 轮轮密钥 K_r 的所有可能值, 对每一个猜测的密钥分别对 C 和 C^* 解密一轮, 所得的中间值不妨记为 D 和 D^*; 判断 $D \oplus D^* = \alpha_{r-1}$ 是否成立, 若成立则对应的猜测值一定是错误密钥;

步骤 4. 重复上述步骤, 直到密钥唯一确定为止.

假设通过上述攻击可以得到 $|K|$ 比特密钥, 每个明密文对可以淘汰 2^{-t} 的密钥量, 为保证正确密钥被唯一确定, 所需要的明密文对 N 必须满足:

$$\left(2^{|K|} - 1\right) \times (1 - 2^{-t})^N < 1,$$

当 t 比较大时可得

$$N > 2^t \times \ln 2 \times |K| \approx 2^{t-0.53}|K|.$$

通过这个式子可以发现, 在实施不可能差分密码分析时, 所需要猜测的密钥量几乎不影响数据复杂度, 这与其他攻击是有所不同的. 不可能差分密码分析的数据复杂度主要由每个明密文对所能淘汰密钥的概率决定的.

下面以轮函数为满射的 Feistel 结构详细说明实施不可能差分密码分析的一般流程.

按如下方式定义 Feistel 结构的轮函数:

$$\begin{cases} L_i = R_{i-1}, \\ R_i = L_{i-1} \oplus f(R_{i-1} \oplus K_i). \end{cases}$$

根据定理 6.2 可知, $S_k(\alpha) = \{f(x \oplus k) \oplus f(x \oplus \alpha \oplus k) \,|\, x \in \mathbb{F}_{2^n}\}$ 与 k 的选取无关, 从而 $V_k(\alpha) = \{y \notin S_k(\alpha)\}$ 与 k 的选取无关, 因此有如下命题:

命题 7.1 *对任意 $\alpha \in \mathbb{F}_{2^n}$ 和定义在 $\mathbb{F}_{2^n}$ 上的函数 f, 定义*

$$S(\alpha) = \{f(x) \oplus f(x \oplus \alpha) \,|\, x \in \mathbb{F}_{2^n}\}, \quad V(\alpha) = \{\beta \,|\, \beta \notin S(\alpha)\}.$$

则 3 轮 Feistel 密码 (见图 7.1) 存在如下不可能差分:

$$(\alpha, 0) \xrightarrow{3}\!\!\!\!\!/\;\; (V(\alpha), ?),$$

其中最后一轮包含数据的左右交换, $\alpha \neq 0$, ? 所在的值无法确定或无需确定.

根据上述 3 轮不可能差分, 可以对 4 轮 Feistel 密码实施不可能差分密码分析, 攻击流程图见图 7.2.

步骤 1. 选择差分为 $(\alpha, 0)$ 的明文对 (P_L, P_R) 和 $(P_L^*, P_R^*) = (P_L \oplus \alpha, P_R)$, 相应的密文记为 (C_L, C_R) 和 (C_L^*, C_R^*);

步骤 2. 猜测第 4 轮的轮密钥 gk, 计算:

$$s_{gk} = C_L \oplus C_L^* \oplus F(C_R \oplus gk) \oplus F(C_R^* \oplus gk),$$

若 $s_{gk} \in V(\alpha)$, 则 gk 一定是错误密钥, 从而必须淘汰;

步骤 3. 重复上面三个步骤, 直到 gk 唯一确定.

注意到在截断差分分析中, 第 3 步检验 $s_{gk} \in S(\alpha)$ 是否成立. 下面计算该攻击的复杂度:

对于随机密钥 gk 而言, $s_{gk} \in V(\alpha)$ 的概率为 $\dfrac{\#V(\alpha)}{2^n} \approx \dfrac{1}{2}$, 因此, 每个明密文可以淘汰 $\dfrac{1}{2}$ 的密钥量, 从而每分析一对明密文后, 从平均意义上讲, 错误的密钥还

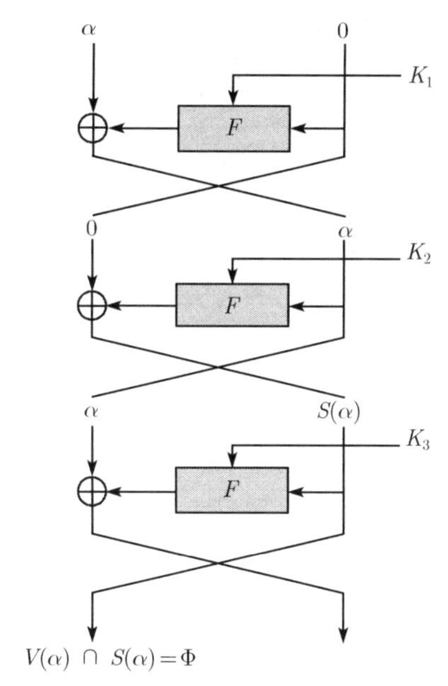

图7.1　3轮Feistel结构密码不可能差分示意图

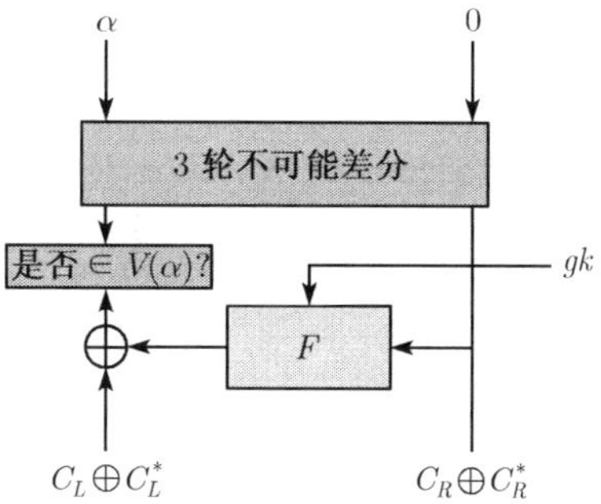

图7.2　对4轮Feistel结构密码不可能差分密码分析

剩下 $\left(1-\dfrac{1}{2}\right)$. 设最后一轮轮密钥为 n 比特, 该攻击所需要的数据复杂度为 N 对明文, 则

$$(2^n-1)\times\left(1-\frac{1}{2}\right)^N<1$$

才能保证正确密钥被唯一确定. 显然 $N=n+1$ 可使上式成立, 因此, 该攻击的数据复杂度为 $2\times(n+1)$.

根据上面的分析可知, 在分析第 i 对明文时, 剩下的错误密钥为 $2^n\times\left(1-\dfrac{1}{2}\right)^{i-1}=2^{n-i+1}$, 此时, 用剩下的所有密钥对第 i 对密文解密共需要计算 $2\times2^{n-i+1}$ 次轮函数 F, 因此, 整个攻击需要计算

$$\sum_{i=1}^{n+1}2\times2^{n-i+1}=2^{n+2}$$

次轮函数. 考虑到 4 轮 Feistel 密码一共需要计算 4 次轮函数 F, 该攻击的时间复杂度为 $2^{n+2}/4=2^n$ 次 4 轮加密运算.

在实施攻击的过程中, 几乎不需要存储空间来存储明文或密文, 但由于错误密钥是一个一个地被淘汰掉, 因此所有可能的密钥都必须预先下来, 从而整个攻击的空间复杂度为 2^n.

7.2　寻找不可能差分的一般方法

中间相遇法是寻找不可能差分最基本的方法, 其中最重要的是如何寻找矛盾. 本节通过具体实例讲述如何利用中间相遇法寻找不可能差分, 其中 DEAL 算法和 Zodiac 算法利用 Feistel 结构轮函数是双射的性质来寻找矛盾; FOX 算法利用线性扩散层的差分分支数来寻找矛盾; CLEFIA 算法和 ARIA 算法通过解方程的方法寻找矛盾; n-Cell 结构通过结合算法积分性质 (8.2.4 节) 来寻找矛盾. 当然, 本节只列出了常用的寻找矛盾的方法, 对于特殊结构的密码算法需研究其特殊寻找矛盾的方法.

7.2.1　DEAL 算法 5 轮不可能差分

DEAL 算法是一个 Feistel 结构密码, 分组长度为 128 比特, 轮函数就是 DES 算法. 在研究 DEAL 算法的安全性时, Knudsen 指出, 若 Feistel 结构密码的轮函数为双射, 则该密码一定存在如下 5 轮不可能差分[10]:

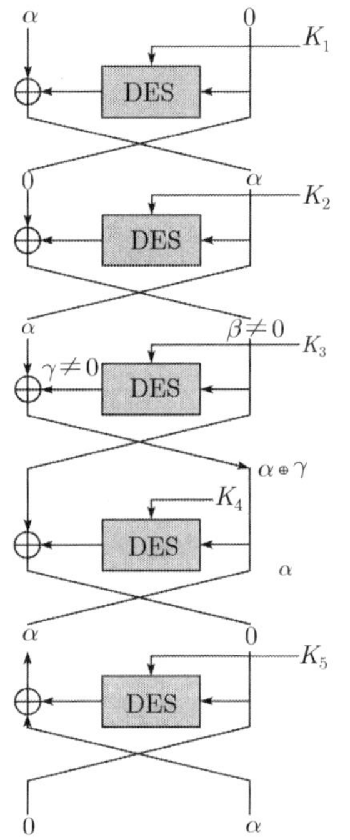

图 7.3　DEAL 密码的 5 轮不可能差分

命题 7.2　$(\alpha,0)\overset{5}{\nrightarrow}(0,\alpha)$ *是 DEAL 算法的 5 轮不可能差分, 其中* $\alpha\neq 0$, *最后一轮包括数据的左右交换.*

证明　参考图 7.3, 首先从加密方向研究差分的传播特性.

假设输入差分为 $(\alpha,0)$, 则根据 Feistel 结构特点可知, 第 1 轮的输出差分为 $(0,\alpha)$; 由于 DES 算法是置换, 因此当输入存在差分 α 时, 输出一定存在非零差分 β, 从而第 2 轮的输出差分为 (α,β), 其中 $\beta\neq 0$; 同样, 当 DES 算法输入存在非零差分 β 时, 输出一定存在非零差分 γ, 从而第 3 轮的输出差分为 $(\beta,\alpha\oplus\gamma)$.

其次, 从解密方向看差分的传播.

假设第 5 轮的输出差分为 $(0,\alpha)$, 则第 4 轮的输出差分为 $(\alpha,0)$, 从而第 3 轮的输出差分必定为 $(\phi,\alpha),\phi\neq 0$.

若 $(\alpha,0)\overset{5}{\rightarrow}(0,\alpha)$ 是一条可能的差分, 则在某些特定的条件下,

$$(\beta,\alpha\oplus\gamma)=(\phi,\alpha),$$

从而 $\alpha\oplus\gamma=\alpha$, 即 $\gamma=0$, 这与 γ 非零矛盾! 命题得证. □

上面的证明只用到了 DES 算法是一个双射这条性质, 对于轮函数是双射的 Feistel 密码而言, 上述 5 轮的不可能差分总存在.

7.2.2 Zodiac 算法 16 轮不可能差分

Zodiac[11] 是由韩国学者 Lee 等提出的一个 Feistel 型迭代分组密码算法, 其分组长度为 128 比特, 算法支持 128 比特、192 比特和 256 比特密钥长度. 与 DES 算法类似, 算法对输入明文和输出密文采用了相应的初始置换和输出变换. Zodiac 算法迭代轮数为 16, 每一轮变换均由密钥加变换、线性 P 变换以及非线性 S 盒变换组成. 算法提出后, 密码学界对 Zodiac 抗已知攻击的能力做了评估, 主要是抗不可能差分密码分析和抗积分攻击的能力. 在 FSE 2001 上, Hong 等指出, Zodiac 算法存在 14 轮和 15 轮不可能差分, 同时, 作者利用 14 轮差分对完整 16 轮 Zodiac 算法成功实施了不可能差分密码分析, 攻击的时间复杂度为 2^{119} 次加密运算[7].

本节主要研究 Zodiac 算法的不可能差分性质[26], 第 8 章将研究该算法的积分性质. 首先简单介绍 Zodiac 算法, 由于我们要找的不可能差分与 S 盒的选取以及轮密钥无关, 又因为初始变换不影响算法的安全性, 因此这些内容不做介绍, 重点介绍 Zodiac 算法的线性变换. 有关 Zodiac 算法更详细的介绍见文献 [11].

Zodiac 算法整体采用 Feistel 结构, 假设第 i 轮的输入与输出分别为 (L_{i-1}, R_{i-1}) 和 (L_i, R_i) 轮密钥为 K_i, 则算法的轮变换定义为

$$\begin{cases} R_i = L_{i-1}, \\ L_i = F(L_{i-1}, K_i) \oplus R_{i-1}. \end{cases}$$

假设轮函数 F 的输入为 $L = (l_0, l_1, \cdots, l_7)$ 和 $K = (k_0, \cdots, k_7)$, 则 F 依次执行以下操作 (见图 7.4):

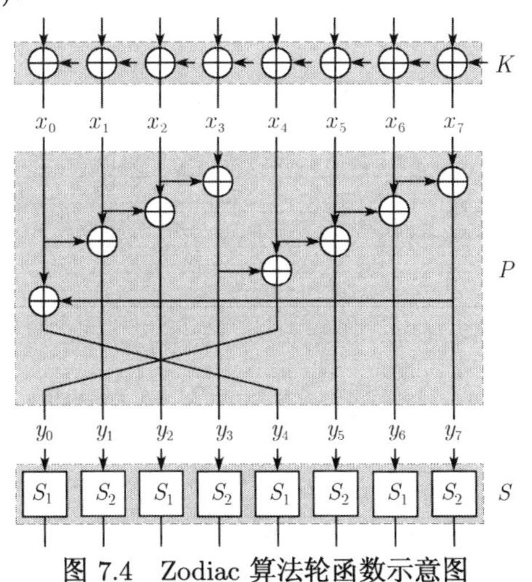

图 7.4 Zodiac 算法轮函数示意图

(1) $(x_0,\cdots,x_7)=X=L\oplus K=(l_0+k_0,l_1+k_1,\cdots,l_7\oplus k_7)$.

(2) 将线性变换 P 作用在 X 上, 得到 $Y=(y_0,\cdots,y_7)$, P 的定义如下:

$$
\begin{aligned}
y_0&=x_2\oplus x_3\oplus x_4,\\
y_1&=x_0\oplus x_1,\\
y_2&=x_1\oplus x_2,\\
y_3&=x_2\oplus x_3,\\
y_4&=x_6\oplus x_7\oplus x_0,\\
y_5&=x_4\oplus x_5,\\
y_6&=x_5\oplus x_6,\\
y_7&=x_6\oplus x_7.
\end{aligned}
$$

(3) 将 Y 通过 8 个并置的 S 盒得到 F 的输出.

假设 Zodiac 算法的输入差分为 $(\Delta_L^0,\Delta_R^0)=(00000000,00000aaa)$, 其中 $a\neq 0$, 我们研究第 8 轮输出的差分性质. 根据 Feistel 算法的特性可知, 第 1~8 轮的输出差分分别为 (每一轮均考虑数据的左右交换):

$$
\begin{aligned}
(\Delta_L^1,\Delta_R^1)&=(00000aaa,00000000),\\
(\Delta_L^2,\Delta_R^2)&=(00000b00,00000aaa),\\
(\Delta_L^3,\Delta_R^3)&=(00000a\oplus ca\oplus da,00000b00),\\
(\Delta_L^4,\Delta_R^4)&=(0000eABf,00000a\oplus ca\oplus da),\\
(\Delta_L^5,\Delta_R^5)&=(g000CDEF,0000eABf),\\
(\Delta_L^6,\Delta_R^6)&=(Gh00IJKL,g000CDEF),\\
(\Delta_L^7,\Delta_R^7)&=(MNi0OPQR,Gh00IJKL),\\
(\Delta_L^8,\Delta_R^8)&=(STUjVWXY,MNi0OPQR),
\end{aligned}
$$

其中小写字母诸如 a, b, c 等表示非零差分, 大写字母诸如 A, B, C 等表示无法确定或者无需确定的差分.

命题 7.3 $(00000000,00000aaa)\overset{16}{\nrightarrow}(00000000,00000bbb)$ 是 Zodiac 算法的 16 轮不可能差分, 其中, 最后一轮不包含数据的左右交换, a 和 b 均不为 0.

证明 首先, 从加密方向研究差分的传播特性.

假设明文差分为 $(00000000,00000aaa)$, 根据上文的分析可知, 第 8 轮的输出差分为 $(STUjVWXY,MNi0OPQR)$ 的形式, 其中 $j\neq 0$, $i\neq 0$, 注意到此处所说的 8 轮是包含最后一步数据的左右交换.

其次, 从解密方向研究差分传播的特性.

假设密文 (即第 16 轮的输出) 差分为 $(00000000,00000bbb)$ 的传播特性, 由于 Feistel 算法具有加解密一致的特点, 因此根据解密方向的结果可知, 第 8 轮的输

出差分一定为 $(S^*T^*U^*j^*V^*W^*X^*Y^*, M^*N^*i^*0O^*P^*Q^*R^*)$ 的形式, 其中 $j^* \neq 0$, $i^* \neq 0$, 注意此时所说的差分也是考虑了最后一步数据的左右交换.

因为每一轮后只交换一次数据, 若上述差分是可能的, 则下面的等式可能成立:

$$(STUjVWXY, MNi0OPQR) = (M^*N^*i^*0O^*P^*Q^*R^*, S^*T^*U^*j^*V^*W^*X^*Y^*).$$

比较等式两边可得 $j = 0$, $j^* = 0$, 这与 $j \neq 0$ 和 $j^* \neq 0$ 矛盾! 因此命题成立. □

有如下寻找 Feistel 算法不可能差分更普遍的定理:

命题 7.4 *若 Feistel 密码 $\mathcal{E}$ 存在 r 轮概率为 1 的差分 $(a,b) \to (c,d)$(最后一轮包含数据的左右交换), 若 $c \neq d$ 恒成立, 则 $(a,b) \overset{2r}{\nrightarrow} (a,b)$ 是 $\mathcal{E}$ 的 $2r$ 轮不可能差分.*

7.2.3 FOX 算法 4 轮不可能差分

本节主要研究 FOX64 的不可能差分性质并列出 FOX128 的相关结果[29], FOX64 算法描述见 2.6 节.

命题 7.5 *$(a0b0, a0b0) \overset{4}{\nrightarrow} (c0d0, c0d0)$ 是 FOX64 算法的 4 轮不可能差分, 其中 a 和 b 不同时为 0, c 和 d 不同时为 0, 且最后一轮不包含 or 变换.*

证明 首先考虑加密函数的差分传播性质.

参考图 7.5, 若算法的输入差分为 $(a0b0, a0b0)$, 则第 1 轮的输出差分为 $(b0a \oplus b0, a0b0)$, 从而第 2 轮的轮函数输入差分为 $(a \oplus b0a0)$, 不妨设第 2 轮的轮函数输出差分为 $(\omega_1\omega_2\omega_3\omega_4)$, 则第 2 轮的输出差分为 $(\omega_3 \oplus a \oplus b\omega_4\omega_1 \oplus \omega_3 \oplus a\omega_2 \oplus \omega_4, \omega_1 \oplus a\omega_2\omega_3 \oplus b\omega_4)$. 由于轮函数中线性变换的分支数为 5, 因此 $w(a \oplus b0a0) + w(\omega_1\omega_2\omega_3\omega_4) \geqslant 5$, 从而 $w(\omega_1\omega_2\omega_3\omega_4) \geqslant 3$, 其中 $\omega(\cdot)$ 表示字节汉明重量.

下面从解密方向考虑差分传播性质.

若算法第 4 轮的输出差分为 $(c0d0, c0d0)$, 根据算法流程可知, 第 3 轮 or 变换前的差分为 $(c \oplus d0c0, c0d0)$.

若命题中的差分是可能的, 根据 FOX64 算法加解密的一致性可知

$$(\omega_3 \oplus a \oplus b\omega_4\omega_1 \oplus \omega_3 \oplus a\omega_2 \oplus \omega_4) \oplus (\omega_1 \oplus a\omega_2\omega_3 \oplus b\omega_4) = (c \oplus d0c0) \oplus (c0d0),$$

即

$$\begin{cases} \omega_1 \oplus \omega_3 \oplus b = d, \\ \omega_2 \oplus \omega_4 = 0, \\ \omega_1 \oplus a \oplus b = c \oplus d, \\ \omega_2 = 0. \end{cases}$$

解得 $\omega_2 = \omega_4 = 0$, 从而 $w(\omega_1\omega_2\omega_3\omega_4) = w(\omega_1 0\omega_3 0) \leqslant 2$, 这与 $w(\omega_1\omega_2\omega_3\omega_4) \geqslant 3$ 矛盾! 从而命题得证. □

利用同样的方法可以证明 FOX128 具有如下形式的 4 轮不可能差分:

命题 7.6　$(a_0b_0, a_0b_0, e_0f_0, e_0f_0) \overset{4}{\nrightarrow} (c_0d_0, c_0d_0, q_0h_0, g_0h_0)$ 是 FOX128 算法的 4 轮不可能差分, 其中 a 和 b 不同时为 0, c 和 d 不同时为 0, e, f, g, h 为任意值, 且最后一轮不包含 or 变换.

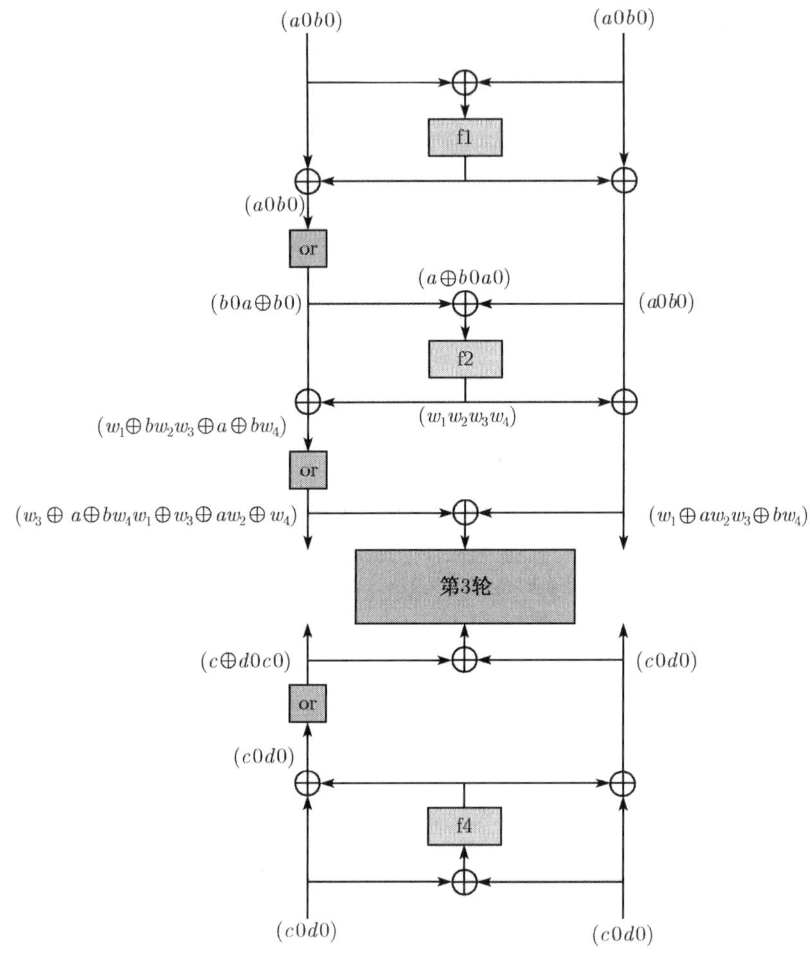

图 7.5　FOX64 算法的 4 轮不可能差分

7.2.4　ARIA 算法 4 轮不可能差分

ARIA 算法是分组长度为 128 比特的 SPN 型算法, 相关描述见 2.5 节, 本节主要给出寻找 ARIA 算法 4 轮不可能差分的方法. 有关 ARIA 算法 4 轮不可能差分的结果最早由吴文玲给出[22], 本小节所给 4 轮不可能差分 (图 7.6) 是在仔细分析算法线性扩散层的性质后, 在文献 [22] 的基础上结合计算机搜索而得到的, 可参考文献 [15].

ARIA 算法的 4 轮不可能差分跟算法的扩散层有很大的联系, 假设扩散层对应的线性变换为 $Y = AX$, 其中输入 $X = (x_0, x_1, \cdots, x_{15}) \in \mathbb{F}_{2^8}^{16}$, 输出 $Y =$

$(y_0, y_1, \cdots, y_{15}) \in \mathbb{F}_{2^8}^{16}$, 线性变换对应的矩阵 $A = (a_{ij})_{16\times 16}$, 具体定义如下:

$$\begin{pmatrix} y_0 \\ y_1 \\ y_2 \\ y_3 \\ y_4 \\ y_5 \\ y_6 \\ y_7 \\ y_8 \\ y_9 \\ y_{10} \\ y_{11} \\ y_{12} \\ y_{13} \\ y_{14} \\ y_{15} \end{pmatrix} = \begin{pmatrix} 0&0&0&1&1&0&1&0&1&1&0&0&0&1&1&0 \\ 0&0&1&0&0&1&0&1&1&1&0&0&1&0&0&1 \\ 0&1&0&0&1&0&1&0&0&0&1&1&1&0&0&1 \\ 1&0&0&0&0&1&0&1&0&0&1&1&0&1&1&0 \\ 1&0&1&0&0&1&0&0&1&0&0&1&0&0&1&1 \\ 0&1&0&1&1&0&0&0&0&1&1&0&0&0&1&1 \\ 1&0&1&0&0&0&0&1&0&1&1&0&1&1&0&0 \\ 0&1&0&1&0&0&1&0&1&0&0&1&1&1&0&0 \\ 1&1&0&0&1&0&0&1&0&0&1&0&0&1&0&1 \\ 1&1&0&0&0&1&1&0&0&0&0&1&1&0&1&0 \\ 0&0&1&1&0&1&1&0&1&0&0&0&0&1&0&1 \\ 0&0&1&1&1&0&0&1&0&1&0&0&1&0&1&0 \\ 0&1&1&0&0&0&1&1&0&1&0&1&1&0&0&0 \\ 1&0&0&1&0&0&1&1&1&0&1&0&0&1&0&0 \\ 1&0&0&1&1&1&0&0&0&1&0&1&0&0&1&0 \\ 0&1&1&0&1&1&0&0&1&0&1&0&0&0&0&1 \end{pmatrix} \cdot \begin{pmatrix} x_0 \\ x_1 \\ x_2 \\ x_3 \\ x_4 \\ x_5 \\ x_6 \\ x_7 \\ x_8 \\ x_9 \\ x_{10} \\ x_{11} \\ x_{12} \\ x_{13} \\ x_{14} \\ x_{15} \end{pmatrix}.$$

令 $\Lambda_i = \{t | 0 \leqslant t \leqslant 15, a_{i,t} = 1\}$, 则每个输出分量 y_i 又可描述为

$$y_i = \sum_{t \in \Lambda_i} x_t.$$

易知, 集合 Λ_i 中的元素 t 表示输入 X 的第 t 个分量将会影响到输出 Y 的第 i 个分量的取值, 表 7.1 给出了 Λ_i 的具体取值.

表 7.1　集合 $\boldsymbol{\Lambda}_i$ 的取值分布

Λ_0	{3,4,6,8,9,13,14}	Λ_8	{0,1,4,7,10,13,15}
Λ_1	{2,5,7,8,9,12,15}	Λ_9	{0,1,5,6,11,12,14}
Λ_2	{1,4,6,10,11,12,15}	Λ_{10}	{2,3,5,6,8,13,15}
Λ_3	{0,5,7,10,11,13,14}	Λ_{11}	{2,3,4,7,9,12,14}
Λ_4	{0,2,5,8,11,14,15}	Λ_{12}	{1,2,6,7,9,11,12}
Λ_5	{1,3,4,9,10,14,15}	Λ_{13}	{0,3,6,7,8,10,13}
Λ_6	{0,2,7,9,10,12,13}	Λ_{14}	{0,3,4,5,9,11,14}
Λ_7	{1,3,6,8,11,12,13}	Λ_{15}	{1,2,4,5,8,10,15}

对任意 $0 \leqslant i \neq j \leqslant 15$, $\Lambda_j - \Lambda_i = \{x \,|\, x \in \Lambda_j, x \notin \Lambda_i\} \neq \varnothing$. 故对 $k \in \Lambda_j - \Lambda_i$, 定义

$$x_l = \begin{cases} \alpha, & \text{如果 } l = k, \text{ 其中 } 0 \neq \alpha \in \mathbb{F}_{2^8}, \\ 0, & \text{如果 } l \in \Lambda_i \cup \Lambda_j, l \neq k, \\ \beta, & \text{其他, 其中 } \beta \in \mathbb{F}_{2^8} \text{ 为任意值}. \end{cases}$$

据此, 可定义集合 $\mathcal{E}_k^{(i,j)} = \{X \mid X = (x_0, \cdots, x_{15})\}$, 令 $\mathcal{E}^{(i,j)} = \bigcup_{k\in\Lambda_j-\Lambda_i} \mathcal{E}_k^{(i,j)}$. 首先给出集合 $\mathcal{E}^{(i,j)}$ 的一个重要性质:

命题 7.7 对任意的 $0 \leqslant i \neq j \leqslant 15$, 假设 $X \in \mathcal{E}^{(i,j)}$, $Y = AX$, 则 $y_i = 0$, $y_j \neq 0$.

证明 根据 $\mathcal{E}^{(i,j)}$ 的定义, 若 $X \in \mathcal{E}^{(i,j)}$, 则存在 $k \in \Lambda_j - \Lambda_i$ 使得 $X \in \mathcal{E}_k^{(i,j)}$, 且 $a_{jk} = 1$, $a_{ik} = 0$. 根据 $\mathcal{E}_k^{(i,j)}$ 的定义, $x_k \neq 0$. 据此, y_i 和 y_j 可以计算如下:

$$y_i = \sum_{l=0}^{15} a_{il} \cdot x_l = a_{ik} \cdot x_k \oplus \sum_{l\in\Lambda_j\cup\Lambda_i, l\neq k} a_{il} \cdot x_l \oplus \sum_{l\notin\Lambda_j\cup\Lambda_i} a_{il} \cdot x_l = 0 \cdot x_k = 0,$$

$$y_j = \sum_{l=0}^{15} a_{jl} \cdot x_l = a_{jk} \cdot x_k \oplus \sum_{l\in\Lambda_j\cup\Lambda_i, l\neq k} a_{jl} \cdot x_l \oplus \sum_{l\notin\Lambda_j\cup\Lambda_i} a_{jl} \cdot x_l = 1 \cdot x_k \neq 0,$$

故 $y_i \neq y_j$. □

下面通过命题 7.8 给出 ARIA 算法的另一个重要性质: 当输入差分有 1 个或者 2 个字节非零时, 经过连续的 2 轮加密之后, 输出差分的某 2 个字节相等.

假设 X 为某 16 个字节的状态, 其差分记为 ΔX, 将第 i 轮的输入 (输出) 记为 $X_i^I(X_i^O)$, 将第 i 轮变换中经过混淆层 SL、扩散层 DL 后的值分别记为 X_i^S 和 X_i^D, 将 X_i^* 的第 j 个字节记为 $X_{i,j}^*$, 其中 $* \in \{I, O, S, D\}$.

命题 7.8 对 ARIA 算法, 存在集合 $\mathcal{D} \triangleq \{(r,s,u,v) |\ 0 \leqslant r,s,u,v \leqslant 15, r < s, u < v\}$, 使得对任意 $(r,s,u,v) \in \mathcal{D}$,

$$\begin{cases} (\Delta X_{i,r}^I, \Delta X_{i,s}^I) \neq (0,0), \\ \Delta X_{i,l}^I = 0, \quad \text{当 } l \neq r, s, \end{cases}$$

且 $\Delta X_{i+1,u}^O = \Delta X_{i+1,v}^O$.

证明 通过算法 1 给出集合 $\mathcal{D}$ 的存在性证明, 运行算法 1 得到的结果表明对 $0 \leqslant u < v \leqslant 15$, $|\Gamma_{u,v}| = 0$ 或者 2, 该结果列于表 7.2 中.

算法 1: 寻找集合 $\mathcal{D}$

```
for u = 0 to 15
    for v = u + 1 to 15
        Set T_{u,v}:=Λ_u ∪ Λ_v − Λ_u ∩ Λ_v
        Let Γ_{u,v} := {0, ··· , 15} − ⋃_{t∈T_{u,v}} Λ_t
        Print { Γ_{u,v}, u, v }
    end for
end for
```

表 7.2 通过算法 1 搜索到的集合 $\mathcal{D}$

(r,s,u,v)	(r,s,u,v)	(r,s,u,v)	(r,s,u,v)
(0,5,11,14)	(2,5,8,15)	(4,9,3,14)	(7,9,2,12)
(0,7,10,13)	(2,7,9,12)	(4,10,1,15)	(7,10,0,13)
(0,10,7,13)	(2,8,5,15)	(4,14,3,9)	(7,12,2,9)
(0,11,5,14)	(2,9,7,12)	(4,15,1,10)	(7,13,0,10)
(0,13,7,10)	(2,12,7,9)	(5,8,2,15)	(8,13,3,6)
(0,14,5,11)	(2,15,5,8)	(5,11,0,14)	(8,15,2,5)
(1,4,10,15)	(3,4,9,14)	(5,14,0,11)	(9,12,2,7)
(1,6,11,12)	(3,6,8,13)	(5,15,2,8)	(9,14,3,4)
(1,10,4,15)	(3,8,6,13)	(6,8,3,13)	(10,13,0,7)
(1,11,6,12)	(3,9,4,14)	(6,11,1,12)	(10,15,1,4)
(1,12,6,11)	(3,13,6,8)	(6,12,1,11)	(11,12,1,6)
(1,15,4,10)	(3,14,4,9)	(6,13,3,8)	(11,14,0,5)

下面证明当 $(r,s,u,v)=(0,5,11,14)$ 时的结论, 可参考图 7.6, 其他情形类似.

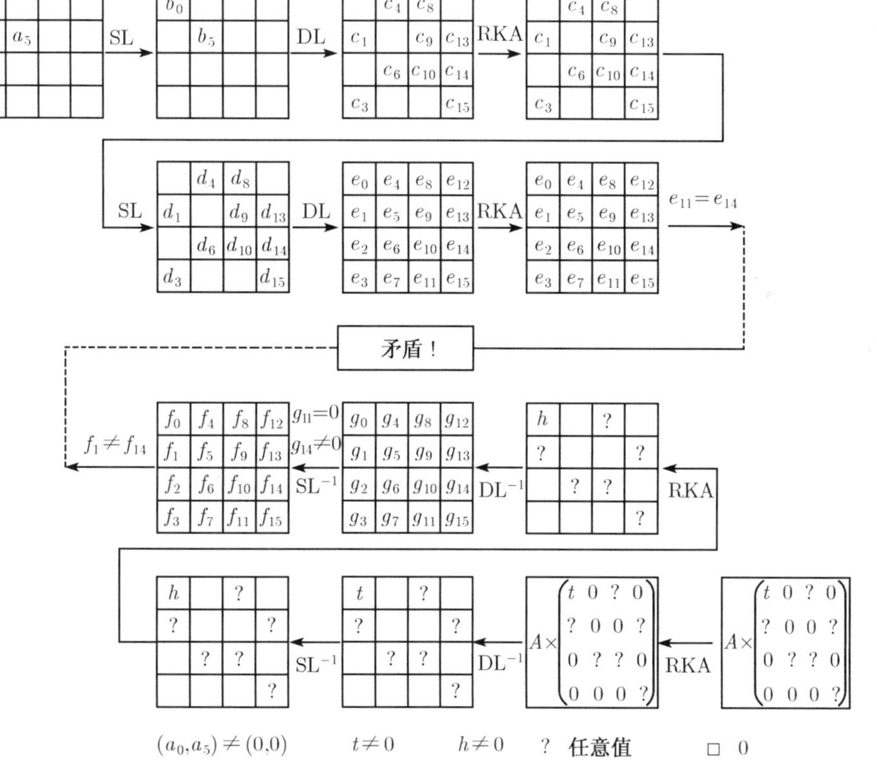

图 7.6 ARIA 算法的一类 4 轮不可能差分

假设第 i 轮的输入差分为 $\Delta X_i^I=(a_0,0,0,0,0,a_5,0,0,0,0,0,0,0,0,0,0)$, 其中 $(a_0,a_5)\neq(0,0)$. 经过第 i 轮变换, 差分传播如下:

经过混淆层 SL: $\Delta X_i^S=(b_0,0,0,0,0,b_5,0,0,0,0,0,0,0,0,0,0)$;

经过扩散层 DL: $\Delta X_i^D=(0,c_1,0,c_3,c_4,0,c_6,0,c_8,c_9,c_{10},0,0,c_{13},c_{14},c_{15})$;

经过密钥加 RKA: $\Delta X_i^O=(0,c_1,0,c_3,c_4,0,c_6,0,c_8,c_9,c_{10},0,0,c_{13},c_{14},c_{15})$.

由于第 i 轮的输出差分与第 $i+1$ 轮的输入差分相等, 故第 $i+1$ 轮的输入差分为 $\Delta X_{i+1}^I=(0,c_1,0,c_3,c_4,0,c_6,0,c_8,c_9,c_{10},0,0,c_{13},c_{14},c_{15})$, 经过第 $i+1$ 轮变换, 差分传播如下:

经过混淆层 SL: $\Delta X_{i+1}^S=(0,d_1,0,d_3,d_4,0,d_6,0,d_8,d_9,d_{10},0,0,d_{13},d_{14},d_{15})$;

经过扩散层 DL: $\Delta X_{i+1}^D=(e_0,e_1,e_2,e_3,e_4,e_5,e_6,e_7,e_8,e_9,e_{10},e_{11},e_{12},e_{13}e_{14},e_{15})$;

经过密钥加 RKA: $\Delta X_{i+1}^O=(e_0,e_1,e_2,e_3,e_4,e_5,e_6,e_7,e_8,e_9,e_{10},e_{11},e_{12},e_{13},e_{14},e_{15})$.

根据扩散层线性变换 A 的定义, e_{11} 和 e_{14} 可表示如下:

$$e_{11}=d_3\oplus d_4\oplus d_9\oplus d_{14},$$

$$e_{14}=d_3\oplus d_4\oplus d_9\oplus d_{14},$$

故 $e_{11}=e_{14}$, 这表明 $\Delta X_{i+1,11}^O=\Delta X_{i+1,14}^O$, 即第 i 输入差分 ΔX_{i+1}^I, 经过连续两轮加密变换后, 第 $i+1$ 轮输出差分的第 11 个字节和第 14 个字节相等. □

算法 2: 寻找 ARIA 算法的 4 轮不可能差分

取 $(r,s,u,v)\in\mathcal{D}$

构造 $\mathcal{E}^{(u,v)}$ 和 $\mathcal{E}^{(v,u)}$

令 $\Delta X_i^I=(0,\cdots,0,a_r,0,\cdots,0,a_s,0,\cdots,0)$, 其中 $(a_r,a_s)\neq(0,0)$

令 $\Delta X_{i+3}^S\in\mathcal{E}^{(u,v)}\cup\mathcal{E}^{(v,u)}$

输出 $(\Delta X_i^I,\Delta X_{i+3}^O)$, 其中 $\Delta X_{i+3}^O=A\cdot\Delta X_{i+3}^S$.

根据命题 7.7 和命题 7.8, 可以根据算法 2 寻找 ARIA 算法 4 轮不可能差分: 首先 $(r,s,u,v)\in\mathcal{D}$, $\Delta X_i^I=(0,\cdots,0,a_r,0,\cdots,0,a_s,0,\cdots,0)$, 由命题 7.8 知

$$\Delta X_{i+1,u}^O=\Delta X_{i+1,v}^O. \tag{7.1}$$

若

$$\Delta X_{i+3}^S\in\mathcal{E}^{(u,v)}\cup\mathcal{E}^{(v,u)},$$

则

$$\Delta X_{i+3}^I\in\mathcal{E}^{(u,v)}\cup\mathcal{E}^{(v,u)}.$$

注意到

$$\Delta X_{i+2}^S = A^{-1} \cdot \Delta X_{i+2}^D \quad 且 \quad \Delta X_{i+2}^D = \Delta X_{i+2}^O = \Delta X_{i+3}^I,$$

直接验证可知 $A^{-1} = A$, 因此

$$X_{i+2}^S = A \cdot \Delta X_{i+2}^D \quad 且 \quad \Delta X_{i+2}^D \in \mathcal{E}^{(u,v)} \cup \mathcal{E}^{(v,u)}. \tag{7.2}$$

由命题 7.7 和式 (7.2) 知

$$\begin{cases} \Delta X_{i+2,u}^S = 0, \\ \Delta X_{i+2,v}^S \neq 0, \end{cases} \quad 或 \quad \begin{cases} \Delta X_{i+2,u}^S \neq 0, \\ \Delta X_{i+2,v}^S = 0. \end{cases}$$

故 $\Delta X_{i+2,u}^S \neq \Delta X_{i+2,v}^S$, 即 $\Delta X_{i+2,u}^I \neq \Delta X_{i+2,v}^I$, 这与式 (7.1) 矛盾, 从而 $\Delta X_i^I \not\to \Delta X_{i+3}^O$ 是一条不可能差分.

图 7.6 给出了当 $(r,s,u,v) = (0,5,11,14)$, $\mathcal{E}_0^{(u,v)} = \mathcal{E}_0^{(11,14)}$ 时, 通过算法 2 找到的 ARIA 算法的一类 4 轮不可能差分.

7.2.5 n-Cell 结构 n^2+n-2 轮不可能差分

n-Cell 结构是一类广义非平衡 Feistel 结构 [4], 假设其轮变换的输入为 $X = (x_0, x_1, \cdots, x_{n-1})$, 输出为 $Y = (y_0, y_1, \cdots, y_{n-1})$, 则

$$\begin{cases} y_0 = x_1, \\ y_1 = x_2, \\ \cdots\cdots\cdots \\ y_{n-2} = x_{n-1}, \\ y_{n-1} = F_i(x_0) \oplus x_1 \oplus x_2 \oplus \cdots \oplus x_{n-1}, \end{cases}$$

其中 $F_i(\cdot)$ 是与轮密钥有关的一个双射, 轮变换示意图见图 7.7.

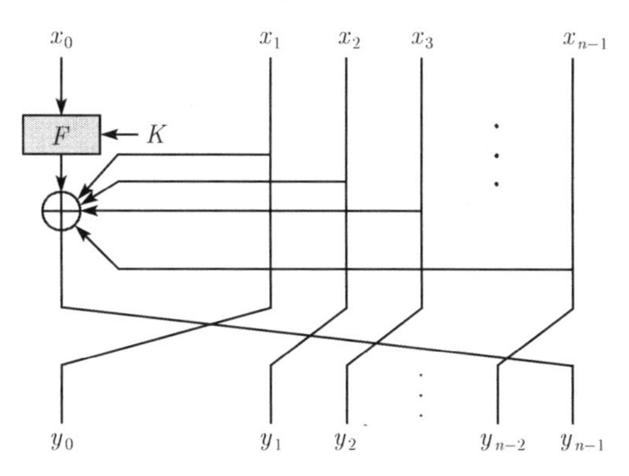

图 7.7 n-Cell 结构轮变换示意图

利用 $\mathcal{U}$ 方法搜索, 文献 [4] 指出, 在 n-Cell 结构中存在如下 $(2n-1)$ 轮不可能差分:

命题 7.9　$(00\cdots0\alpha)\overset{2n-1}{\nrightarrow}(\beta\beta0\cdots00)$ 是 n-Cell 结构 $(2n-1)$ 轮不可能差分, 其中 $\alpha\neq0, \beta\neq0$.

上述差分的不可能性可以直接用中间相遇法来证明, 证明从略. 下面进一步研究 n-Cell 结构中 (n^2+n-2) 轮不可能差分.

命题 7.10　$(\alpha00\cdots0)\overset{n^2+n-2}{\not\longrightarrow}(\beta\beta0\cdots00)$ 是 n-Cell 结构 (n^2+n-2) 轮不可能差分, 其中 $\alpha\neq0, \beta\neq0$.

证明　为证明上述命题, 首先引用 8.2.4 节中关于 n-Cell 结构的一个结论.

设 n-Cell 的输入为 $(x, c_1, \cdots, c_{n-1})$, 其中 $c_i(1\leqslant i\leqslant n-1)$ 均固定为常数, 第 n^2 轮的输出为 $(y_0(x), y_1(x), \cdots, y_{n-1}(x))$, 令 $T(x)=y_0(x)\oplus y_1(x)\oplus\cdots\oplus y_{n-1}(x)$, 若 $x_1\neq x_2$, 则 $T(x_1)\neq T(x_2)$.

上述结论说明, 当从加密方向研究差分传播性质时, 若 n-Cell 结构的输入差分只有第一分量非零, 其他分量均为 0, 则第 n^2 轮所有分量差分的和非零.

下面从解密方向考察差分传播性质.

若第 (n^2+n-2) 轮输出差分为 $(\beta\beta0\cdots00)$, 则第 (n^2+n-3) 轮的输出差分为 $(0\beta\beta0\cdots00)$, 依次类推, 第 n^2 轮的输出差分为 $(00\cdots0\beta\beta)$, 此时所有分量的和为 0, 矛盾! 从而命题得证. □

上述命题说明, 尽管 $\mathcal{U}$ 方法可以让计算机自动搜索不可能差分, 从而使我们的工作变得不再繁琐, 然而机器毕竟是机器, 它不可能像人一样对算法的安全性进行更细致的分析, 因此在分析算法安全性时不能盲目相信计算机的结果.

7.3　AES 算法的不可能差分密码分析

目前, 不可能差分密码分析是对 AES 算法最有效的分析方法[3,4,12,18,25]. 本节给出 AES 算法 4 轮不可能差分, 然后将介绍如何利用 4 轮不可能差分对低轮 AES 算法实施不可能差分密码分析.

7.3.1　AES 算法 4 轮不可能差分

命题 7.11　给定一对明文, 其在一个字节差分非零, 而其余字节差分均为零, 则经过 Rijndael 算法 4 轮加密后 (最后一轮不包含列混合变换), 密文对在以下任意一组字节位置组合处差分一定不为零: $(0,7,10,13)$, $(1,4,11,14)$, $(2,5,8,15)$ 或 $(3,6,9,12)$.

证明　图 7.8 详细描述了命题中的一条 4 轮不可能差分.

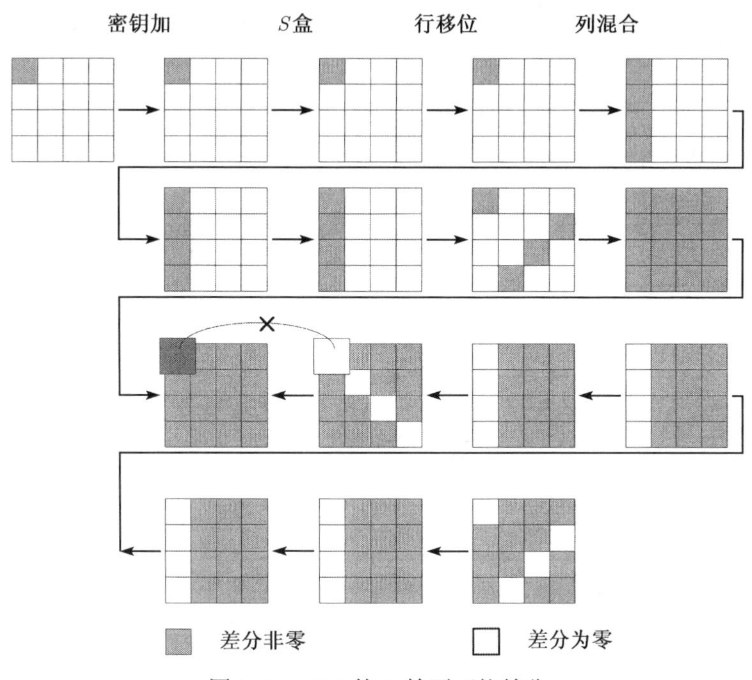

图 7.8 AES 的 4 轮不可能差分

首先, 从加密方向考虑, 有概率为 1 的两轮差分; 其次, 从解密方向也有概率为 1 的两轮差分, 这两条差分在中间相遇处矛盾, 从而形成 4 轮不可能差分.

由图 7.8 可知, 当明文对差分有一个字节非零而其余字节全为零的时候, 经过两轮加密后, 密文对差分每个字节均非零. 若第 4 轮没有列混合 (MC), 且第 4 轮输出差分在 0, 7, 10, 13 这 4 个字节处为零, 则从解密方向可推出第 3 轮的输入差分在 0, 5, 10, 15 这 4 个字节处为零, 这就与第 2 轮输出差分全不为零矛盾. 对于其余几种情况类似可证. □

利用类似方法, 可以找到基于 AES 设计的 3D 密码的 6 轮不可能差分, 见文献 [27].

7.3.2 对 6 轮 AES 算法的不可能差分密码分析

对 AES 算法进行 6 轮不可能差分密码分析的基本思想是:

输入明文对, 使得进入第 2 轮的差分满足上述 4 轮不可能差分的输入形式, 部分解密, 使得中间差分值满足 4 轮不可能差分的输出形式. 根据差分的不可能性, 所有能导致 4 轮不可能差分出现的猜测值都是不正确的.

注意 4 轮不可能差分的最后一轮没有列混合 (MixColumn), 而做 6 轮攻击时 4 轮不可能差分在中间, 第 5 轮有列混合 (MixColumn), 这个问题可以采用如下办法解决：将第 5 轮的列混合 (MixColumn) 和轮密钥加 (AddRoundKey) 交换，即将 $\mathrm{ARK}_5 \circ \mathrm{MC}$ 变为 $\mathrm{MC} \circ \mathrm{ARK}_5'$，其中 $K_5' = \mathrm{MC}^{-1}(K_5)$，容易验证 $\mathrm{ARK}_5 \circ \mathrm{MC} = \mathrm{MC} \circ \mathrm{ARK}_5'$，故在攻击过程中用 $\mathrm{MC} \circ \mathrm{ARK}_5'$ 代替 $\mathrm{ARK}_5 \circ \mathrm{MC}$ 是等价的，从而可利用上述 4 轮不可能差分将第 5 轮的 MC 变换放在最后一轮，那么最后一轮就为 $\mathrm{ARK}_6 \circ \mathrm{SR} \circ \mathrm{BS} \circ \mathrm{MC}$，如图 7.9 所示.

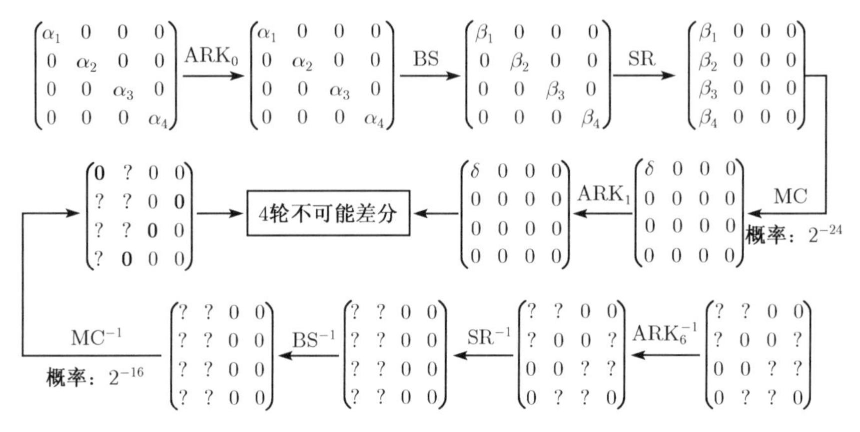

图 7.9　6 轮 AES 的不可能差分密码分析

攻击步骤如下：

步骤 1.　选择 2^N 组明文，其中每一组明文在第 0, 5, 10, 15 这 4 个字节的值遍历 $\mathbb{F}_{2^8}^4$，其余字节取固定常值. 故每一组明文共有 2^{32} 个，可组成约 2^{63} 对，对这 2^N 组明文进行 6 轮加密，相应能得到 2^{N+63} 个密文对.

步骤 2.　在上一步得到的密文对中选择满足差分在第 2, 3, 5, 6, 8, 9, 12, 15 这 8 个字节处为零 (概率为 $(2^{-8})^8 = 2^{-64}$) 的对留下，其余舍弃. 共有约 $2^{N+63} \times 2^{-64} = 2^{N-1}$ 对留下.

步骤 3.　猜测 K_6 的第 0, 1, 4, 7, 10, 11, 13, 14 这 8 个字节的一个值，然后做如下操作：

步骤 3.1.　对第 2 步的每一个密文对 C, C^*，计算 $\mathrm{MC}^{-1} \circ \mathrm{BS}^{-1} \circ \mathrm{SR}^{-1} \circ \mathrm{ARK}_6^{-1}(C)$ 和 $\mathrm{MC}^{-1} \circ \mathrm{BS}^{-1} \circ \mathrm{SR}^{-1} \circ \mathrm{ARK}_6^{-1}(C^*)$，则它们的差分在最后两列一定为零，若它们的差分在第 (0, 13), (1, 4), (5, 8) 或 (9, 12) 之一的两个字节处值也为零 (概率 $(2^{-8})^2 \times 4 = 2^{-14}$，请读者注意与图 7.9 中的概率值区分)，留下这样的对，则它们满足在 (0, 7, 10, 13), (1, 4, 11, 14), (2, 5, 8, 15) 或 (3, 6, 9, 12) 字节处为零，这样的对共留下约 2^{N-15} 个；

步骤 3.2.　对步骤 3.1 中的每个密文对，猜测 K_0 的第 0, 5, 10, 15 字节的值进行一轮加密，注意最后不做密钥加 ARK_1. 若密文对差分满足在第一列的一个字节差分非零而其余字节差分均为零 (概率为 $(2^{-8})^3 \times 4 = 2^{-22}$，请读者注意与图 7.9

中的概率值区分), 则由 4 轮不可能差分知所猜测的 (K_6, K_0) 的部分字节是错误的, 对于 K_0 的所有值, 如果 (K_6, K_0) 的值都被淘汰, 继续步骤 4.

步骤 4. 重复步骤 3, 直到 (K_6, K_0) 的值唯一确定.

下面分析上述攻击的复杂度:

在步骤 4 中, 留下错误的 (K_0, K_6) 的值大约为 $(2^{64}\times 2^{32}-1)\times(1-2^{-22})^{2^{N-15}}$ 个, 当 $N=43.5$ 时, $(2^{64}\times 2^{32}-1)\times(1-2^{-22})^{2^{N-15}}\approx 2^{-35}$, 故可认为错误值被全部排除.

步骤 3.1 需要 $2\times 2^{64}\times 2^{N-1}=2^{107.5}$ 次部分解密, 一次部分解密相当于 1/2 轮加密, 步骤 3.2 需要

$$2\times 2^{64}\times 2^{32}\{1+(1-2^{-22})+(1-2^{-22})^2+\cdots+(1-2^{-22})^{2^{28.5}-1}\}\approx 2^{119}$$

次部分加密, 其中一次部分加密相当于 1/4 轮加密. 步骤 2 中需要存储 $2^{N-1}=2^{42.5}$ 个密文对, 步骤 3.1 中需要存储 $2^{N-15}=2^{28.5}$ 个密文对, 另外, 攻击过程中还需存储猜测的 2^{96} 个密钥.

因此, 攻击的数据复杂度为 $2^N\times 2^{32}=2^{75.5}$ 个明文, 总的时间复杂度为

$$(2^{107.5}\times 1/2+2^{119}\times 1/4)/6\approx 2^{114.4}$$

次 6 轮加密, 总的空间复杂度为

$$2\times 2^{42.5}+2\times 2^{28.5}+2^{96}\approx 2^{96}.$$

7.4 Camellia 算法的不可能差分密码分析

7.4.1 Camellia 算法 8 轮不可能差分

吴文玲等给出了 Camellia 算法如下 8 轮不可能差分[22], 其中不考虑首尾的白化及中间的 FL 和 FL^{-1} 变换.

命题 7.12 $(0|0|0|0|0|0|0|0, a|0|0|0|0|0|0|0)\overset{8}{\nrightarrow}(h|0|0|0|0|0|0|0, 0|0|0|0|0|0|0|0)$ *是 Camellia 算法的一条 8 轮不可能差分, 其中第 8 轮考虑数据的左右交换,* $a, h\neq 0$.

证明 图 7.10 详细描述了定理中的 8 轮不可能差分. 设输入差分

$$(\Delta x_L^{(0)}, \Delta x_R^{(0)})=(0|0|0|0|0|0|0|0, a|0|0|0|0|0|0|0),$$

则经过第 1 轮变换后, 输出差分为

$$(\Delta x_L^{(1)}, \Delta x_R^{(1)})=(a|0|0|0|0|0|0|0, 0|0|0|0|0|0|0|0),$$

$\Delta x_L^{(1)}$ 经过密钥加 KS 后变为 $(b|0|0|0|0|0|0|0)$, 其中 $b\neq 0$, 再经过线性变换 P 可得

$$(\Delta x_L^{(2)}, \Delta x_R^{(2)})=(b|b|b|0|b|0|0|b, a|0|0|0|0|0|0|0),$$

$\Delta x_L^{(2)}$ 经过密钥加 KS 和 S 盒后变为 $(b_1|b_2|b_3|0|b_5|0|0|b_8)$, 其中 b_1, b_2, b_3, b_5, b_8 为未知的非零值, 再经过线性变换 P 变为 $(c_1|c_2|c_3|c_4|c_5|c_6|c_7|c_8)$, 于是可得第 3 轮的输出差分为

$$(\Delta x_L^{(3)}, \Delta x_R^{(3)}) = (c_1 \oplus a|c_2|c_3|c_4|c_5|c_6|c_7|c_8, b|b|b|0|b|0|0|b);$$

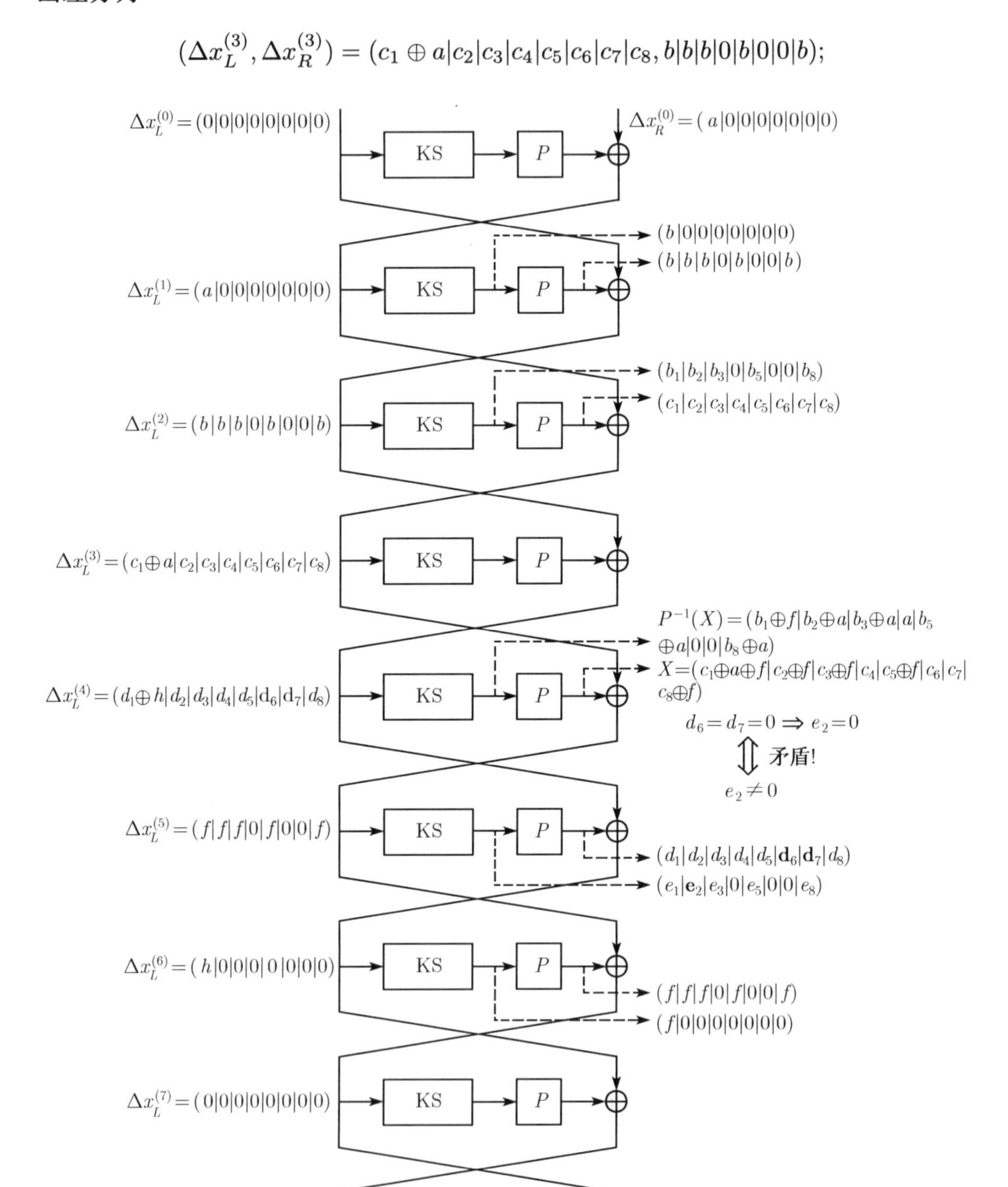

图 7.10　Camellia 算法的 8 轮不可能差分

同理, 从解密方向考虑, 假设第 8 轮的输出差分为

$$(\Delta x_L^{(8)}, \Delta x_R^{(8)}) = (h|0|0|0|0|0|0|0, 0|0|0|0|0|0|0|0),$$

则可推出第 5 轮的输出差分为

$$(\Delta x_L^{(5)}, \Delta x_R^{(5)}) = (f|f|f|0|f|0|0|f, d_1 \oplus h|d_2|d_3|d_4|d_5|d_6|d_7|d_8),$$

且有

$$d_6 = e_2 \oplus e_3 \oplus e_5 \oplus e_8, \quad d_7 = e_3 \oplus e_5 \oplus e_8,$$

其中 $f, e_1, e_2, e_3, e_5, e_8$ 为未知的非零值.

如图 7.10 所示, 若上述的前 3 轮差分与后 3 轮差分能构成 8 轮差分途径, 则

$$\Delta x_L^{(4)} = \Delta x_R^{(5)}, \qquad P(S(K(\Delta x_L^{(4)}))) = \Delta x_L^{(3)} \oplus \Delta x_L^{(5)}.$$

从而有 $S(\Delta x_L^{(4)}) = S(K(\Delta x_L^{(4)})) = P^{-1}(\Delta x_L^{(3)} \oplus \Delta x_L^{(5)})$, 又

$$\begin{aligned}
P^{-1}(\Delta x_L^{(3)} \oplus \Delta x_L^{(5)}) &= P^{-1}(\Delta x_L^{(3)}) \oplus P^{-1}(\Delta x_L^{(5)}) \\
&= P^{-1}(c_1 \oplus a|c_2|c_3|c_4|c_5|c_6|c_7|c_8) \oplus P^{-1}(f|f|f|0|f|0|0|f) \\
&= P^{-1}(c_1|c_2|c_3|c_4|c_5|c_6|c_7|c_8) \\
&\quad \oplus P^{-1}(a|0|0|0|0|0|0|0) \oplus P^{-1}(f|f|f|0|f|0|0|f) \\
&= (b_1|b_2|b_3|0|b_5|0|0|b_8) \oplus (0|a|a|a|a|0|0|a) \oplus (f|0|0|0|0|0|0|0) \\
&= (b_1 \oplus f|b_2 \oplus a|b_3 \oplus a|a|b_5 \oplus a|0|0|b_8 \oplus a),
\end{aligned}$$

于是

$$\begin{aligned}
S(\Delta x_L^{(4)}) &= S(\Delta x_R^{(5)}) \\
&= S(d_1 \oplus h|d_2|d_3|d_4|d_5|d_6|d_7|d_8) \\
&= (b_1 \oplus f|b_2 \oplus a|b_3 \oplus a|a|b_5 \oplus a|0|0|b_8 \oplus a),
\end{aligned}$$

由于 S 是一个置换, 故可知 $d_6 = d_7 = 0$, 即

$$d_6 = e_2 \oplus e_3 \oplus e_5 \oplus e_8 = d_7 = e_3 \oplus e_5 \oplus e_8 = 0.$$

从而 $e_2 = 0$, 这就与 $e_2 \neq 0$ 矛盾! 命题成立. □

利用同样的方法, 可以找到 Camellia 算法的其他 8 轮不可能差分, 如

$$(0|0|0|0|0|0|0|0, 0|a|0|0|0|0|0|0) \overset{8}{\nrightarrow} (0|h|0|0|0|0|0|0, 0|0|0|0|0|0|0|0),$$

$$(0|0|0|0|0|0|0|0, 0|0|a|0|0|0|0|0) \overset{8}{\nrightarrow} (0|0|h|0|0|0|0|0, 0|0|0|0|0|0|0|0).$$

7.4.2 对 12 轮 Camellia 算法的不可能差分密码分析

文献 [22] 利用 8 轮不可能差分对 Camellia 算法进行了 12 轮不可能差分密码

分析. 其基本思想是: 在 8 轮不可能差分前面加 3 轮, 后面再加 1 轮, 通过不可能差分来淘汰错误密钥, 攻击流程图如图 7.11 所示.

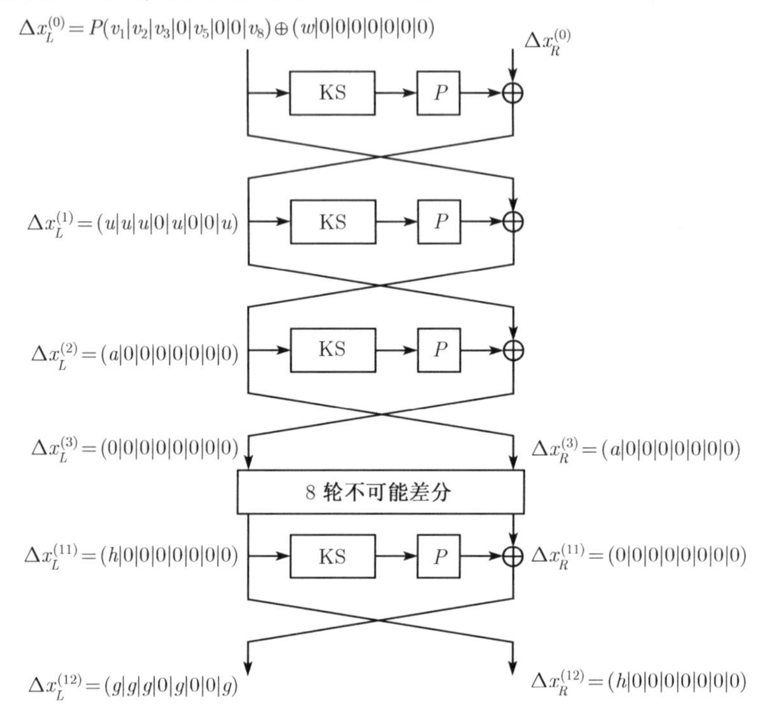

图 7.11　Camellia 算法的 12 轮不可能差分密码分析

攻击步骤如下:

步骤 1.　选择如下形式的明文组:

$$x_L^{(0)}=P(x_1|x_2|x_3|\alpha_4|x_5|\alpha_6|\alpha_7|x_8)\oplus(x|\beta_2|\beta_3|\beta_4|\beta_5|\beta_6|\beta_7|\beta_8),$$
$$x_R^{(0)}=(y_1|y_2|y_3|y_4|y_5|y_6|y_7|y_8),$$

其中 α_i, β_j 为 $\mathbb{F}_{2^8}$ 上的常数, $(x_1,x_2,x_3,x_5,x_8,x,y_1,\cdots,y_8)$ 遍历 $\mathbb{F}_{2^8}^{14}$. 因此, 一组这样的明文有 $(2^8)^{14}=2^{112}$ 个, 可以组成 2^{223} 对. 选择 2^N 组明文进行 12 轮加密, 相应可得 2^{N+223} 个密文对.

步骤 2.　选择满足如下形式差分的密文对:

$$\Delta x_L=(g|g|g|0|g|0|0|g),\quad \Delta x_R=(h|0|0|0|0|0|0|0),$$

其中 g, h 为非零值, 这样形式的密文对共有 $(2^8-1)^2$ 个, 从而概率为 $(2^8-1)^2\times 2^{-128}\approx 2^{-112}$, 所以共有约 $2^{N+223}\times 2^{-112}=2^{N+111}$ 对.

步骤 3.　猜测轮密钥 $k^{(12)}$ 的第一个字节的值 $k_1^{(12)}$, 对上一步留下的任意一对密文 $(x^{(12)},x^{(12)*})$, 计算 $s_1(x_{R,1}^{(12)}\oplus k_1^{(12)})\oplus s_1(x_{R,1}^{(12)*}\oplus k_1^{(12)})$, 选择满足 $s_1(x_{R,1}^{(12)}\oplus$

$k_1^{(12)})\oplus s_1(x_{R,1}^{(12)*}\oplus k_1^{(12)})=x_{L,1}^{(12)}\oplus x_{L,1}^{(12)*}$ 的对, 概率为 2^{-8}, 故共有约 $2^{N+111}\times 2^{-8}=2^{N+103}$ 对.

步骤 4. 对上一步所得密文对相应的明文对 $(x^{(0)},x^{(0)*})$,

$$\begin{aligned}
x_L^{(0)}&=P(x_1|x_2|x_3|\alpha_4|x_5|\alpha_6|\alpha_7|x_8)\oplus(x|\beta_2|\beta_3|\beta_4|\beta_5|\beta_6|\beta_7|\beta_8),\\
x_R^{(0)}&=(y_1|y_2|y_3|y_4|y_5|y_6|y_7|y_8),\\
x_L^{(0)*}&=P(x_1^*|x_2^*|x_3^*|\alpha_4|x_5^*|\alpha_6|\alpha_7|x_8^*)\oplus(x^*|\beta_2|\beta_3|\beta_4|\beta_5|\beta_6|\beta_7|\beta_8),\\
x_R^{(0)*}&=(y_1^*|y_2^*|y_3^*|y_4^*|y_5^*|y_6^*|y_7^*|y_8^*),
\end{aligned}$$

猜测 $k^{(1)}$ 的值 (64 比特), 计算 $(x_L^{(1)},x_R^{(1)})$ 和 $(x_L^{(1)*},x_R^{(1)*})$, 选择差分满足 $x_L^{(1)}\oplus x_L^{(1)*}=(u|u|u|0|u|0|0|u)$ 的对, 其中 u 为未知非零值, 概率为 $(2^8-1)\times 2^{-64}\approx 2^{-56}$, 故共有约 $2^{N+103}\times 2^{-56}=2^{N+47}$ 对.

步骤 5. 猜测 $k^{(2)}$ 的第 1, 2, 3, 5, 8 这 5 个字节的值 (40 比特), 做如下操作:

步骤 5.1. 对第 4 步留下的每一对 $(x_L^{(0)},x_R^{(0)})$, $(x_L^{(0)*},x_R^{(0)*})$ 及相应的 $(x_L^{(1)},x_R^{(1)})$, $(x_L^{(1)*},x_R^{(1)*})$,

$$\begin{aligned}
x_L^{(1)}&=(z_1|z_2|z_3|\gamma_4|z_5|\gamma_6|\gamma_7|z_8),\\
x_R^{(1)}&=P(x_1|x_2|x_3|\alpha_4|x_5|\alpha_6|\alpha_7|x_8)\oplus(x|\beta_2|\beta_3|\beta_4|\beta_5|\beta_6|\beta_7|\beta_8),\\
x_L^{(1)*}&=(z_1^*|z_2^*|z_3^*|\gamma_4|z_5^*|\gamma_6|\gamma_7|z_8^*),\\
x_R^{(1)*}&=P(x_1^*|x_2^*|x_3^*|\alpha_4|x_5^*|\alpha_6|\alpha_7|x_8^*)\oplus(x^*|\beta_2|\beta_3|\beta_4|\beta_5|\beta_6|\beta_7|\beta_8),
\end{aligned}$$

计算

$$\begin{aligned}
s_1(z_1\oplus k_1^{(2)})\oplus s_1(z_1^*\oplus k_1^{(2)})&=v_1,\\
s_2(z_2\oplus k_2^{(2)})\oplus s_2(z_2^*\oplus k_2^{(2)})&=v_2,\\
s_3(z_3\oplus k_3^{(2)})\oplus s_3(z_3^*\oplus k_3^{(2)})&=v_3,\\
s_2(z_5\oplus k_5^{(2)})\oplus s_2(z_5^*\oplus k_5^{(2)})&=v_5,\\
s_1(z_8\oplus k_8^{(2)})\oplus s_1(z_8^*\oplus k_8^{(2)})&=v_8,
\end{aligned}$$

选择差分满足 $(v_1|v_2|v_3|v_5|v_8)=(x_1\oplus x_1^*|x_2\oplus x_2^*|x_3\oplus x_3^*|x_5\oplus x_5^*|x_8\oplus x_8^*)$, 且 $x\neq x^*$ 的对, 概率为 $(2^{-8})^5\times(2^8-1)/2^8\approx 2^{-40}$, 所以满足条件的对有 $2^{N+47}\times 2^{-40}=2^{N+7}$ 个.

步骤 5.2. 再猜测 $k^{(2)}$ 的第 4, 6, 7 这 3 字节的值, 对步骤 1 过滤出的每对明密文, 计算 $x_{L,1}^{(2)}$ 和 $x_{L,1}^{(2)*}$.

步骤 6. 猜测 $k^{(3)}$ 的第 1 字节的值 $k_1^{(3)}$, 对上一步中剩下的每一对, 计算 $s_1(x_{L,1}^{(2)}\oplus k_1^{(3)})\oplus s_1(x_{L,1}^{(2)*}\oplus k_1^{(3)})$, 判断 $s_1(x_{L,1}^{(2)}\oplus k_1^{(3)})\oplus s_1(x_{L,1}^{(2)*}\oplus k_1^{(3)})=x_{L,1}^{(1)}\oplus x_{L,1}^{(1)*}$

是否成立, 若成立 (概率为 2^{-8}), 则可推出 $\Delta x_L^{(3)} = (0|0|0|0|0|0|0|0)$, 由 8 轮不可能差分知所猜测的 $(k_1^{(12)}, k^{(1)}, k^{(2)}, k_1^{(3)})$ 是错误的, 淘汰. 重复上述步骤直到剩下唯一正确的密钥.

下面分析上述攻击的复杂度:

分析完第 5 步的数据对后, $(k_1^{(12)}, k^{(1)}, k^{(2)}, k_1^{(3)})$ 的错误值大约还有 $2^{144} \times (1-2^{-8})^{2^{N+7}}$ 个, 当 $N=8$ 时, $(2^{144}-1) \times (1-2^{-8})^{2^{N+7}} \approx 2^{-41}$, 故可认为将错误密钥全部淘汰. 第 3 步需要 $2 \times 2^8 \times 2^{N+111}/8 = 2^{125}$ 次一轮加密, 第 4 步需要 $2 \times 2^8 \times 2^{64} \times 2^{N+103} = 2^{184}$ 次一轮加密, 第 5.1 步需要 $2 \times 2^8 \times 2^{64} \times 2^{40} \times 2^{N+47} \times (5/8) \approx 2^{168}$ 次一轮加密, 第 5.2 步需要 $2 \times 2^8 \times 2^{64} \times 2^{40} \times 2^{24} \times 2^{N+7} = 2^{152}$ 次一轮加密, 第 6 步需要 $2 \times 2^{144} \times \{1 + (1-2^{-8}) + (1-2^{-8})^2 + \cdots + (1-2^{-8})^{2^{N+7}-1}\}/8 \approx 2^{150}$ 次一轮加密; 存储复杂度主要是在第 2 步中存储 2^{N+111} 个密文对, 以及存储 2^{144} 个候选密钥.

综上所述, 攻击的数据复杂度为 $2^N \times 2^{112} = 2^{120}$ 个选择明文, 时间复杂度为 $(2^{125} + 2^{184} + 2^{168} + 2^{152} + 2^{150})/12 \approx 2^{180.5}$ 次 12 轮加密, 空间复杂度约为 2^{144}.

7.5 CLEFIA 算法的不可能差分密码分析

7.5.1 CLEFIA 算法 9 轮不可能差分

读者可以利用 $\mathcal{U}$ 方法或者自行验证, CLEFIA 算法存在形如 $(000\alpha) \overset{9}{\nrightarrow} (000\alpha)$ 的 9 轮不可能差分, 由证明过程可知, 这条差分与 CLEFIA 算法所采用的 S 盒和线性变换均无关; 文献 [20] 考虑到线性变换分支数为 5, 进一步得到了 CLEFIA 算法新的形如 $(0, 000a, 0, 0) \overset{9}{\nrightarrow} (0, 0d00, 0, 0)$ 的 9 轮不可能差分; 张文英等找到了与以上形式完全不一样的 9 轮不可能差分, 并得到了对 CLEFIA 算法最好的攻击结果[24]. 若更细致地研究算法组件的性质, 可以得到更精确的结果[19].

定理 7.1 CLEFIA 算法存在如下 9 轮 $[0, 000a, 0, 0] \nrightarrow [0, 0d0e, 0, 0]$ 不可能差分, 其中 $a \neq 0$, $d \neq 0$.

证明 图 7.12 显示了这条 9 轮不可能差分, 图中其中粗体字母表示非零差分, $*$ 表示无需确定的差分.

根据算法的结构可以检验, 4 轮之后, $x_4^{(2)}$ 的差分必为如下形式, 这里 $x_4^{(2)}$ 表示 $x_4 = (x_4^{(0)}, x_4^{(1)}, x_4^{(2)}, x_4^{(3)})$ 的第 3 个分量, 下同.

$$\Delta_{x_4^{(2)}} = M_0 \begin{pmatrix} 0 \\ 0 \\ 0 \\ b \end{pmatrix} \oplus M_1 \begin{pmatrix} 0 \\ 0 \\ 0 \\ c \end{pmatrix},$$

其中 $b=S_1(x\oplus a)\oplus S_1(x)$, $c=S_0(y\oplus a)\oplus S_0(y)$, 又因为 S_0 和 S_1 都是 $\mathbb{F}_{2^8}$ 上的双射, 因此 $b\neq 0$, $c\neq 0$.

利用同样的方法, 从第 9 轮往回解密, 可以发现 $x_6^{(0)}$ 的差分必为如下形式:

$$\Delta_{x_6^{(1)}}=M_1\begin{pmatrix}0\\f\\0\\g\end{pmatrix},$$

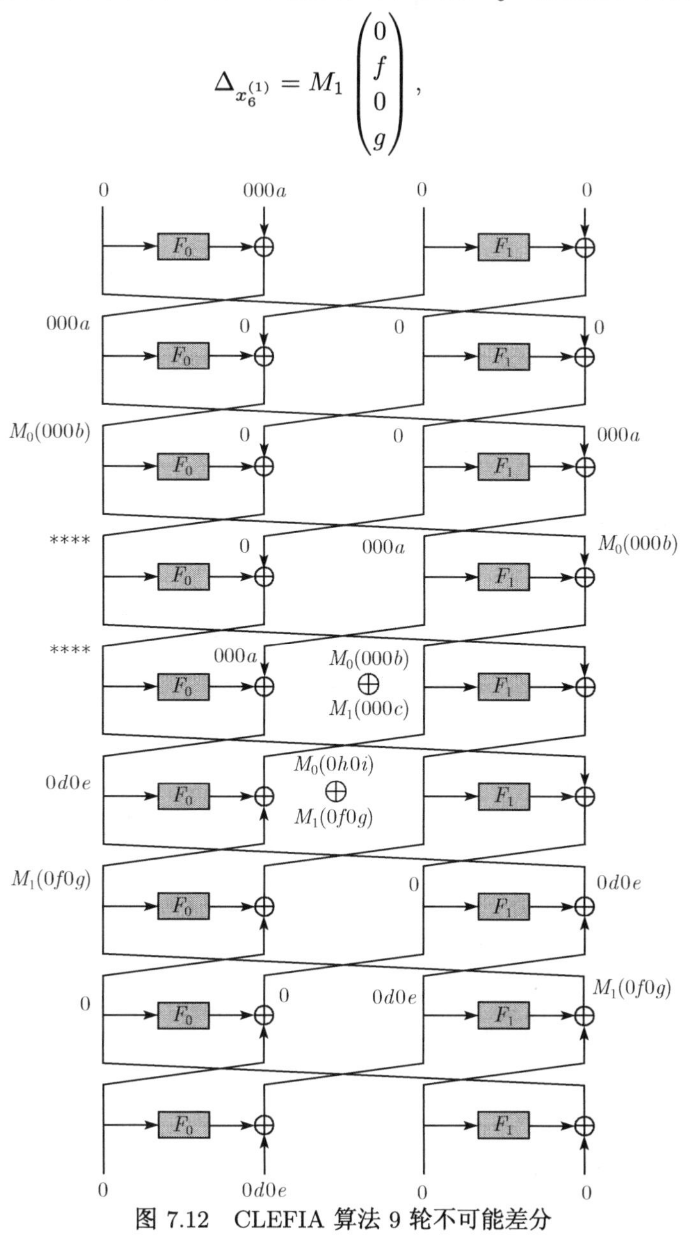

图 7.12 CLEFIA 算法 9 轮不可能差分

其中 $f\neq 0$. 因为 $\Delta_{x_5^{(0)}}$ 是形如 $(0d0e)^{\mathrm{T}}(d\neq 0)$ 的差分, 因此, 经过 F_0 后, 其差分形式必为 $M_0(0h0i)^{\mathrm{T}}(h\neq 0)$, 故

$$M_0\begin{pmatrix}0\\0\\0\\b\end{pmatrix}\oplus M_1\begin{pmatrix}0\\0\\0\\c\end{pmatrix}=M_0\begin{pmatrix}0\\h\\0\\i\end{pmatrix}\oplus M_1\begin{pmatrix}0\\f\\0\\g\end{pmatrix}.$$

从而

$$M_0^{-1}M_1\begin{pmatrix}0\\f\\0\\c\oplus g\end{pmatrix}=\begin{pmatrix}0\\h\\0\\b\oplus i\end{pmatrix}.$$

其中 $f\neq 0, h\neq 0$.

令 $M_0^{-1}M_1=(m_{i,j})_{0\leqslant i\leqslant 3,0\leqslant j\leqslant 3}$, 则

$$\begin{pmatrix}m_{0,1} & m_{0,3}\\ m_{2,1} & m_{2,3}\end{pmatrix}\begin{pmatrix}f\\ c\oplus g\end{pmatrix}=\begin{pmatrix}0\\0\end{pmatrix},$$

由于 $\begin{vmatrix}m_{0,1} & m_{0,3}\\ m_{2,1} & m_{2,3}\end{vmatrix}=\begin{vmatrix}46 & 40\\ 40 & 46\end{vmatrix}\neq 0$, 上面的方程只有零解. 从而 $f=0$, $c\oplus g=0$, 这与 $f\neq 0$ 矛盾. □

利用同样的方法可以找到 CLEFIA 其他不可能差分, 见表 7.3 和表 7.4, 其中

表 7.3　CLEFIA 算法 9 轮不可能差分表(I)

α_{in}	α_{out}		
$(0,000a,0,0)$	$(0,00de,0,0)$,	$(0,0d0e,0,0)$,	$(0,d00e,0,0)$
$(0,00a0,0,0)$	$(0,0de0,0,0)$,	$(0,d0e0,0,0)$,	$(0,00ed,0,0)$
$(0,0a00,0,0)$	$(0,de00,0,0)$,	$(0,0e0d,0,0)$,	$(0,0ed0,0,0)$
$(0,a000,0,0)$	$(0,e00d,0,0)$,	$(0,e0d0,0,0)$,	$(0,ed00,0,0)$
$(0,0,0,000a)$	$(0,0,0,00de)$,	$(0,0,0,0d0e)$,	$(0,0,0,d00e)$
$(0,0,0,00a0)$	$(0,0,0,0de0)$,	$(0,0,0,d0e0)$,	$(0,0,0,00ed)$
$(0,0,0,0a00)$	$(0,0,0,de00)$,	$(0,0,0,0e0d)$,	$(0,0,0,0ed0)$
$(0,0,0,a000)$	$(0,0,0,e00d)$,	$(0,0,0,e0d0)$,	$(0,0,0,ed00)$

表 7.4　CLEFIA 算法 9 轮不可能差分表(II)

α_{in}			α_{out}
$(0,00de,0,0)$,	$(0,0d0e,0,0)$,	$(0,d00e,0,0)$	$(0,000a,0,0)$
$(0,0de0,0,0)$,	$(0,d0e0,0,0)$,	$(0,00ed,0,0)$	$(0,00a0,0,0)$
$(0,de00,0,0)$,	$(0,0e0d,0,0)$,	$(0,0ed0,0,0)$	$(0,0a00,0,0)$
$(0,e00d,0,0)$,	$(0,e0d0,0,0)$,	$(0,ed00,0,0)$	$(0,a000,0,0)$
$(0,0,0,00de)$,	$(0,0,0,0d0e)$,	$(0,0,0,d00e)$	$(0,0,0,000a)$
$(0,0,0,0de0)$,	$(0,0,0,d0e0)$,	$(0,0,0,00ed)$	$(0,0,0,00a0)$
$(0,0,0,de00)$,	$(0,0,0,0e0d)$,	$(0,0,0,0ed0)$	$(0,0,0,0a00)$
$(0,0,0,e00d)$,	$(0,0,0,e0d0)$,	$(0,0,0,ed00)$	$(0,0,0,a000)$

$\alpha_{\rm in}$ 表示输入差分, $\alpha_{\rm out}$ 表示输出差分, 粗体字表示任意非零差分, e 为任意差分.

7.5.2 对 12 轮 CLEFIA 算法的不可能差分密码分析

为了给出对 12 轮 CLEFIA 算法的不可能差分密码分析, 首先给出如下命题:

命题 7.13 对 F- 函数 (F_0 和 F_1) 而言, 令 (In, In') 为两个 32 比特输入, $\Delta_{\rm out}$ 为相应的输出差分值, RK 为包含在 F 中的轮密钥, 则只需要计算一次 F 函数就可以得到 RK 的值.

该命题实质就是差分攻击中的查表运算, 将相关结果存储起来, 避免了多次进行复杂运算, 因此其本质是牺牲存储空间来降低时间复杂度 [25].

在 9 轮不可能差分之前加上一轮, 后面添加两轮, 可以对 12 轮简化 CLEFIA 进行攻击. 参考图 7.13, 攻击过程如下:

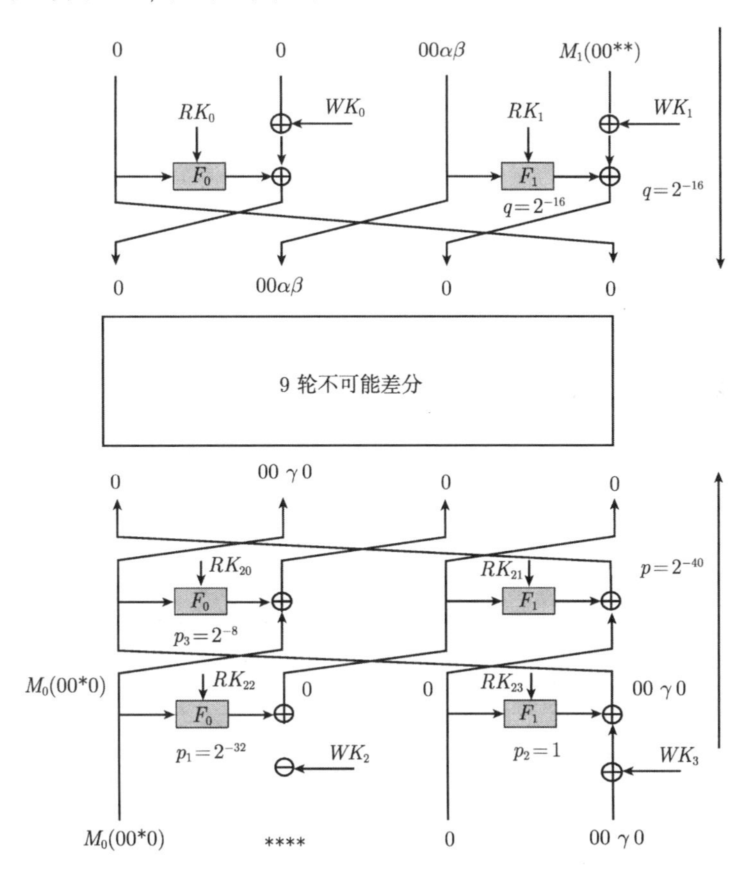

图 7.13 对 12 轮简化 CLEFIA 的不可能差分攻击

令 $\phi=(x_0,x_1,x_2,x_3)$, 其中 $x_i\in\mathbb{F}_{2^{32}}(i=0,1,2,3)$ 均为常数, $\Lambda=(0,0,00**,$ $M_1(00**))$, 其中 $*$ 表示遍历 $\mathbb{F}_{2^8}$. 定义结构 X_ϕ 为: $X_\phi=\{\phi\oplus\lambda|\lambda\in\Lambda\}$, 从而一

个结构 X_ϕ 中含有 $(2^8)^4 = 2^{32}$ 个元素.

步骤 1. 选择 $2^{78.93}$ 个结构 ($2^{110.93}$ 个明文, $2^{141.93}$ 对明文). 选择具有如下差分形式的密文 $C \oplus C^* = (M_0(00*0), ****, 0, 00*0)$. 具有如此差分形式的密文对 (C, C^*) 有 $N = 2^{141.93} \times 2^{-80} = 2^{61.93}$ 对.

步骤 2. 根据选择的密文对 (C, C^*) 和相应的明文对 (P, P^*), 猜测 RK_{23}(4 字节), 然后根据命题 7.13 计算 $RK_{22}|(WK_3 \oplus RK_{20})_2|(RK_1)_{2,3}$(7 字节). 分析了过滤后的 $2^{61.93}$ 对明密文对后, 剩下的错误密钥数目 $(2^{88}-1)(1-2^{-56})^N < 1$, 因此正确密钥被唯一确定.

该攻击的数据复杂度和时间复杂度如下:

为得到密文需要 $2^{110.93}$ 次加密; 在淘汰密钥阶段, 由于需要猜测 2^{32} 个密钥, 因此, 一共需要计算 $\leqslant 2^{32}N = 2^{93.93}$ 次 F 函数 $\approx 2^{89.5}$ 次加密.

因此, 整个攻击的数据复杂度为 2^{111}, 时间复杂度为 2^{90}.

7.6 进一步阅读建议

不可能差分分析是当前使用最多的密码分析手段之一, 利用不可能差分的思想可以得到对简化轮数的 AES 算法和 Camellia 算法最好的攻击结果.

绝大部分区分器是利用统计聚集优势, 即某个统计量远大于随机情形的指标来将算法与随机置换区分开来. 不可能差分则与之相反, 考虑不可能出现的情形来将密码算法与随机情形区分开来. 这个思想早在二战时期就已经被密码学家采用, 如英国密码学家分析德国的英格玛 (Enigma) 就利用了明文不可能加密到自身这个想法. 不可能差分概念则由 Knudsen 和 Biham 分别独立提出[1,10]. Knudsen 利用不可能差分的思想研究了轮函数为双射的 Feistel 结构密码的安全性; Biham 等在 EUROCRYPT 1999 系统提出不可能差分的概念[1], 并在 FSE 1999 上系统讲述了如何采用 "中间相遇" 的方法寻找不可能差分[2]. 初学者通读文献 [1, 2, 10] 是十分必要的, 另外, 吴文玲和张蕾总结了最近几年不可能差分密码分析的研究进展, 包括分析原理以及对常见算法的分析结果[28], 有助于读者对不可能差分密码分析有比较全面的认识.

与其他密码分析手段相比, 不可能差分能够攻击的轮数更多, 这是因为对一个迭代分组密码而言, 从已有的结果看, 所能找到的不可能差分的轮数一般比其他区分器要多. 比如 4 轮 AES 算法不存在有效的差分和线性特征, 存在 3 轮积分区分器和 4 轮高阶积分器, 不可能差分可以找到 4 轮. 同样, Camellia 算法存在 4 轮积分区分器、8 轮不可能差分区分器等. 尽管不可能差分可以攻击更多的轮数, 但是能构成现实威胁的并不多, 比如尽管可以找到完整 16 轮 Zodiac 算法的不可能差分 (7.2.2 节), 但这条不可能差分对 Zodiac 算法的实际安全构成的威胁甚小. 这主要是因为对目前的大多数算法而言, 找到的不可能差分均为截断不可能差分, 而且这些不可能差分的输出位置中有很多 0, 这就导致在攻击的时候需要有足够的明文量以使得这些满足条件的输出差分出现.

Hong 等利用不可能差分分析的方法, 找到了 Zodiac 算法 14 轮和 15 轮不可能差分, 并利用 14 轮不可能差分对完整 16 轮 Zodiac 算法实施了不可能差分密码分析, 详细的攻击过程见文献 [7]. 一个自然的问题是: 若利用 15 轮不可能差分, 是否可以得到更好的结果? 事实上, 若利用 15 轮不可能差分, 由于输出差分中限制很多, 则需要更多的选择明文, 而若利用 14 轮不可能差分, 则可以降低选择明文量; 结合其他方面考虑, 作者最终选取了 14 轮不可能差分来实施不可能差分密码分析. 这个例子说明, 在具体实施密码攻击的时候, 区分器的轮数固然重要, 但是区分器的形式也是很重要的, 同样可以影响攻击的复杂度.

显然, 人为计算一个算法的不可能差分是一件比较繁琐的事情, 当今计算机科学发展如此迅速, 为什么不考虑用计算机搜索呢? Kim 等[9] 总结了已有关于不可能差分的结果, 提出了 $\mathcal{U}$ 方法, 该方法可以让计算机有效地找出各种算法结构中所固有的不可能差分形式, 这些固有的不可能差分只与算法结构有关, 而与算法所采用的具体 S 盒无关, 这也就是所谓的不可能截断差分. 但是需要注意的是, 计算机只能根据人的想法来计算, 而各种不同的算法一定存在各自的特点, 这些特点计算机是不能发现的. 例如, n-Cell 的设计者利用 $\mathcal{U}$ 方法可以找到算法 $2n-1$ 轮不可能差分, 而经过仔细分析后, 可以找到算法 n^2+n-2 轮不可能差分. 这说明, 即使已经有现成算法可以找到算法的区分器, 仍需要根据算法固有的特点进行进一步的分析以得到更精确的结果.

读者可以根据 $\mathcal{U}$ 方法编程或者利用中间相遇的方法证明图 7.14~ 图 7.16 所示的广义 Feistel 结构 (其中轮函数 F 均是双射) 所固有的不可能差分: 图 7.14 所示结构具有 9 不可能差分: $(000\alpha) \nrightarrow (000\alpha)$, 其中 $\alpha \neq 0$; 图 7.15 所示结构具有 7 轮不可能差分: $(000\alpha) \nrightarrow (\beta000)$, 其中 $\alpha, \beta \neq 0$; 图 7.16 所示结构具有 11 轮不可能差分: $(aaa0) \nrightarrow (0aaa)$, 其中 $a \neq 0$.

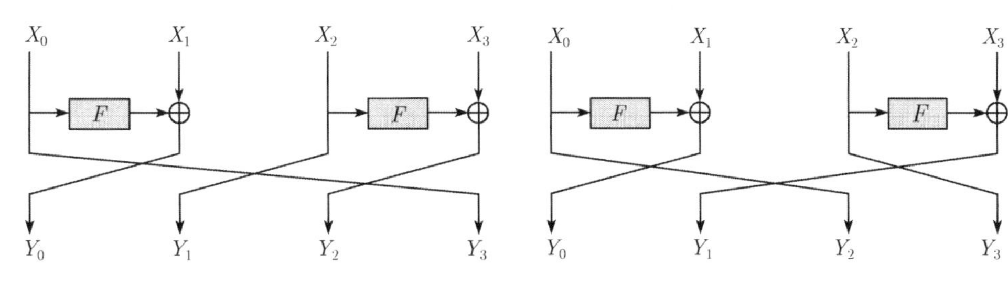

图 7.14 广义 Feistel 结构 (1)　　图 7.15 广义 Feistel 结构 (2)

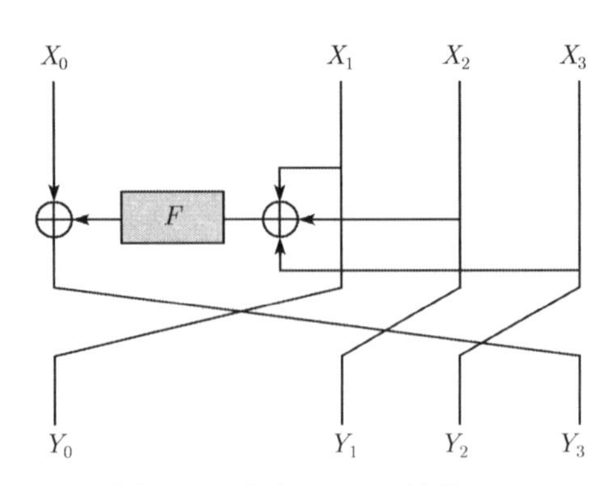

图 7.16　广义 Feistel 结构 (3)

在找到算法的不可能差分后, 利用何种方法才能有效恢复算法的密钥是不可能差分密码分析的另一个课题. 目前最常用的方法主要有以下两种, 实际攻击时两种方法经常结合使用: 一是 Early–Abort 技术, 由吕继强等在分析 Camellia 和 Misty1 算法的安全性时提出[13], 其基本思想是将密钥分成若干个部分以降低一次所猜测密钥的量, 攻击者先猜测未知密钥的一部分, 进行部分解密后, 检验所得的部分信息是否满足不可能差分的要求, 只留下符合要求的猜测密钥, 在此基础上再猜测剩余部分的密钥, 重复上述检验. 由于每一部分总的错误密钥可直接删除, 这将大大减少后续密钥的候选量从而降低攻击复杂度, 文献[12] 对 AES 算法的不可能差分密码分析也采用了 Early abort 技术. 另一个技术是牺牲存储复杂度换取时间复杂度, 即先将某些运算值存储下来, 在攻击阶段则直接查表以减少不必要的计算. 该方法最初由 Biham 和 Keller 分析 AES 算法的 5 轮不可能差分攻击时给出[3], 王薇等对 CLEFIA 算法的不可能差分密码分析[21] 和张文涛等对 AES 算法的不可能差分密码分析[25] 均采用了这个技术. 7.4 节对 Camellia 攻击的讲解就采用了 Early–Abort 技术, 7.5 节对 CLEFIA 算法攻击的讲解则采用了上述第 2 个策略.

参 考 文 献

[1] Biham E, Biryukov A, Shamir A. Cryptanalysis of Skipjack reduced to 31 rounds using impossible differentials[C]. EUROCRYPT 1999, LNCS 1592. Springer-Verlag, 1999: 12–23.

[2] Biham E, Biryukov A, Shamir A. Miss in the middle attacks on IDEA and Khufu[C]. FSE 1999, LNCS 1636. Springer-Verlag, 1999: 124–138.

[3] Biham E, Keller N. Cryptanalysis of reduced variants of Rijndael[C]. 3rd AES Conference, 2000.

[4] Choy J, Chew G, Khoo K, Yap H. Cryptographic properties and application of a generalized unbalanced Feistel network structure[C]. ACISP 2009, LNCS 5594, Springer-Verlag, 2009: 73–89.

[5] Cheon J, Kim M, Kim K, et al. Improved impossible differential cryptanalysis of Rijndael and Crypton[C]. ICISC 2001, LNCS 2288, Springer-Verlag, 2002: 39–49.

[6] Dunkelman O, Keller N. An improved impossible differential attack on MISTY1[C]. ASIACRYPT 2008, LNCS 5350, Springer-Verlag, 2008: 441–454.

[7] Hong D, Sung J, Moriai S, Lee S, Lim J. Impossible differential cryptanalysis of Zodiac[C]. FSE 2001, LNCS 2355, Springer-Verlag, 2002: 300–311.

[8] Hong S, Kim J, Kim G, Sung J, Lee C, Lee S. Impossible Differential Attack on 30-Round SHACAL-2[C]. INDOCRYPT 2003, LNCS 2904, Springer-Verlag, 2003: 97–106.

[9] Kim J, Hong S, Sung J, et al. Impossible differential cryptanalysis for block cipher structures[C]. INDOCRYPT 2003, LNCS 2904, Springer-Verlag, 2003: 82–96.

[10] Knudsen L. DEAL – a 128-bit block cipher[R]. AES Proposal, 1998.

[11] Lee C, Jun K, Jung M, Park S, Kim J. Zodiac Version 1.0 (revised) architecture and Specification[J]. Standardization Workshop on Information Security Technology, Korean Contribution on MP18033, ISO/IEC JTC1/SC27 N2563, 2000 (2000). Available at: http://www.kisa.or.kr/seed/index.html.

[12] Lu J, Dunkelman O, Keller N, Kim J. New impossible differential attacks on AES[C]. INDOCRYPT 2008, LNCS 5365, Springer-Verlag, 2008: 279–293.

[13] Lu J, Kim J, et al. Improving the efficiency of impossible differential cryptanalysis of reduced Camellia and MISTY1[C]. CT-RSA 2008, LNCS 4964, Springer-Verlag, 2008: 370–386.

[14] Li R, Sun B, Li C. Distinguishing attacks on a kind of generalized unbalanced Feistel Network[EB]. http://eprint.iacr.org/2009/360.

[15] Li R, Sun B, Zhang P, Li C. New impossible differentials of ARIA[EB]. http://eprint.iacr.org/2008/227.

[16] Moon D, Hwang K, Lee W, Lee S, Lim J. Impossible differential cryptanalysis of reduced round XTEA and TEA[C]. FSE 2002, LNCS 2365, Springer-Verlag, 2002: 49–60.

[17] Nakahara Jr. J, Pavao I. Impossible differential attacks on large-block Rijndael[C]. ISC 2007, LNCS 4779, Springer-Verlag, 2007: 104–117.

[18] Phan R. C-W. Impossible Differential Cryptanalysis of 7-round AES. Information Processing Letters[J]. 2004, 91(1): 33–38.

[19] Sun B, Li R, Li C. Impossible differential cryptanalysis of CLEFIA[EB]. http://eprint.iacr.org/2008/151.

[20] Tsunoo Y, Tsujihara E, Shigeri M, et al. Impossible differential cryptanalysis of CLEFIA[C]. FSE 2008, LNCS 5086, Springer-Verlag, 2008: 398–411.

[21] Wang W, Wang X. Improved impossible differential cryptanalysis of CLEFIA[EB]. http://eprint.iacr.org/2007/466.pdf.

[22] Wu W, Zhang W, Feng D. Impossible differential cryptanalysis of reduced-round ARIA and Camellia[J]. Journal of computer science and technology, 2007, 22(3): 449–456.

[23] Zhang L, Wu W, Park J, Koo B, Yeom Y. Improved impossible differential attacks on large-block Rijndael[C]. ISC 2008, LNCS 5222, Springer-Verlag, 2008: 298–315.

[24] Zhang W, Han J. Impossible differential analysis of reduced round CLEFIA[C]. Inscrypt 2008, LNCS 5487, Springer-Verlag, 2009: 181–191.

[25] Zhang W, Wu W, Feng D. New results on impossible differential cryptanalysis of reduced AES[C]. ICISC 2007, LNCS 4817, Springer-Verlag, 2007: 239–250.

[26] 孙兵, 张鹏, 李超. Zodiac 算法新的不可能差分密码分析和积分攻击. 软件学报, 待发表.

[27] 唐学海, 李超, 王美一, 屈龙江. 3D 密码的不可能差分攻击 [J]. 电子与信息学报, 已录用.

[28] 吴文玲, 张蕾. 不可能差分密码分析研究进展 [J]. 系统科学与数学, 2008, 28(8): 971–983.

[29] 魏悦川, 孙兵, 李超. FOX 密码的不可能差分密码分析. 通信学报, 待发表.

第8章　积分攻击的原理与实例分析

积分攻击是 Knudsen 等在总结 Square 攻击、Saturation 攻击和 Multiset 攻击的基础上提出的一种密码分析方法[13]. 它是继差分密码分析和线性密码分析后, 密码学界公认的最有效的密码分析方法之一. Square 攻击是由 Daemen 等针对 SQUARE 密码提出的一种攻击方法[2], 这种攻击方法更多地与算法的结构有关, 只要算法采用的变换是满射, 而与算法部件的具体取值关系不大. 作为主要针对面向字节运算算法安全性的密码分析方法, Square 攻击从其出现就受到密码学界的广泛关注. 2001 年, Lucks 在分析 Twofish 算法的安全性时, 首次将 Square 攻击的方法用于 Feistel 密码, 提出了 Saturation 攻击[18]; 同年, Biryukov 和 Shamir 在分析 SPN 结构安全性时, 提出了 Multiset 攻击[1], 并指出, 对于一个 4 轮 SPN 密码而言, 即使算法采用的 S 盒和线性变换都不公开, 利用 Multiset 攻击的思想, 仍然可以恢复出一个与原算法等价的算法.

积分攻击考虑一系列状态求和, 考虑到在特征为 2 的有限域上, 差分的定义就是两个元素的求和, 高阶差分是在一个线性子空间上求和, 因此积分攻击可以看作差分攻击的一种推广, 而高阶差分密码分析又可以看作积分攻击的一个特例.

积分攻击的最主要环节是寻找积分区分器. 在寻找一个算法积分区分器时, 通常只需知道算法的变换是满射即可, 因此, 传统积分攻击的方法对基于比特运算设计的密码算法 (如 PRESENT 算法) 是无效的, 鉴于此, Z'aba 等在 FSE 2008 上首次提出了基于比特的积分攻击方法[25], 其实质就是一种计数的方法, 通过分析特定比特位上元素出现次数的奇偶性来确定该比特位上所有值的异或值, 并由此判断该位置上比特的平衡性.

其次, 在实施攻击阶段, 利用差分分析方法恢复密钥时, 通常需要选择密文, 然后利用统计方法对每个可能的密钥计数, 当某个密钥对应的计数器明显高于其他计数器时, 就认为这是正确密钥; 在实施积分攻击时, 一般没有选择密文的步骤, 也不需要给密钥计数, 只要求不能通过检测的密钥都是错误密钥, 从而利用淘汰法可直接将正确密钥恢复出来.

本章首先讲述积分攻击的基本原理, 并以实例讲述如何利用经验判断法、代数法以及计数方法寻找积分区分器, 然后通过对 AES 算法和 Camellia 算法的积分攻击来讲述如何利用积分区分器对密码算法实施积分攻击, 以及在攻击过程中可以利用的一些技巧.

8.1　积分攻击的基本原理

8.1.1　基本概念

积分攻击通过对满足特定形式的明文加密, 然后对密文求和 (称之为积分), 通过积分值的不随机性将一个密码算法与随机置换区分开.

定义 8.1　设 $f(x)$ 是从集合 A 到集合 B 的映射, $V \subseteq A$, 则 $f(x)$ 在集合 V 上的积分定义为

$$\int_V f = \sum_{x \in V} f(x).$$

通常在找到 r 轮积分区分器后, 为方便攻击, 需要将区分器的轮数进行扩展, 这就是高阶积分的概念:

定义 8.2　设 f 是从集合 $A_1 \times A_2 \times \cdots \times A_k$ 到集合 B 的映射, $V_1 \times V_2 \times \cdots \times V_k \subseteq A_1 \times A_2 \times \cdots \times A_k$, 则 f 在 $V_1 \times \cdots \times V_k$ 上的 k 阶积分定义为

$$\int_{V_1 \times \cdots \times V_k} f = \sum_{x_1 \in V_1} \cdots \sum_{x_k \in V_k} f(x_1, \cdots, x_k).$$

例 8.1　若对任意常数 c_1, c_2 和 c_3, f 的一阶积分为 $\sum\limits_x f(x, c_1, c_2, c_3) = 0$, 则 f 的二阶积分为

$$\sum_x \sum_y f(x, y, c_2, c_3) = \sum_y \left(\sum_x f(x, y, c_2, c_3) \right) = 0.$$

在特征为 2 的有限域上, 高阶差分就是在一个特定的线性子空间上求和, 因此根据定义, 高阶差分可以看作积分攻击的一个特殊情形. 积分攻击的主要目的就是找到特定的集合 V, 对于相应的密文 $c(x)(x \in V)$, 计算相应的积分值 $\int_V c$. 首先看随机的情形.

性质 8.1　若 $X_i (0 \leqslant i \leqslant t)$ 均为 $\mathbb{F}_{2^n}$ 上均匀分布的随机变量, 则 $\sum\limits_{i=0}^{t} X_i = a$(其中 a 为某一常数) 的概率为 $\dfrac{1}{2^n}$.

上述性质说明, 如果对某些特殊形式明文对应的密文 C_i, 能确定 $\sum C_i$ 的值, 那就可以将这个算法与随机置换区分开来. 这个能将密码算法与随机置换区分开来的区分器称为积分区分器.

计算积分值 (寻找区分器) 有如下三种方法: 一是传统经验判断方法; 二是基于多项式理论的代数方法; 三是基于比特积分所采用的计数方法.

(1) 经验判断法

我们给出以下若干定义, 这些定义是 Daemen 等分析 SQUARE 密码安全性时提出的, 其中术语 "集合" 中的元素可以重复. 这也就是后来 "Multiset 攻击" 名称的由来.

定义 8.3 若定义在 $\mathbb{F}_{2^n}$ 上的集合 $A=\{a_i|0\leqslant i\leqslant 2^n-1\}$ 对任意 $i\neq j$, 均有 $a_i\neq a_j$, 则称 A 为 $\mathbb{F}_{2^n}$ 上的活跃集.

定义 8.4 若定义在 $\mathbb{F}_{2^n}$ 上的集合 $B=\{a_i|0\leqslant i\leqslant 2^n-1\}$ 满足 $\sum\limits_{i=0}^{2^n-1}a_i=0$, 则称 B 为 $\mathbb{F}_{2^n}$ 上的平衡集.

定义 8.5 若定义在 $\mathbb{F}_{2^n}$ 上的集合 $C=\{a_i|0\leqslant i\leqslant 2^n-1\}$ 对任意 i, 均有 $a_i=a_0$, 则称 C 为 $\mathbb{F}_{2^n}$ 上的稳定集.

下面给出上述集合的一些常用的性质, 即寻找一个算法积分区分器时所遵循的基本原则.

性质 8.2 不同性质字集间的运算满足如下性质:

(1) 活跃/稳定字集通过双射 (如可逆 S 盒, 密钥加) 后, 仍然是活跃/稳定的.

(2) 平衡字集通过非线性双射, 通常无法确定其性质.

(3) 活跃字集与活跃字集的和不一定为活跃字集, 但一定是平衡字集; 活跃字集与稳定字集的和仍然为活跃字集; 两个平衡字集的和为平衡字集.

证明 只给出活跃字集的和为平衡字集的证明, 其他性质的证明比较简单, 请读者自行完成. 设 $X=\{x_i|0\leqslant i\leqslant 2^n-1\}$ 和 $Y=\{y_j|0\leqslant j\leqslant 2^n-1\}$ 均为活跃字集, 则

$$\sum_{i=0}^{2^n-1}(x_i\oplus y_i)=\left(\sum_{i=0}^{2^n-1}x_i\right)\oplus\left(\sum_{i=0}^{2^n-1}y_i\right)=\left(\sum_{a\in\mathbb{F}_{2^n}}a\right)\oplus\left(\sum_{b\in\mathbb{F}_{2^n}}b\right)=0,$$

即 X 和 Y 的和为平衡字集. □

上述性质中, 第二条是寻找积分区分器的 "瓶颈", 如果能确定平衡集通过 S 盒后的性质, 那就有可能寻找到更多轮数的积分区分器, 这就是代数方法和计数器方法所研究的内容. 在后续章节中, 将用 A, B 和 C 分别代表活跃字集、平衡字集和稳定字集.

(2) 代数方法

在经验判断时, 由于是将整体看成一个集合, 对其中不同元素的性质考虑较少, 比如通常只能确定 $A\oplus A=B$, 并不能刻画出更细致的性质. 代数方法从元素的角度来研究积分的性质, 这部分内容在第 9 章讲述插值攻击时进一步阐述. 首先给出有限域上的多项式和多项式函数的区别:

有限域 $\mathbb{F}_q$ 上的多项式是指$f(x)=\sum\limits_{i=0}^{N}a_ix^i$, 其中 $a_i\in\mathbb{F}_q$; 而有限域 $\mathbb{F}_q$ 上的多

项式函数是指次数 $\leqslant q-1$ 的多项式, 因此 $\mathbb{F}_q[x]$ 中的任意一个多项式 $f(x)$ 都有一个唯一的多项式函数 $g(x)$ 与之对应, 即 $g(x)=f(x) \bmod x^q-x$.

在下面的分析中, 如无特殊说明, 多项式均指多项式函数.

定理 8.1[17] 设多项式 $f(x)=\sum\limits_{i=0}^{q-1} a_i x^i \in \mathbb{F}_q[x]$, 其中 q 是某个素数的方幂, 则

$$\sum_{x\in\mathbb{F}_q} f(x) = -a_{q-1}.$$

定理 8.2[17] 若多项式 $f(x)=\sum\limits_{i=0}^{q-1} a_i x^i \in \mathbb{F}_q[x]$ 是置换多项式, 则 $a_{q-1}=0$.

定理 8.1 说明, 要确定加密若干轮后某个字节是否平衡, 可以通过研究该字节和相应明文之间的多项式函数的最高项系数.

经验判断法是代数方法的特殊形式, 如活跃集对应了置换多项式, 平衡集则对应了多项式最高项系数为 0.

代数方法要求我们对有限域上的多项式理论比较熟悉, 比如置换多项式的复合还是置换多项式, 置换多项式与常数的和为置换多项式等, 这些在寻找特定算法积分区分器时将会发挥特殊的作用.

(3) 计数方法

基于计数方法求积分值最早由 Z'aba 等提出. 由于在基于比特运算的密码算法中, 经验判断法和代数方法很难实施, 因此 Z'aba 等在 FSE 2008 上提出了基于比特的积分攻击, 实际上就是一种特殊的计数方法.

在 $\mathbb{F}_{2^n}$ 上, 若 $\int_V f = a$, 则 $\int_V f^{(i)} = a^{(i)}$, 其中 $f^{(i)}(x)$ 和 $a^{(i)}$ 分别表示 $f(x)$ 和 a 的第 i 分量, 显然 $f^{(i)}(x), a^{(i)} \in \{0,1\}$, 这说明要确定 $a^{(i)}$ 的值, 只需知道在序列 $(f^{(i)}(x))$ 中不同元素出现次数 N 的奇偶性: 若 N 为偶数, 则 $a^{(i)}=0$, 对于 N 为奇数的情形, 通常不能确定相应位置是否平衡.

为了计算序列中元素重复次数的奇偶性, Z'aba 等[25] 给出了序列如下不同模式的定义:

定义 8.6(常量模式) 序列 $(q_0q_1\cdots q_{2^n-1})$(其中 $q_i\in\mathbb{F}_2$) 为常量模式是指对任意 $1\leqslant i\leqslant 2^n-1$, 均有 $q_i=q_0$, 常量模式记为 c.

定义 8.7(第一类活跃模式) 序列 $(q_0q_1\cdots q_{2^n-1})$(其中 $q_i\in\mathbb{F}_2$) 为第一类活跃模式是指存在 $0\leqslant t\leqslant n-1$, 使得在序列中, 2^t 个 0 和 2^t 个 1 交替出现, 第一类活跃模式记为 a_t.

定义 8.8(第二类活跃模式) 序列 $(q_0q_1\cdots q_{2^n-1})$(其中 $q_i\in\mathbb{F}_2$) 为第二类活跃模式是指存在 $0\leqslant t\leqslant n-1$, 使得序列中, 相同比特总是连续出现 2^t 次, 第二类活跃模式记为 b_t.

定义 8.9(平衡模式) 若序列 $(q_0q_1\cdots q_{2^n-1})$(其中 $q_i\in\mathbb{F}_2$) 满足 $\sum\limits_{i=0}^{2^n-1}q_i=0$, 则称该序列平衡.

例 8.2 (00000000) 和 (11111111) 均是常量模式 (c); (00110011) 是第一类活跃模式 (a_1) 同时也是第二类活跃模式 (b_1), (00110000) 是第二类活跃模式 (b_1); 上述四条序列均为平衡模式.

根据定义可知, 若一条序列为第一类活跃模式, 则该序列一定也为第二类活跃模式, 常量模式和第一类活跃模式均为平衡模式; 除 b_0 外, 其余第二类活跃模式均为平衡模式.

下面给出有关上述定义的若干性质:

性质 8.3 不同模式序列之间的运算遵从以下规律:

(1) $\alpha\oplus c=\alpha$, 其中 $\alpha\in\{c,a_i,b_i\}$.

(2) $a_i\oplus a_i=c$.

(3) $\alpha_i\oplus\beta_j=b_{\min\{i,j\}}$, 其中 $\alpha,\beta\in\{a,b\}$.

可以验证, 序列 $T=(0101000101010001)$ 是平衡序列, 但不属于上述 a_i, b_i 和 c 的任何模式, 因此给出如下定义:

定义 8.10 设序列 $M=(m_0m_1\cdots m_{N-1})$, 则 $(M)_k$ 表示将序列 M 重复 k 次后得到的长为 $k\times N$ 的序列, 即 $(M)_k=\underbrace{M\cdots M}_{k}$.

根据定义, 序列 $T=(0101000101010001)=(01010001)_2=((01)_2(0)_31)_2$.

在具体分析一个算法时, 一般不能确定某个位置的具体值, 因此, 将序列 $M=(m_0m_1\cdots m_{N-1})$ 简记为 $M=\underbrace{(v\cdots v)}_{N}$, 其中 v 重复 N 次. 注意区分 $\underbrace{(v\cdots v)}_{k}$ 和 $(v)_k$: 前者表示任意 k 个值串联, 后者表示同一个值重复 k 次. 比如 $\mathbb{F}_2$ 上任意一条长为 N 的序列均可写成 $M=\underbrace{(v\cdots v)}_{N}$ 的形式, 而 $M^*=(v)_N$ 只对应了两条序列, 即 $\underbrace{(0\cdots 0)}_{N}$ 和 $\underbrace{(1\cdots 1)}_{N}$. 利用这个符号, 上述序列又可记为 $T=((vv)_2(v)_3v)_2$.

因为上述符号本质上是一种周期刻画, 从而可以求出 $(v_{2^{k_1}}v_{2^{k_1}})\oplus(v_{2^{k_2}}v_{2^{k_2}})=((v_{2^{k_2}}v_{2^{k_2}})_{2^{k_1-k_2-1}}(v_{2^{k_2}}v_{2^{k_2}})_{2^{k_1-k_2-1}})$, 其中 $k_2<k_1$, 其他各种模式的和可类似求出. 另外可以验证, 若将一条序列的每个元素都乘以或者加上相同的数后, 不改变原有序列的模式.

8.1.2 积分攻击的基本过程

对 r 轮密码实施积分攻击的一般流程如下:

步骤 1. 计算某个特殊的 $r-1$ 轮积分值, 即寻找区分器;

步骤 2. 根据区分器, 选择相应的明文集合, 对其进行加密;

步骤 3. 猜测第 r 轮密钥, 部分解密后验证所得中间值的和是否为 $r-1$ 轮积分值, 若不是, 则淘汰该密钥;

步骤 4. 如果有必要, 重复上述步骤 2 和步骤 3, 直到密钥唯一确定.

根据上述步骤可知, 第一步确定 $r-1$ 轮算法的某个积分值是积分攻击能否成功的关键, 而选择明文量和部分解密所需要猜测的密钥量是影响攻击复杂度的主要因素.

后续章节将以实例详细介绍如何寻找积分区分器、如何对算法实施积分攻击以及相应的复杂度计算.

8.2 寻找积分区分器的一般方法

本节讲述如何寻找一个密码算法的积分区分器:

一是传统经验判断法, 因为这种方法相对比较简单, 所以只选了一个例子, 即 Rijndael-256 算法, 来讲述经验判断法.

二是代数方法, 利用经验方法寻找积分区分器时, 除了平衡, 不能确定两个遍历字集和的更多性质. 由于有限域上的映射总可以写成多项式的情形, 因此算法中的轮函数可以看作是有限域上的多项式函数. 在利用代数方法寻找积分区分器时, 将更多的考虑集合中不同元素的性质, 使得分析结果更加精确. 本节将依次介绍如何利用代数方法寻找 SMS4 算法、Zodiac 算法和 n-Cell 结构的积分区分器, 在具体寻找的过程中, 将充分考虑积分区分器与其他区分器特别是截断差分区分器的联系.

三是计数法, 本节的最后讲述如何利用计数方法寻找 Rijndael-256 算法和 ARIA 算法的积分区分器.

8.2.1 Rijndael-256 算法 3 轮积分区分器 (I)

Rijndael-256 算法的分组长度为 32 个字节, 共 256 比特, 与 Rijndael-128 算法相比, 其不同之处主要在于: 首先将输入 32 个字节 $p_0p_1\cdots p_{31}$ 按照 $a_{ij}=p_{i+4j}$ 的顺序映射成状态矩阵 $A=(a_{ij})_{0\leqslant i\leqslant 3,0\leqslant j\leqslant 7}$, 其次是在做行移位时, 每行依次左移的数目为 0, 1, 3, 4, 见图 8.1.

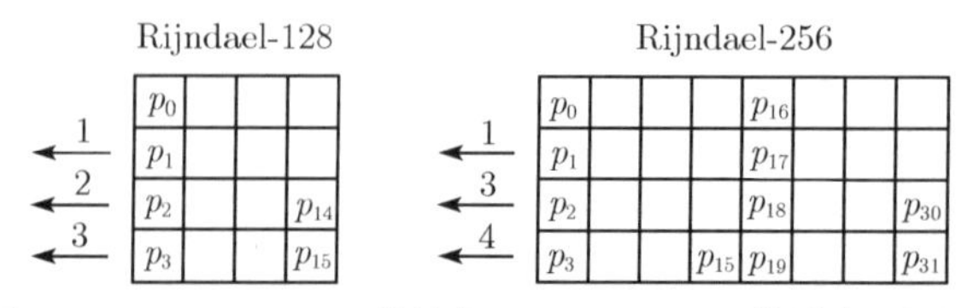

图 8.1 Rijndael-128 算法与 Rijndael-256 算法主要区别

命题 8.1　若 Rijndael-256 算法的输入字节只有一个遍历 256 个状态, 其他字节均为常数, 则第三轮输出的每个字节均为平衡字节.

证明　如图 8.2, 不妨假设第 1 个字节 a_{00} 遍历, 其他字节为常数, 由于密钥加和 S 盒变换不改变字节的性质, 而行移位仅仅改变字节的位置, 因此在第 1 轮线性变换之前, 只有第一个字节遍历, 其他字节为常数, 由于线性变换的分支数为 5, 所以在第 1 轮的输出状态中, 第一列的每个字节 (即 a_{00}, a_{10}, a_{20}, a_{30}) 均遍历, 其余字节均为常数.

同理, 第 2 轮输出的第 1、5、6 和 8 列的每个字节 (即 a_{00}, a_{10}, a_{20}, a_{30}, a_{04}, a_{14}, a_{24}, a_{34}, a_{05}, a_{15}, a_{25}, a_{35}, a_{07}, a_{17}, a_{27}, a_{37}) 均遍历, 其余字节为常数.

如图 8.2, 第 3 轮输出的每个字节均可写作成若干活跃字节和常数的和, 因此是平衡的. □

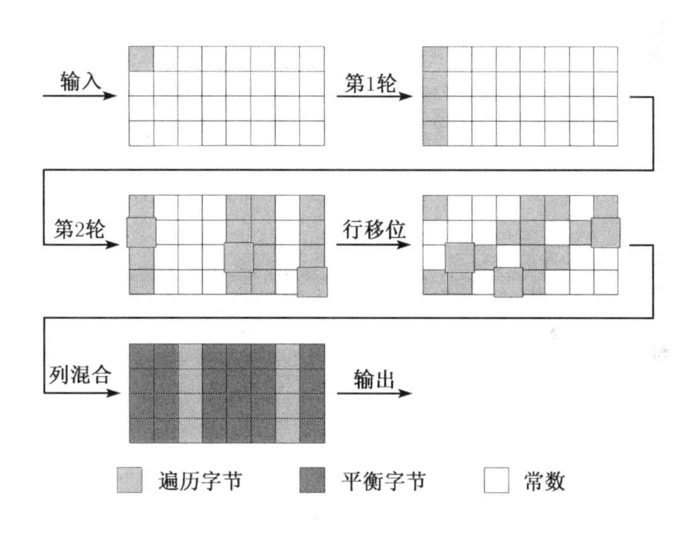

图 8.2　Rijndael-256 算法 3 轮积分区分器 (I)

8.2.2　SMS4 算法 8 积分区分器

SMS4 算法介绍见 2.7 节, 本小节关于 SMS4 算法的区分器可见文献 [14].

如图 8.3, 假设 SMS4 算法的输入为 (x,x,x,c), 其中 c 为常数, 根据 SMS4 算法流程可知, 第 1 轮的输出为

$$(x,x,c,x\oplus c_1),$$

其中 c_1 是与第 1 轮密钥相关的常数. 同理, 第 2~5 轮的输出依次为

$$(x, c, x \oplus c_1, x \oplus c_2),$$

$$(c, x \oplus c_1, x \oplus c_2, x \oplus c_3),$$

$$(x \oplus c_1, x \oplus c_2, x \oplus c_3, f(x)),$$

$$(x \oplus c_2, x \oplus c_3, f(x), x \oplus g(x)),$$

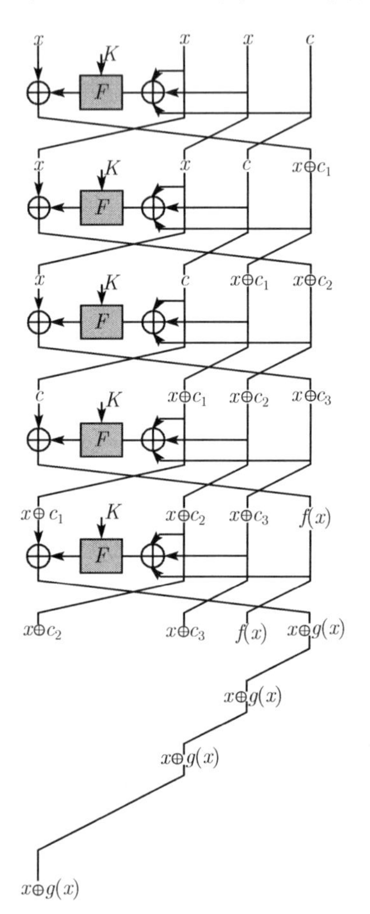

图 8.3　SMS4 算法 8 轮积分区分器

其中 c_i 均为常数, $f(x)$ 和 $g(x)$ 均是置换多项式. 根据 SMS4 算法流程可知, 第 8 轮输出一定为 $(x \oplus g(x), ?, ?, ?)$ 的形式, 其中 ? 表示无法确定或无需确定的值. 由于 x 和 $g(x)$ 均遍历, 因此 $x \oplus g(x)$ 平衡. 更一般地, 有如下命题:

命题 8.2　**若 SMS4 算法的输入为** $(x, x \oplus c_1, x \oplus c_2, c_3)$, **其中** c_i **均为常数, 设第 8 轮的输出为** $(y_0(x), y_1(x), y_2(x), y_3(x))$, **则**

$$\sum_x y_0(x) = 0.$$

8.2.3 Zodiac 算法 9 轮积分区分器

有关 Zodiac 算法介绍见 7.2.2 节.

命题 8.3 设 Zodiac 算法的输入为 $(c_0c_1c_2c_3c_4c_5c_6c_7, c_8c_9c_{10}c_{11}c_{12}xx \oplus c_{13}x \oplus c_{14})$, 第 9 轮的输出为

$$(p_0(x)p_1(x)p_2(x)p_3(x)p_4(x)p_5(x)p_6(x)p_7(x),\\ q_0(x)q_1(x)q_2(x)q_3(x)q_4(x)q_5(x)q_6(x)q_7(x)).$$

则 $q_3(x)$ 是置换多项式.

证明 根据寻找 SMS4 算法 8 轮积分区分器的方法可以检验上述结论的正确性. 下面从另一个角度来证明命题的正确性.

在 7.2.2 节已经证明, 当 Zodiac 算法的输入差分为 $(00000000, 00000aaa)$ 时, 第 8 轮 (包含数据的左右交换) 的输出差分一定为 $(STUjVWXY, MNi0OPQR)$ 的形式, 其中大写字母表示无法确定或无需确定的差分值, 小写字母 i 和 j 表示非零差分. 根据算法结构, 第 9 轮的输出差分的右半部分为 $(STUjVWXY)$, 其中 $j \neq 0$.

假设命题不成立, 即 $q_3(x)$ 不是置换多项式, 则一定存在 $x_1 \oplus x_2 \neq 0$, 使得 $q_3(x_1) = q_3(x_2)$, 即 $q_3(x_1) \oplus q_3(x_2) = 0$. 这就和上述概率为 1 的截断差分中 $j \neq 0$ 矛盾! 因此 $q_3(x)$ 一定为置换多项式. □

由 Zodiac 算法 9 轮积分区分器的推导过程可见, 截断差分与积分区分器之间有非常紧密的联系.

8.2.4 n-Cell 结构 n^2 轮积分区分器

有关 n-Cell 结构的介绍见 7.2.5 节, 本小节关于 n-Cell 算法的区分器可参见文献 [15].

首先根据 n-Cell 结构可知如下连续 n 轮的加密性质:

命题 8.4 假设 n-Cell 结构第 i 轮的输入为 $(x_0, x_1, \cdots, x_{n-1})$, 经过连续 n 轮加密, 第 $i+n-1$ 轮的输出为 $(y_0, y_1, \cdots, y_{n-1})$, 则

(1) $\begin{cases} y_0 = F_i(x_0) \oplus x_1 \oplus \cdots \oplus x_{n-1}, \\ y_m = F_{i+m-1}(x_{m-1}) \oplus F_{i+m}(x_m) \oplus x_m, m > 0. \end{cases}$

(2) $\bigoplus\limits_{j=0}^{n-1} y_j = F_{i+n-1}(x_{n-1})$.

如果将 n-Cell 结构每 n 轮分为一组, 则有如下定理:

命题 8.5 假设 n-Cell 结构的输入为 $(x, c_1, \cdots, c_{n-1})$, 其中 c_i 均为常数, 第 $m \times n$ 轮的输出为 $(y_0^{(m)}(x), y_1^{(m)}(x), \cdots, y_{n-1}^{(m)}(x))$, 则

(1) 当 $m = i$ 时, $y_i^{(m)}(x)$ 是置换多项式.

(2) 当 $m > i$ 时, $y_i^{(m)}(x)$ 为常数.

证明　当 $m=1$ 时, 根据命题 8.4,

$$
\begin{cases}
y_0^{(1)}(x) = F_1(x) \oplus c_1 \oplus \cdots \oplus c_{n-1}, \\
y_1^{(1)}(x) = F_1(x) \oplus F_2(c_1) \oplus c_1, \\
\qquad \cdots\cdots\cdots \\
y_{n-1}^{(1)}(x) = F_{n-1}(c_{n-2}) \oplus F_n(c_{n-1}) \oplus c_{n-1}.
\end{cases}
$$

由于 c_i 均为常数, 所以当 $m=1$ 时命题成立.

假设 $y_m^{(m)}(x)$ 为置换多项式, $y_t^{(m)}(x)$ 为常数, 其中 $t>m$, 则

$$
y_{m+1}^{(m+1)}(x) = F_{m\times n+m+1}\left(y_m^{(m)}(x)\right) \oplus F_{m\times n+m+2}\left(y_m^{(m+1)}(x)\right) \oplus y_m^{(m+1)}(x)
$$

是置换多项式.

又由于 $y_t^{(m+1)}(x)$ 只与 $y_t^{(m)}(x)$ 和 $y_{t-1}^{(m)}(x)$ 有关, 所以当 $t>m+1$ 时, $y_t^{(m+1)}(x)$ 是常数. 命题得证. □

表 8.1 给出了当输入为 $(x, c_1, \cdots, c_{n-1})$ 时, 第 $m\times n$ 轮的输出情况, 其中 $P_i(x)$ 均为置换多项式.

表 8.1　n-Cell 结构每隔 n 轮的输出

0	x	C	C	$\cdots$	C	$\cdots$	C	C
n		$P_1(x)$	C	$\cdots$	C	$\cdots$	C	C
$\vdots$			$\ddots$		$\vdots$		$\vdots$	$\vdots$
$(m-1)n$				$P_{m-1}(x)$	C	$\cdots$	C	C
mn					$P_m(x)$	$\cdots$	C	C
$\vdots$						$\ddots$	$\vdots$	$\vdots$
$(n-2)n$							$P_{n-2}(x)$	C
$(n-1)n$								$P_{n-1}(x)$

根据命题 8.4, 第 n^2 轮的输出 $(y_0^{(n)}(x), y_1^{(n)}(x), \cdots, y_{n-1}^{(n)}(x))$ 满足 $\sum\limits_{i=0}^{n-1} y_i^{(n)}(x)$ 为置换多项式. 即有如下定理:

命题 8.6　假设 n-Cell 结构的输入为 $(x, c_1, \cdots, c_{n-1})$, 其中 c_i 均为常数, 第 n^2 轮的输出为 $(y_0^{(n)}(x), y_1^{(n)}(x), \cdots, y_{n-1}^{(n)}(x))$, 则 $\sum\limits_{i=0}^{n-1} y_i^{(n)}(x)$ 为置换多项式.

命题 8.6 还说明, 若 n-Cell 结构的输入差分为 $(\delta, 0, \cdots, 0)$, 第 n^2 轮的输出差分为 $(\delta_0, \delta_1, \cdots, \delta_{n-1})$, 则 $\delta_0 \oplus \delta_1 \oplus \cdots \oplus \delta_{n-1} \neq 0$. 这是一条概率为 1 的 n^2 轮截断差分, 7.2.5 节正是利用这条截断差分来寻找 n-Cell 结构 (n^2+n-2) 轮不可能差分的.

8.2.5 Rijndael-256 算法 3 轮积分区分器 (II)

前面用经验判断的方法找到了 Rijndael-256 算法的 3 轮积分区分器, 区分器的输入明文量为 256, 输出均为平衡字节. 从寻找的过程看, 在利用经验判断和代数方法寻找积分区分器时, 并没有考虑输入状态的顺序.

在利用计数方法寻找积分区分器时, 尽管元素的顺序对积分值没有影响, 但是在计算积分值的过程中将扮演很重要的角色, 因此赋予输入一定的顺序从而可以确定该输入的模式. 下面仍然以 Rijndael-256 为例, 详细阐述利用计数方法寻找积分区分器的过程, 具体可参见文献 [22].

命题 8.7 设 Rijndael-256 的 32 个字节 $(p_0p_1\cdots p_{31})$ 的模式满足: 当 $j<5$ 时, p_j 的最低位为 a_j 模式; 当 $j\geqslant 5$ 时, p_j 均为常量模式, 则 3 轮 Rijndael-256 输出的每个字节均为平衡字节.

证明 根据题设可知, 算法的输入模式为

$$\begin{pmatrix} (vv)_{16} & (v_{16}v_{16}) & c & c & c & c & c & c \\ (v_2v_2)_8 & c & c & c & c & c & c & c \\ (v_4v_4)_4 & c & c & c & c & c & c & c \\ (v_8v_8)_2 & c & c & c & c & c & c & c \end{pmatrix}.$$

由于密钥加不改变序列的模式, 因此不考虑密钥加的影响.

第一轮行移位后的模式为

$$\begin{pmatrix} (vv)_{16} & (v_{16}v_{16}) & c & c & c & c & c & c \\ c & c & c & c & c & c & c & (v_2v_2)_8 \\ c & c & c & c & c & (v_4v_4)_4 & c & c \\ c & c & c & c & (v_8v_8)_2 & c & c & c \end{pmatrix}.$$

列混合后即第一轮输出模式为

$$\begin{pmatrix} (vv)_{16} & (v_{16}v_{16}) & c & c & (v_8v_8)_2 & (v_4v_4)_4 & c & (v_2v_2)_8 \\ (vv)_{16} & (v_{16}v_{16}) & c & c & (v_8v_8)_2 & (v_4v_4)_4 & c & (v_2v_2)_8 \\ (vv)_{16} & (v_{16}v_{16}) & c & c & (v_8v_8)_2 & (v_4v_4)_4 & c & (v_2v_2)_8 \\ (vv)_{16} & (v_{16}v_{16}) & c & c & (v_8v_8)_2 & (v_4v_4)_4 & c & (v_2v_2)_8 \end{pmatrix}.$$

第二轮行移位后模式为

$$\begin{pmatrix} (vv)_{16} & (v_{16}v_{16}) & c & c & (v_8v_8)_2 & (v_4v_4)_4 & c & (v_2v_2)_8 \\ (v_{16}v_{16}) & c & c & (v_8v_8)_2 & (v_4v_4)_4 & c & (v_2v_2)_8 & (vv)_{16} \\ c & (v_8v_8)_2 & (v_4v_4)_4 & c & (v_2v_2)_8 & (vv)_{16} & (v_{16}v_{16}) & c \\ (v_8v_8)_2 & (v_4v_4)_4 & c & (v_2v_2)_8 & (vv)_{16} & (v_{16}v_{16}) & c & c \end{pmatrix}.$$

作为例子, 仅仅研究第一列的输出模式, 其余列的情况类似.

显然, 第一列每个位置对应的序列模式均为 $(vv)_{16} \oplus (v_{16}v_{16}) \oplus (v_8v_8)_2 \oplus c = (vv)_4(vv)_4(vv)_4(vv)_4$, 由于下标全部是偶数, 因此这些位置上的元素和为 0, 从而是平衡的. □

尽管上述积分区分器的输出和传统基于字节的 3 轮积分区分器的输出是一样的, 但是两者的输入大不相同:

首先, 基于比特的积分区分器所需的明文只有 32 个, 而基于字节的积分区分器所需的明文是 256 个, 因此在对 4 轮 Rijndael-256 实施积分攻击时, 基于比特的积分区区分器所需的数据量少; 其次, 由于基于比特的积分区分器的输入涉及 5 个活跃 S 盒, 而基于字节的积分区分器只有一个, 因此, 在对多轮 Rijndael-256 实施积分攻击的时候, 后者更容易扩展成 4 轮高阶积分器, 而基于比特的积分区分器在扩展成高阶积分区分器后, 所需明文量将超过后者.

8.2.6 ARIA 算法 3 轮积分区分器

有关 ARIA 算法细节见 2.5 节.

利用经验判断法可知, 当 ARIA 算法的输入只有一个是活跃字节, 其余字节均为常数时, 第 2 轮输出的每个字节均为平衡字节, 读者可自行验证这个结论的正确性. ARIA 算法的设计者依据 ARIA 算法线性变换分支数为 8 这个性质, 就推断算法不存在 3 轮积分区分器, 这是不对的, 因为利用经验判断法确实不能得到 3 轮积分区分器, 但是利用计数器的方法, 可以得到 3 轮积分区分器, 具体可参见文献 [15].

首先研究算法第 3 轮 S 盒变换层输出的性质:

命题 8.8 假设 ARIA 算法的输入为 $B = (B_0, B_1, \cdots, B_{15})$, 第 i 轮的轮密钥为 $k_i = (k_{i,0}, k_{i,1}, \cdots, k_{i,15})$, 第 i 轮的 S 盒变换层和线性扩散层的输出分别为 $Z_i = (Z_{i,0}, Z_{i,1}, \cdots, Z_{i,15})$ 和 $Y_i = (Y_{i,0}, Y_{i,1}, \cdots, Y_{i,15})$. 则当 B_0 遍历 $\mathbb{F}_{2^8}$ 且其余 B_i 均为常数时, $Z_{3,6}$, $Z_{3,9}$ 和 $Z_{3,15}$ 均为平衡字节.

证明 假设算法的输入为

$$B = \begin{pmatrix} x & C & C & C \\ C & C & C & C \\ C & C & C & C \\ C & C & C & C \end{pmatrix},$$

其中 C 所对应的字节位置均为常数 (不一定相等). 令 $y=S_1(x\oplus k_{1,0})$, 根据 ARIA 算法流程, 第一轮的输出可写成如下形式:

$$Y_1=\begin{pmatrix} C & y\oplus\beta_4 & y\oplus\beta_8 & C \\ C & C & y\oplus\beta_9 & y\oplus\beta_{13} \\ C & y\oplus\beta_6 & C & y\oplus\beta_{14} \\ y\oplus\beta_3 & C & C & C \end{pmatrix}.$$

令 $\gamma_i=\beta_i\oplus k_{2,i}$, 则

$$Z_2=\begin{pmatrix} C & S_1^{-1}(y\oplus\gamma_4) & S_1^{-1}(y\oplus\gamma_8) & C \\ C & C & S_2^{-1}(y\oplus\gamma_9) & S_2^{-1}(y\oplus\gamma_{13}) \\ C & S_1(y\oplus\gamma_6) & C & S_1(y\oplus\gamma_{14}) \\ S_2(y\oplus\gamma_3) & C & C & C \end{pmatrix},$$

因此

$$\begin{cases} Y_{2,6}=S_2^{-1}(y\oplus\gamma_9)\oplus S_2^{-1}(y\oplus\gamma_{13})\oplus C_1, \\ Y_{2,9}=S_1(y\oplus\gamma_6)\oplus S_1(y\oplus\gamma_{14})\oplus C_2, \\ Y_{2,15}=S_1^{-1}(y\oplus\gamma_4)\oplus S_1^{-1}(y\oplus\gamma_8)\oplus C_3, \end{cases}$$

其中 C_i 均为常数. 下面仅给出 $Z_{3,6}$ 平衡性的证明, 其他情形类似. 若 $\gamma_9=\gamma_{13}$, 则 $Y_{2,6}=C_1$; 若 $\gamma_9\neq\gamma_{13}$, 则 $S_2^{-1}(y\oplus\gamma_9)\oplus S_2^{-1}(y\oplus\gamma_{13})\oplus C_1=S_2^{-1}(y^*\oplus\gamma_9)\oplus S_2^{-1}(y^*\oplus\gamma_{13})\oplus C_1$, 其中 $y^*=y\oplus\gamma_9\oplus\gamma_{13}\neq y$. 两种情形都表明, $Y_{2,6}$ 的每个值均出现偶数次, 因此 $Z_{3,6}$ 的每个值均出现偶数次. 这表明 $Z_{3,6}$ 是平衡字节. □

由于上面只考虑了 S 盒变换层的输出, 因此称之为 2.5 轮积分区分器. 为方便起见, 上述区分器可简记为 $[0,(6,9,15)]$. 表 8.2 列出了所有可能的 $[a,(b,c,d)]$ 的值, 即若 ARIA 算法的输入只有第 a 个字节遍历 $\mathbb{F}_{2^8}$, 其余字节均为常数, 则 $Z_{3,b}$, $Z_{3,c}$ 和 $Z_{3,d}$ 为平衡字节.

表 8.2 ARIA 算法 2.5 轮积分区分器

遍历字节	平衡字节	遍历字节	平衡字节
0	6, 9, 15	8	1, 7, 14
1	7, 8, 14	9	0, 6, 15
2	4, 11, 13	10	3, 5, 12
3	5, 10, 12	11	2, 4, 13
4	2, 11, 13	12	3, 5, 10
5	3, 10, 12	13	2, 4, 11
6	0, 9, 15	14	1, 7, 8
7	1, 8, 14	15	0, 6, 9

下面给出 ARIA 算法 3 轮积分区分器的描述以及证明.

命题 8.9 令 ARIA 算法的输入为 $B=(B_0,B_1,\cdots,B_{15})$, 第 i 轮的轮密钥为 $k_i=(k_{i,0},k_{i,1},\cdots,k_{i,15})$, 第 i 轮 S 盒变换层和线性扩散层的输出分别为

$Z_i = (Z_{i,0}, Z_{i,1}, \cdots, Z_{i,15})$ 和 $Y_i = (Y_{i,0}, Y_{i,1}, \cdots, Y_{i,15})$. 则当 (B_0, B_5, B_8) 遍历 $\mathbb{F}_{2^8}^3$ 且其余 B_i 均为常数时, $Y_{3,2}$, $Y_{3,5}$, $Y_{3,11}$ 和 $Y_{3,12}$ 均为平衡字节.

证明　因为

$$\begin{cases} Y_{3,2} = Z_{3,1} \oplus Z_{3,4} \oplus Z_{3,6} \oplus Z_{3,10} \oplus Z_{3,11} \oplus Z_{3,12} \oplus Z_{3,15}, \\ Y_{3,5} = Z_{3,1} \oplus Z_{3,3} \oplus Z_{3,4} \oplus Z_{3,9} \oplus Z_{3,10} \oplus Z_{3,14} \oplus Z_{3,15}, \\ Y_{3,11} = Z_{3,2} \oplus Z_{3,3} \oplus Z_{3,4} \oplus Z_{3,7} \oplus Z_{3,9} \oplus Z_{3,12} \oplus Z_{3,14}, \\ Y_{3,12} = Z_{3,1} \oplus Z_{3,2} \oplus Z_{3,6} \oplus Z_{3,7} \oplus Z_{3,9} \oplus Z_{3,11} \oplus Z_{3,12}. \end{cases}$$

从而根据表 8.2 可知如下三个 2.5 轮积分区分器:

$$[0, (6, 9, 15)], \quad [5, (3, 10, 12)], \quad [8, (1, 7, 14)],$$

因此当 (B_0, B_5, B_8) 遍历 $\mathbb{F}_{2^8}^3$ 时, $Z_{3,1}$, $Z_{3,3}$, $Z_{3,6}$, $Z_{3,7}$, $Z_{3,9}$, $Z_{3,10}$, $Z_{3,12}$, $Z_{3,14}$ 和 $Z_{3,15}$ 均为平衡字节. 下面检验 $Z_{3,2}$, $Z_{3,4}$ 和 $Z_{3,11}$ 的平衡性.

根据命题假设, 可设 ARIA 算法的输入为

$$B = \begin{pmatrix} x & C & z & C \\ C & y & C & C \\ C & C & C & C \\ C & C & C & C \end{pmatrix},$$

其中 C 表示相应位置为常数 (不一定相等). 令 $x^* = S_1(x \oplus k_{1,0})$, $y^* = S_2(y \oplus k_{1,5})$, $z^* = S_1(z \oplus k_{1,8})$. 则第一轮的输出可写作如下形式:

$$Y_1 = \begin{pmatrix} z^* \oplus C_0 & x^* \oplus y^* \oplus z^* \oplus C_4 & x^* \oplus C_8 & C \\ y^* \oplus z^* \oplus C_1 & C & x^* \oplus y^* \oplus C_9 & x^* \oplus z^* \oplus C_{13} \\ C & x^* \oplus C_6 & y^* \oplus z^* \oplus C_{10} & x^* \oplus y^* \oplus C_{14} \\ x^* \oplus y^* \oplus C_3 & z^* \oplus C_7 & C & y^* \oplus z^* \oplus C_{15} \end{pmatrix}.$$

令 $y^* \oplus z^* = m$, $\gamma_i = C_i \oplus k_{2,i}$. 则

$$\begin{aligned} Y_{2,2} = &S_2^{-1}(m \oplus \gamma_1) \oplus S_1^{-1}(x^* \oplus m \oplus \gamma_4) \oplus S_1(x^* \oplus \gamma_6) \\ &\oplus S_1(m \oplus \gamma_{10}) \oplus S_2(m \oplus \gamma_{15}) \oplus C^*. \end{aligned}$$

因为使得等式 $y^* \oplus z^* = m$ 成立的二元数组 (y^*, z^*) 为 256 个, 因此 $Y_{2,2}$ 的每个值均出现 $256 \times N$ 次, 其中 N 为整数. 这就说明 $Z_{3,2}$ 是平衡字节.

令一方面,

$$\begin{aligned} Y_{2,4} = &S_1^{-1}(z^* \oplus \gamma_0) \oplus S_1^{-1}(x^* \oplus \gamma_8) \oplus S_1(x^* \oplus y^* \oplus \gamma_{14}) \\ &\oplus S_2(y^* \oplus z^* \oplus \gamma_{15}) \oplus C. \end{aligned}$$

令 $x^* \oplus y^* = m$, $z^* \oplus y^* = n$. 则

$$\begin{aligned} Y_{2,4} = & S_1^{-1}(y^* \oplus (n \oplus \gamma_0)) \oplus S_1^{-1}(y^* \oplus (m \oplus \gamma_8)) \\ & \oplus S_1(m \oplus \gamma_{14}) \oplus S_2(n \oplus \gamma_{15}) \oplus C. \end{aligned}$$

根据命题 8.8 的证明可知, $Y_{2,4}$ 中的每个值均出现偶数次, 从而 $Z_{2,4}$ 是平衡字节.

令 $x^* \oplus y^* = m$. 则

$$\begin{aligned} Y_{2,11} = & S_2(m \oplus \gamma_3) \oplus S_1^{-1}(m \oplus z^* \oplus \gamma_4) \oplus S_2(z^* \oplus \gamma_7) \\ & \oplus S_2^{-1}(m \oplus \gamma_9) \oplus S_1(m \oplus \gamma_{14}) \oplus C. \end{aligned}$$

考虑到能使得 $x^* \oplus y^* = m$ 的二元数组 (x^*, y^*) 均为 256 个, 因此 $Y_{2,11}$ 的每个值均出现 $256 \times N$ 次, 其中 N 为整数. 这说明 $Z_{3,11}$ 是平衡字节.

综上所述, $Z_{3,2}$, $Z_{3,4}$ 和 $Z_{3,11}$ 均为平衡字节, 同时考虑命题 8.8 可知, $Y_{3,2}$, $Y_{3,5}$, $Y_{3,11}$ 和 $Y_{3,12}$ 均为平衡字节. □

ARIA 算法 3 轮积分区分器非常多, 此处不再赘述, 更详细的讨论见文献 [15].

8.3 AES 算法的积分攻击

本节首先介绍 AES 算法 3 轮积分区分器, 然后详细介绍对 4 轮和 5 轮 AES 算法的积分攻击.

8.3.1 AES 算法 3 轮积分区分器

AES 算法 3 轮积分区分器的具体形式见图 8.4, 图中 $\oplus$ 表示密钥加运算, S 表示 S 盒, $\lll$ 表示行移位, M 表示列混合.

命题 8.10 若 AES 算法的输入只有一个活跃字节, 其他字节都是稳定字节, 则第 3 轮输出的每个字节都是平衡字节.

证明 首先用经验判断的方法说明该定理的正确性, 然后用代数的方法严格证明. 若算法的输入只有一个活跃字节, 不妨假设第一个字节为活跃字节, 其他字节均为稳定字节.

根据性质 8.2, 依次通过密钥加、S 盒和行移位后, 第一个字节仍然为活跃字节, 其他字节依旧是稳定字节. 根据性质 8.2, 经过列混合后, 第一列所有字节都是活跃字节, 因此, 第 1 轮输出的第一列均为活跃字节, 其他字节为稳定字节. 随后, 第 2 轮步骤中的行移位将第一列的 4 个活跃字节分散到 4 个不同的列, 列混合则将各列的一个活跃字节扩展到该列的所有字节, 即第 2 轮输出的所有字节均为活跃字节. 第 3 轮列混合后, 根据性质 8.2, 该运算将所有字节为活跃字节的和从而是平衡字节, 即第 3 轮的输出均为平衡字节.

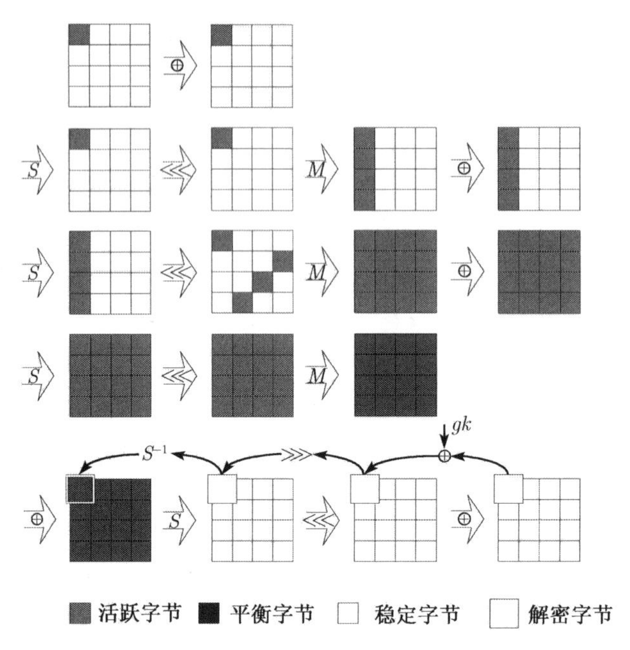

图 8.4　AES 算法 3 轮积分区分器和 4 轮积分攻击示意图

根据以上分析, 若算法输入的活跃字节在其他位置, 第 3 轮输出的每个字节都是平衡字节.

下面用代数方法证明该命题的正确性.

假设 3 轮 AES 算法输入的第一个字节为 x, 其余字节均为常数, 即输入形式为

$$P=\begin{pmatrix} x & C_1 & C_2 & C_3 \\ C_4 & C_5 & C_6 & C_7 \\ C_8 & C_9 & C_{10} & C_{11} \\ C_{12} & C_{13} & C_{14} & C_{15} \end{pmatrix}, \tag{8.1}$$

其中 C_i 均为常数, 根据 AES 算法轮函数的特点可知, 第 1 轮输出为

$$T_1(x)=\begin{pmatrix} f_0(x) & D_1 & D_2 & D_3 \\ f_4(x) & D_5 & D_6 & D_7 \\ f_8(x) & D_9 & D_{10} & D_{11} \\ f_{12}(x) & D_{13} & D_{14} & D_{15} \end{pmatrix},$$

其中 D_i 均为常数. 由于 AES 算法采用的 S 盒是双射, 因此 $f_j(x)(j=0,4,8,12)$ 均为 $\mathbb{F}_{2^8}$ 上的置换多项式. 第 2 轮输出为

$$T_2(x)=\begin{pmatrix} h_0(x) & h_1(x) & h_2(x) & h_3(x) \\ h_4(x) & h_5(x) & h_6(x) & h_7(x) \\ h_8(x) & h_9(x) & h_{10}(x) & h_{11}(x) \\ h_{12}(x) & h_{13}(x) & h_{14}(x) & h_{15}(x) \end{pmatrix},$$

其中 $h_i(x)$ 都是 $\mathbb{F}_{2^8}$ 上的置换多项式, 结合 AES 算法轮函数的性质可知, 第 3 轮输出的每个字节均可表示为 4 个置换多项式的和, 不妨记输出的第一个字节为

$$T_{3,0}(x)=p_0(x)\oplus p_1(x)\oplus p_2(x)\oplus p_3(x),$$

其中 $p_i(x)$ 均为 $\mathbb{F}_{2^8}$ 上的置换多项式. 根据定理 8.2, $\sum\limits_x p_i(x)=0$, 从而

$$\begin{aligned}\sum_{x\in\mathbb{F}_{2^n}} T_{3,0}(x)=&\sum_{x\in\mathbb{F}_{2^n}} p_0(x)\oplus\sum_{x\in\mathbb{F}_{2^n}} p_1(x)\oplus\sum_{x\in\mathbb{F}_{2^n}} p_2(x)\oplus\sum_{x\in\mathbb{F}_{2^n}} p_3(x)\\ =&0\oplus 0\oplus 0\oplus 0\\ =&0.\end{aligned}$$

命题得证. □

8.3.2 对 4 轮 AES 算法的积分攻击

首先以恢复第四轮首字节密钥 $K_{(4,0)}$ 为例, 给出对 4 轮 AES 算法的积分攻击.

步骤 1. 选择形如式 (8.1) 的一组明文, 即只有一个字节为活跃字节, 其他字节均为稳定字节. 对其进行 4 轮加密, 不妨记密文为 $C_0,\cdots,C_{255}$;

步骤 2. 猜测第 4 轮的首字节密钥 $K_{(4,0)}$ 的值, 不妨记为 gk, 计算

$$s_{gk}=\sum_{i=0}^{255} S^{-1}(C_{(i,0)}\oplus gk),$$

其中, $C_{(i,0)}$ 表示密文 C_i 的第一个字节;

步骤 3. 检验 $s_{gk}=0$ 是否成立, 若成立, 则相应的 gk 值作为 $K_{(4,0)}$ 的一个候选值, 否则淘汰;

步骤 4. 如有必要, 重新选取一组形如式 (8.1) 的明文, 重复上述步骤, 直到 $K_{(4,0)}$ 唯一确定.

对 4 轮 AES 算法的积分攻击伪代码如下:

```
for( i = 0 ; i < 256 ; i ++ )
    y[i] = Rijndael(i)[0] ;
for ( k = 0 ; k < 256 ; k ++ )
{
```

```
        s = 0 ;
        for ( i = 0 ; i < 256 ; i ++ )
            s ^= InverseSbox ( y[i] ^ k );
        if ( s == 0 )
            put k as a candidate of k[4][0] ;
    }
```

下面计算上述攻击的复杂度.

对于正确密钥 $K_{(4,0)}$, $s_{K_{(4,0)}}=0$ 肯定成立; 对于错误的密钥值, $s_{gk}=0$ 的概率为 2^{-8}, 因此经过一个明密文集淘汰后, 剩下的错误密钥数目为 $(2^8-1)\times 2^{-8}\approx 1$, 为了唯一确定正确密钥, 假设需要选择 N 组明文, 则剩下错误密钥数目为 $(2^8-1)\times 2^{-8N}$, 因此, 只要 $N=2$ 就可以唯一确定正确密钥. 从而攻击的数据复杂度为两组选择明文 (2^9 个明文).

第一组密文淘汰密钥时, 需要用所有的密钥 (共 2^8 个) 对密文的首字节进行解密, 因此需要查 $2^8\times 2^8$ 次 S^{-1} 表. 由于 4 轮 AES 算法一共查表 16×4 次, 因此, 在忽略其他运算所耗时间的情况下, 相当于 $(2^8\times 2^8)/(4\times 16)=2^{10}$ 次 4 轮加密; 第二组密文淘汰密钥时, 此时剩下大约两个候选密钥, 因此, 需要查 $2^8\times 2$ 次 S^{-1} 表, 在忽略其他运算所耗时间的情况下, 相当于 $(2^8\times 2)/(4\times 16)=2^3$ 次 4 轮加密. 因此上述攻击的时间复杂度为 $2^{10}+2^3\approx 2^{10}$ 次 4 轮加密运算.

实施上述攻击时, 每个猜测密钥值都要对密文解密, 因此需要空间来存储一个明文数组. 从而该攻击的空间复杂度为 2^8.

Biryukov 和 Shamir 在分析 SPN 结构安全性时, 曾提出 Multiset 攻击, 并指出, 对于一个 4 轮 SPN 密码而言, 即使算法采用的 S 盒 (满射) 不公开, 利用 Multiset 攻击的思想, 仍然可以恢复出一个与原算法等价的算法[1]. 下面讨论在假设 S 盒不公开的情况下, 如何对 4 轮 AES 算法实施攻击.

由于上面在证明区分器时没有用到 S 盒的具体表达式, 因此即使 S 盒不知道, 上述区分器仍然正确.

不妨假设 $S(x)=(S_0(x)\cdots S_7(x))$, 其中 $S_i(x)$ 表示 $S(x)$ 的第 i 分量, 下面用解方程的思想讨论解决问题的方案.

对于第 i 组明文, 获得相应密文 $C_j^{(i)}$(其中 $j=0,1,\cdots,255$), 其首字节记为 $C_{j,0}^{(i)}$, 猜测第 4 轮密钥的首字节为 $K_{4,0}$, 则可列如下方程:

$$\sum_{j=0}^{255} S^{-1}(C_{j,0}^{(i)}\oplus K_{4,0})=0, \tag{8.2}$$

方程 (8.2) 可以写成如下一般形式:

$$\sum_{j=0}^{255} a_j^{(i)} S^{-1}(j) = 0, \quad a_j^{(i)} \in \mathbb{F}_2. \tag{8.3}$$

由于上述方程的未知变量为 $S^{-1}(0), \cdots, S^{-1}(255)$, 共 256 个, 因此至少需要 256 个方程才能求解. 随机给定 256 个含有 256 个变量的齐次方程, 根据线性代数知识可知, 一般情况下, 总有非零解. 若将方程的数目增加 1 或者 2, 则随机情况下, 方程只有零解.

因此可以选择 256 个明文, 对于某个猜测值 $K_{4,0}$, 若方程组 (8.3) 系数矩阵非满秩, 则认为该猜测值为正确值, 否则淘汰. 实际上可以证明, 对于正确的密钥值, 方程组 (8.3) 系数矩阵的秩 $\leqslant 247$, 详细证明见文献 [1].

8.3.3 对 5 轮 AES 算法的积分攻击

对 5 轮 AES 算法有两种积分攻击, 即在结尾处扩展进行攻击和利用高阶积分进行攻击.

(1) **结尾处扩展**

在上述 4 轮攻击末尾处添加一轮, 即再多猜测第 5 轮部分密钥, 可以构造 5 轮攻击. 由于第 4 轮每个字节信息扩散到第 5 轮 4 个字节当中, 见图 8.5, 因此 5 轮攻击需多猜测 4 字节密钥.

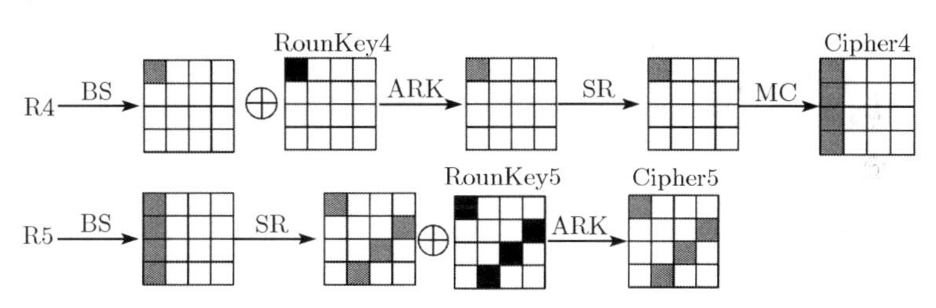

图 8.5 Rijndael 算法 5 轮 Square 攻击 (结尾处扩展) 示意图

攻击步骤如下:

步骤 1. 选择形如式 (8.1) 的一组明文, 即只有一个字节为活跃字节, 其他字节均为稳定字节. 对其进行 4 轮加密, 不妨记密文为 $C_0, \cdots, C_{255}$;

步骤 2. 猜测第 5 轮的第 0, 7, 10 和 13 共 4 个字节密钥 $K_{(5,0)}, K_{(5,7)}, K_{(5,10)}, K_{(5,13)}$, 计算

$$(a, b, c, d) = \text{InvMixColumn}(C_{5,0} \oplus K_{5,0}, C_{5,7} \oplus K_{5,7}, C_{5,10} \oplus K_{5,10}, C_{5,13} \oplus K_{5,13}),$$

其中, $C_{(i,t)}$ 表示密文 C_i 的第 t 个字节, 并对 0, 7, 10 和 13 四个位置上的取值进行计数, 不妨设在 0 位置上, i 出现了 t_i 次;

步骤 3.　令 $(K_{4,0}^*, K_{4,1}^*, K_{4,2}^*, K_{4,3}^*) = \mathrm{MixColumn}(K_{4,0}, K_{4,1}, K_{4,2}, K_{4,3})$, 猜测 $K_{4,0}^*$ 并计算

$$s = \sum_{t_i \bmod 2 \equiv 1} S^{-1}(i \oplus K_{4,0}^*);$$

步骤 4.　检验 $s = 0$ 是否成立, 若成立, 则相应的 $K_{(5,0)}, K_{(5,7)}, K_{(5,10)}, K_{(5,13)}$ 和 $K_{4,0}^*$ 作为正确值, 否则淘汰;

步骤 5.　如有必要, 重新选取一组形如式 (8.1) 的明文, 重复上述步骤, 直到 $K_{(5,0)}$, $K_{(5,7)}$, $K_{(5,10)}$, $K_{(5,13)}$ 和 $K_{4,0}^*$ 唯一确定为止.

上述 5 轮攻击需要检测 2^{40} 个密钥值, 对于一组明文, 错误密钥被留下的概率为 2^{-8}, 因此分析 6 组明文后, 错误密钥留下的概率为 $(2^{40}-1) \times (2^{-8})^6 \approx 2^{-8}$, 因此可以认为正确密钥被唯一确定.

攻击的时间复杂度可以按如下方式估计: 对于第一组明文, 第一步需要 2^8 次加密, 对于每个密文, 第二步骤要进行 2^{32} 次查表运算, 第三步需进行不超过 $2^8 \times 2^8 = 2^{16}$ 次查表运算, 因此处理第一组明文相当于 $(2^{32}+2^{16})/(5\times 16) \approx 2^{26}$ 次 5 轮加密, 处理完第一组明文后, 错误密钥还剩 $2^{40} \times 2^{-8} = 2^{32}$ 个. 同理可算得处理第二组明文的复杂度不超过 $(2^{32}+2^{16})/(5 \times 16) \approx 2^{26}$ 次 5 轮加密, 处理完后错误密钥还剩 $2^{32} \times 2^{-8} = 2^{24}$ 个; 处理第三组明文的复杂度不超过 $(2^{24}+2^{16})/(5\times 16) \approx 2^{18}$ 次 5 轮加密, 处理完后错误密钥还剩 $2^{24} \times 2^{-8} = 2^{16}$ 个; 处理第四组明文的复杂度不超过 $(2^{16}+2^{16})/(5\times 16) \approx 2^{11}$ 次 5 轮加密, 处理完后错误密钥还有 $2^{16} \times 2^{-8} = 2^8$ 个; 处理第五组明文的复杂度 $(2^8+2^{16})/(5\times 16) \approx 2^{10}$ 次 5 轮加密, 处理完后错误密钥还有 $2^8 \times 2^{-8} = 1$ 个; 因此处理第六组明文的复杂度大约为 2^8 次查表运算.

综上所述, 对 5 轮 AES 积分攻击的数据复杂度为 6×2^{32}; 时间复杂度为 $2^{26} + 2^{18} + \cdots \approx 2^{26}$ 次 5 轮加密运算; 为存储密钥, 攻击还需 2^{32} 的存储空间 (只需存储处理完第一组明文后的密钥).

(2) 高阶积分攻击

若输入明文为如下形式:

$$P = \begin{pmatrix} x & C_4 & C_8 & C_{12} \\ C_1 & y & C_9 & C_{13} \\ C_2 & C_6 & z & C_{14} \\ C_3 & C_7 & C_{11} & w \end{pmatrix}, \tag{8.4}$$

其中 (x, y, z, w) 遍历 $\mathbb{F}_{2^8}^4$, C_i 均为常数. 根据 AES 算法的加密流程可知, 第 2 轮的输入为

$$P^* = \begin{pmatrix} x^* & D_4 & D_8 & D_{12} \\ y^* & D_5 & D_9 & D_{13} \\ z^* & D_6 & D_{10} & D_{14} \\ w^* & D_7 & D_{11} & D_{15} \end{pmatrix},$$

其中 (x^*, y^*, z^*, w^*) 遍历 $\mathbb{F}_{2^8}^4$, D_i 均为常数. 根据 AES 算法 3 轮积分区分器可知, 对于 (y^*, z^*, w^*) 的任意一组取值,

$$P^* = \begin{pmatrix} x^* & D_4 & D_8 & D_{12} \\ y^* & D_5 & D_9 & D_{13} \\ z^* & D_6 & D_{10} & D_{14} \\ w^* & D_7 & D_{11} & D_{15} \end{pmatrix},$$

经过 3 轮加密后每个字节均平衡, 因此, 如果按照式 (8.4) 选择明文, 则第 4 轮输出的每个字节均为平衡字节. 这就是 AES 算法 4 轮高阶积分区分器[6,13]. 利用这个区分器对 5 轮 AES 算法实施攻击的过程与利用 3 轮积分区分器对 4 轮 AES 算法实施攻击的过程是一样的:

步骤 1. 选择形如式 (8.4) 的一组明文, 即第一列取遍 $\mathbb{F}_{2^8}^4$, 其他字节均为常数. 对其进行 5 轮加密, 不妨记密文为 $C_0, \cdots, C_{255}$, 对首字节上出现的值进行计数, 不妨记值 m 出现的次数为 t_k;

步骤 2. 猜测第 5 轮的首字节密钥 $K_{(5,0)}$ 的值, 不妨记为 gk, 计算

$$s_{gk} = \sum_{t_i \bmod 2 \equiv 1} S^{-1}(i \oplus gk);$$

步骤 3. 检验 $s_{gk} = 0$ 是否成立, 若成立, 则相应的 gk 值作为 $K_{(5,0)}$ 的一个候选值, 否则淘汰;

步骤 4. 如有必要, 重新选取一组形如式 (8.4) 的明文, 重复上述步骤, 直到 $K_{(5,0)}$ 唯一确定.

对 5 轮 AES 算法的积分攻击伪代码如下:

```
t[256] = {256*0} ;
for( i = 0 ; i < 2^32 ; i ++ )
{
    y[i] = Rijndael(i)[0] ;
    t[y[i]] ++ ;
}
for ( k = 0 ; k < 256 ; k ++ )
{
```

```
        s = 0 ;
        for ( i = 0 ; i < 256 ; i ++ )
        {
            if( t[i]&1 == 1)
            s ^= InverseSbox ( i ^ k );
        }
        if ( s == 0 )
            put k as a candidate of k[5][0] ;
    }
```

与分析 4 轮 AES 积分攻击的过程一样可知, 上述攻击所需数据量为 2^{33}, 时间复杂度不超过 $2 \times 2^8 \times 2^8 = 2^{17}$ 次查表运算, 相当于 $2^{17}/(5 \times 16) \approx 2^{11}$ 次 5 轮加密运算, 存储不超过 2^8.

8.4 Camellia 算法的积分攻击

本节首先给出轮函数为 SPN 结构的 Feistel 密码等价结构, 然后给出对 Camellia 算法基于等价结构的积分攻击[4].

8.4.1 Feistel 密码的等价结构

首先看等式 $T = X \oplus P(Y \oplus K)$, 其中 P 是线性变换, 则

$$T = X \oplus P(Y) \oplus P(K) = P\left(P^{-1}(X) \oplus Y \oplus K\right),$$

即 T 的表达式中, 线性变换的位置可以改变, 只需其他运算做相应变化即可 (见图 8.6). 基于上述等式, 可以对 Feistel 结构进行若干变形.

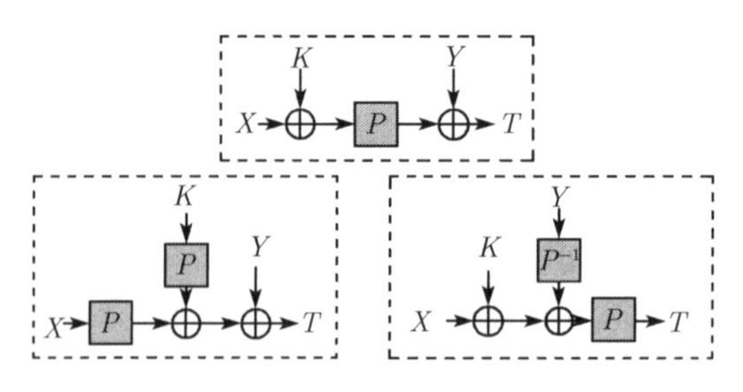

图 8.6　线性变换位置可变性示意图

由于在利用 Feistel 结构加密时总有一半的数据保持不变, 因此可以对其结构进行适当变形. 这些变形后的结构不影响算法的加解密结果, 但是中间的加密过程却大不一样, 从而利用不同的结构对算法实施攻击可以得到不同效果.

首先给出本节 Feistel 结构的模型 (见图 8.7). 设明文为 $P=(L_0,R_0)$, 第 i 轮的输入和输出分别为 (L_{i-1},R_{i-1}) 和 (L_i,R_i), 轮密钥为 K_i, 则

$$\begin{cases} L_i = P\circ S(L_{i-1}\oplus K_i), \\ R_i = L_{i-1}, \end{cases} \tag{8.5}$$

其中 P 为可逆线性变换, S 为非线性变换, 定义密文为 $C=(R_r,L_r)$. 为方便起见, 称这个结构为 Feistel(I) 结构.

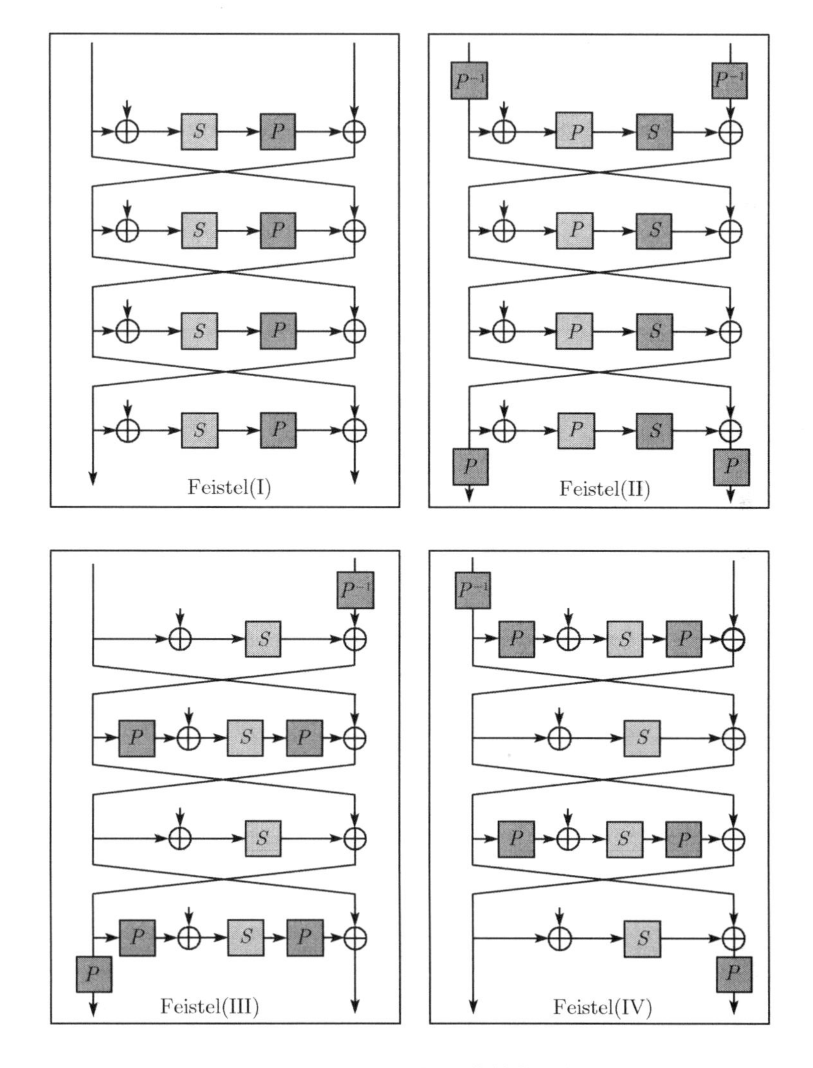

图 8.7 Feistel 结构及其等价结构

下面依次定义 Feistel(II) 结构、Feistel(III) 结构和 Feistel(IV) 结构:

记 $(L_0^*, R_0^*) = (P^{-1}(L_0), P^{-1}(R_0))$, 迭代函数按如下方式定义:

$$\begin{cases} L_i^* = P \circ S(L_{i-1}^* \oplus K_i), \\ R_i^* = L_{i-1}^*. \end{cases} \tag{8.6}$$

密文定义为 $(R_r, L_r) = (P(R_r^*), P(L_r^*))$, 其中 P^{-1} 为 P 的逆变换. 该结构称为 Feistel(II) 结构.

记 $(L_0^*, R_0^*) = (L_0, P^{-1}(R_0))$, 迭代函数按如下方式定义:

$$\begin{cases} L_i^* = S(L_{i-1}^* \oplus K_i) \oplus R_{i-1}^*, \\ R_i^* = L_{i-1}^*, \end{cases} \quad \text{若 } i \text{ 为奇数},$$

$$\begin{cases} L_i^* = P \circ S \circ P(L_{i-1}^* \oplus K_i) \oplus R_{i-1}^*, \\ R_i^* = L_{i-1}^*, \end{cases} \quad \text{若 } i \text{ 为偶数}.$$

密文定义为 $(R_r, L_r) = (P(R_r^*), L_r^*)$, 该结构称为 Feistel(III) 结构.

Feistel(IV) 结构的定义与 Feistel(III) 结构类似:

$$\begin{cases} L_i^* = P \circ S \circ P(L_{i-1}^* \oplus K_i) \oplus R_{i-1}^*, \\ R_i^* = L_{i-1}^*, \end{cases} \quad \text{若 } i \text{ 为偶数},$$

$$\begin{cases} L_i^* = S(L_{i-1}^* \oplus K_i) \oplus R_{i-1}^*, \\ R_i^* = L_{i-1}^*, \end{cases} \quad \text{若 } i \text{ 为奇数}.$$

密文定义为 $(R_r, L_r) = (R_r^*, P(L_r^*))$.

下面以 4 轮为例, 证明当轮数 r 为偶数时, Feistel(I) 结构和 Feistel(III) 等价, 其他结构之间的等价性证明类似.

假设 Feistel(I) 的输入为 (L_0, R_0), 第 1~4 轮的输出依次为 (L_1, R_1), (L_2, R_2), (L_3, R_3) 和 (R_4, L_4), Feistel(III) 的输入为 $(L_0^*, R_0^*) = (L_0, P^{-1}(R_0))$, 第 1~4 轮的输出依次为 (L_1^*, R_1^*), (L_2^*, R_2^*), (L_3^*, R_3^*) 和 (R_4^*, L_4^*), 根据定义, Feistel(III) 结构的第一轮输出为

$$\begin{cases} L_1^* = P^{-1}(R_0) \oplus S(L_0 \oplus K_1) = P^{-1}(R_0 \oplus P(S(L_0 \oplus K_1))) = P^{-1}(L_1), \\ R_1^* = L_0^* = L_0 = R_1; \end{cases}$$

第二轮输出为

$$\begin{cases} L_2^* = R_1^* \oplus P(S(P(L_1^*) \oplus K_2)) = R_1 \oplus P(S(L_1 \oplus K_2)) = L_2, \\ R_2^* = L_1^* = P^{-1}(L_1) = P^{-1}(R_2); \end{cases}$$

从而第三轮的输出为

$$\begin{cases} L_3^* = P^{-1}(L_3), \\ R_3^* = L_2^* = R_3; \end{cases}$$

第四轮的输出为

$$\begin{cases} L_4^* = P(L_3^*) = L_4, \\ R_4^* = R_4. \end{cases}$$

这说明两个结构对相同明文的加密结果相同, 因此两个结构等价.

8.4.2 对 5 轮 Camellia 算法的积分攻击

本节讲述对 Camellia 算法的积分攻击. 根据算法流程, 可以验证如下 4 轮积分区分器的正确性 (见图 8.8).

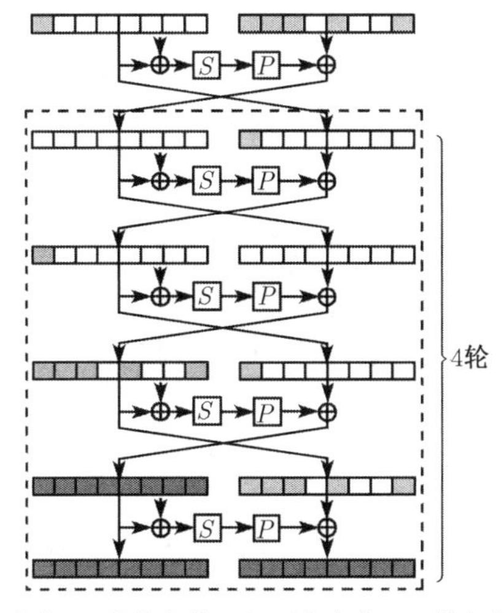

图 8.8 Camellia 算法 4 轮积分区分器及 5 轮积分攻击示意图

命题 8.11 若 Camellia 算法的输入为 $(CCCCCCCC, ACCCCCCC)$ 的形式, 其中 C 表示常数, A 表示该位置上的取值遍历 256 种可能性, 则第 4 轮 (不包含数据的左右交换) 输出一定为 $(BBBBBBBB, QQQQQQQQ)$ 的形式, 其中 B 表示该位置上是平衡字节, Q 表示该位置上的字节性质无法确定或无需确定.

利用上述区分器, 可以对 5 轮 Camellia 算法实施积分攻击.

步骤 1. 猜测第 1 轮首字节密钥, 不妨记为 $K_0^{(1)}$;

步骤 2. 令

$$\begin{cases} P_L(x) = (x, c_2, c_3, c_4, c_5, c_6, c_7, c_8), \\ P_R(x) = P(S(x \oplus K_0^{(1)}, c_2, c_3, c_4, c_5, c_6, c_7, c_8)), \end{cases}$$

并对 $(P_L(x), P_R(x))$ 进行加密, 不妨记密文为 $(C_L(x), C_R(x))$;

步骤 3. 检验 $\sum_x C_L(x) = 0$ 是否成立, 若不成立, 则 $K_0^{(1)}$ 是错误的猜测值;

步骤 4. 如有必要, 重复上述步骤直到 $K_0^{(1)}$ 唯一确定.

下面论证上述步骤的合理性, 然后计算攻击的复杂度.

首先, 若 $K_0^{(1)}$ 是正确值, 则第 1 轮变换的输出为 $P_L^{(1)} = (0,0,0,0,0,0,0,0)$, $P_R^{(1)} = (x, c_2, c_3, c_4, c_5, c_6, c_7, c_8)$, 根据 Camellia 算法 4 轮积分区分器可知第 5 轮输出左半部分的平衡性, 即 $\sum_x C_L(x) = 0$.

若 $K_0^{(1)}$ 不正确, 第 1 轮输出 (即第 2 轮输入) 的左半部分将有 5 个活跃字节, 经过 4 轮加密后 $\sum_x C_L(x) = 0$ 的概率为 2^{-64}, 因此可以认为对于错误的猜测值, $\sum_x C_L(x) \neq 0$.

由前面的论述可知, 错误密钥能通过平衡性检验的概率为 2^{-64}, 从而分析一组后, 错误密钥还剩 $(2^8 - 1) \times 2^{-64} \approx 2^{-56}$. 由于对每个猜测值都需要做 2^8 次加密, 因此攻击的数据复杂度为 $2^8 \times 2^8 = 2^{16}$. 时间复杂度可以忽略.

8.4.3 对 6 轮 Camellia 算法基于等价结构的积分攻击

上一节讲述的 Camellia 算法 4 轮积分区分器可以用来对 6 轮 Camellia 算法实施积分攻击, 细节从略. 下面讲述如何利用等价结构对 Camellia 算法实施积分攻击.

在基于 Feistel(IV) 结构的 Camellia 算法中, 若输入为

$$\begin{cases} P_L(x) = (c_1, c_2, c_3, c_4, c_5, c_6, c_7, c_8), \\ P_R(x) = (x, d_2, d_3, d_4, d_5, d_6, d_7, d_8), \end{cases}$$

其中 c_i 和 d_i 均为常数, 则第三轮的输出为

$$\begin{cases} L_3(x) = (p_1(x), p_2(x), p_3(x), p_4(x), p_5(x), p_6(x), p_7(x), p_8(x)), \\ R_3(x) = (t(x), e_2, e_3, e_4, e_5, e_6, e_7, e_8), \end{cases}$$

其中 $p_i(x)$ 均满足 $\sum_x p_i(x) = 0$, $t(x)$ 为置换多项式, e_i 均为常数. 基于等价结构的积分攻击正是基于上述三轮积分区分器.

设 P^{-1} 作用在密文的右半部分得 $C_R(x)$, 根据等价算法流程可得

$$L_3^{(8)}(x) = S^{-1}\left(S\left(C_L^{(8)}(x) \oplus K_8^{(6)}\right) \oplus C_R^{(8)}(x) \oplus R_4^{(8)}\right) \oplus K_3^{(8)}. \tag{8.7}$$

由于 $C_L^{(8)}(x)$ 和 $C_R^{(8)}(x)$ 可直接从密文得到, 由式 (8.7) 可知, 要得到 $L_3^{(8)}$ 还需知道 $K_8^{(6)}$, $R_4^{(8)}$ 和 $K_3^{(8)}$. 根据 3 轮积分区分器可知

$$\begin{aligned}\sum_x L_3^{(8)}(x) &= \sum_x S^{-1}\left(S\left(C_L^{(8)}(x) \oplus K_8^{(6)}\right) \oplus C_R^{(8)}(x) \oplus R_4^{(8)}\right) \oplus K_3^{(8)} \\ &= \sum_x S^{-1}\left(S\left(C_L^{(8)}(x) \oplus K_8^{(6)}\right) \oplus C_R^{(8)}(x) \oplus R_4^{(8)}\right) = 0.\end{aligned} \tag{8.8}$$

因此, 利用上述 3 轮积分区分器对 6 轮 Camellia 算法实施攻击时, 需猜测 $L_3^{(8)}$ 和 $K_8^{(6)}$ 两个值, 若式 (8.8) 成立, 则 $L_3^{(8)}$ 和 $K_8^{(6)}$ 为正确的猜测值. 注意到对于不同的明文组, $L_3^{(8)}$ 可能会不一样, 但只要不同明文组的左半部分以及右半部分第 8 个字节相等, $L_3^{(8)}$ 就肯定一样, 因此有如下攻击算法 (见图 8.9):

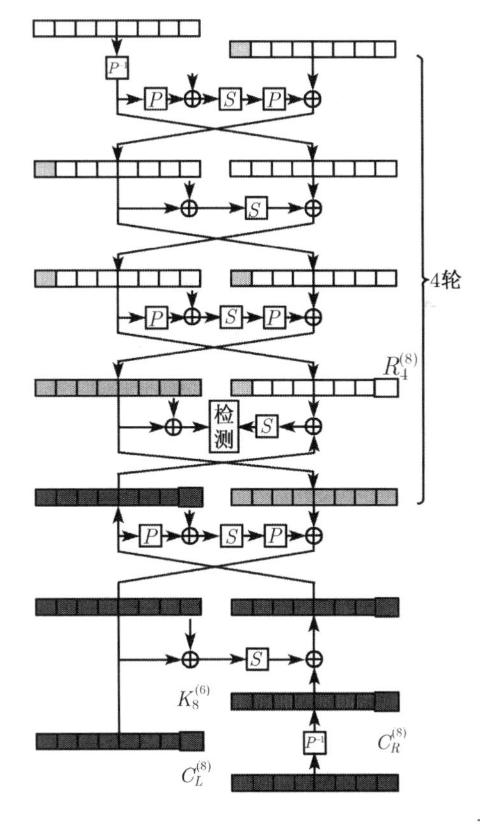

图 8.9 Camellia 等价结构 4 轮积分区分器及 6 轮积分攻击示意图

步骤 1. 选择明文

$$\begin{cases} P_L(x) = (c_1, c_2, c_3, c_4, c_5, c_6, c_7, c_8), \\ P_R(x) = (x, d_2, d_3, d_4, d_5, d_6, d_7, d_8), \end{cases}$$

其中 c_i 和 d_i 均为常数, 相应的密文记为 $(C_L(x), C_R^*(x))$;

步骤 2. 记 $(C_L(x), C_R(x)) = (C_L(x), P^{-1}(C_R^*(x)))$, 猜测第 6 轮密钥的第 8 个字节, 记为 $K_8^{(6)}$, 猜测第 3 轮输出的右半部分第 8 个字节, 记为 $L_3^{(8)}$, 检验

$$\sum_x S^{-1}\left(S\left(C_L^{(8)}(x) \oplus K_8^{(6)}\right) \oplus C_R^{(8)}(x) \oplus R_4^{(8)}\right) = 0 \tag{8.9}$$

是否成立, 若成立, 则将 $(K_8^{(6)}, L_3^{(8)})$ 保存下来;

步骤 3. 重复步骤 1 和 2, 注意此时选择的一组明文中 $c_1, c_2, c_3, c_4, c_5, c_6, c_7, c_8$ 以及 d_8 保持不变. 用第 2 步中保存的 $(K_8^{(6)}, L_3^{(8)})$ 检验式 (8.8) 是否成立, 不成立的对淘汰.

步骤 4. 如有必要, 重复上述步骤, 直到 $(K_8^{(6)}, L_3^{(8)})$ 唯一确定.

下面分析上述 6 轮攻击的复杂度:

分析完第一组明文后, 错误的 $(K_8^{(6)}, L_3^{(8)})$ 大约还有 $(2^{16}-1)\times 2^{-8} \approx 2^8$, 因此 3 组明文即可使错误 $(K_8^{(6)}, L_3^{(8)})$ 的个数为 $(2^{16}-1)\times(2^{-8})^3 \approx 2^{-8} < 1$, 因此上述攻击的数据复杂度为 3×2^8.

在分析第 1 组数据时, 对于每个猜测值 $(K_8^{(6)}, L_3^{(8)})$, 在验证平衡性时共进行查表运算 $2\times 2^8 = 2^9$ 次, 因此总查表次数为 $2^8 \times 2^8 \times 2^9 = 2^{25}$, 合 $2^{25}/(8\times 6) \approx 2^{19.5}$ 次 6 轮加密运算.

攻击时需存储一组明文以及分析完第一组数据后剩余的 $(K_8^{(6)}, L_3^{(8)})$, 因此存储空间为 2^9.

通过上述分析可知, 利用等价结构对 Feistel 结构密码进行积分攻击时, 算法采用的 S 盒必须可逆, 这与通常对 Feistel 结构密码的积分攻击是不一样的, 比如前面对 5 轮 Camellia 算法的积分攻击.

另外, 通常恢复密钥攻击只需猜测密钥值, 而上述攻击既猜测密钥值, 又猜测中间某些状态值, 因此, 对不同算法具体实施攻击需根据区分器的不同选择合适的方法.

8.5 进一步阅读建议

在 1997 年快速软件加密国际会议上 (FSE1997), Deamen 等利用宽轨迹策略设计了 SQUARE 算法, 并最终在 SQUARE 算法的基础上设计了 AES 算法. 尽管

4 轮 SQUARE 算法具有对差分密码分析和线性密码分析的可证明安全性, 但利用 “Square 攻击” 的方法, 恢复出 4 轮 SQUARE 算法的轮密钥几乎没有任何复杂度, 理论上也可以恢复出 5 轮和 6 轮的轮密钥, 文献 [2] 中并没有给出该攻击的名称, 考虑到这种方法是针对 SQUARE 算法提出的, 因此后人将这种方法称为 “Square 攻击”. 在中文文献中, 部分文献将 “Square 攻击” 译为 “平方攻击”.

AES 计划掀起了密码学界对分组密码算法的研究热潮. 在 Rijnmen 和 Deamen 提交的 Rijndael 算法中给出了算法 3 轮 Square 区分器和对 6 轮 Rijndael 算法的 Square 攻击. 在 FSE 2000 上, Ferguson 等利用部分和技术以及高阶积分的方法改进了对 Rijndael 算法的已有 Square 攻击的结果[6]. 将 3 轮区分器自然推广为 4 轮区分器, 从而在攻击时不考虑第 1 轮密钥的影响, 而是直接恢复算法最后若干轮的密钥, 而且在实施攻击时充分考虑在特征为 2 的有限域上, 相同的元素求和为零这一简单事实, 与以前考虑第一轮密钥的影响相比, 这个结果大大改进了对 Rijndael 算法的 Square 攻击.

在 FSE 2000 上, Lucks 提出了 “Saturation 攻击”, 这篇文章首次利用积分的思想对 Feistel 结构密码的安全性进行分析, 中文常翻译为 “饱和度攻击” 或 “渗透攻击”. 给定一个含有 $k \times 2^n$ 个元素的多重集合, 若 $\mathbb{F}_{2^n}$ 中的每个元素都正好出现 k 次, 则称这个集合是 “饱和” 的. 按照这个定义, 在 Square 攻击中, 遍历字集 $k=1$ 的饱和集合. 文献 [18] 详细讨论了如何利用 “饱和” 来分析 Twofish 算法的安全性, 并给出了对 8 轮简化算法的攻击. 对 Feistel 结构密码基于等价结构的积分攻击[4] 是由多磊等在 SAC2005 上提出的, 主要思想是基于特征为 2 的有限域上线性变换和异或运算在某些情况下可以交换顺序, 从而轮函数为 SPN 结构的 Feistel 密码在等价结构的刻画下, 有些轮变换中没有扩散层 P, 从而可以简化攻击, 作者基于等价结构给出了目前为止对 Camellia 算法最好的积分攻击结果.

在 2001 年欧密会 EUROCRYPT 2001 上, Biryukov 和 Shamir 在分析 SPN 结构安全性时, 提出了 “Multiset 攻击”[1](中文译为 “多重集合攻击”), 并研究了在不知道 SPN 结构密码 S 盒和线性变换的条件下, 如何分析一个形如 SASAS 算法的安全性以及实施恢复密钥攻击的方法.

2002 年快速软件加密国际会议上, Knudsen 等在总结 Square 攻击、Saturation 攻击和 Multiset 攻击的基础上, 提出了积分攻击的思想[13]. 正如文中所言, 所谓积分是指形如 $\sum_{x\in V} f(x)$ 的一个和式, 由于这个式子与数学分析中的积分定义类似, 因此被命名为 “积分攻击”. 在 FSE2009 上, 孙兵等进一步推广了积分的定义, 结合有限域上的 Fourier 变换, 提出了形如 $\sum_{x\in V} x^i f(x)$ 的积分[21], 后来被命名为 “高次积分”, 请读者注意区分这里的高次积分和文中提到的高阶积分. 值得一提的是, 尽管目前普遍认为文献 [13] 最早提出积分攻击的思想, 事实上, 国内学者胡予濮等在文

献 [10] 中研究 Safer+ 的安全性时已经提到了 “Integral Cryptanalysis” 这个名词.

以上所涉及的积分均是对基于字节 (或字) 运算设计的密码算法有效, 事实上有很多密码并不是基于字节或字运算设计的, 比如 DES, PRESENT 等算法, 利用上述分析方法, 对基于比特运算设计的密码算法是无效的. 为克服这个困难, Z'aba 等在 FSE 2008 上提出了基于比特的积分攻击[25], 严格来说, 这应该是 “基于比特的积分区分器”. 在寻找基于比特的积分区分器时, 对算法所采用变换是不是满射并不关心, 因此这是一种基于计数技术求和的方法. 在特征为 2 的有限域上, 若某个元素出现了偶数次, 则该元素对求和没有影响. 基于比特的积分区分器就是寻找特定的输入, 使得若干轮变换后每个元素都出现偶数次, 从而是平衡的.

孙兵等在研究插值攻击时首次提出了利用代数方法研究积分攻击的思想[21]. 随后, 他们在文献 [20] 中给出了积分区分器的精确代数刻画, 并指出若把轮函数看作多项式函数, 则轮函数的代数次数是衡量一个算法抗积分攻击的重要指标. 文献 [20] 还研究了 S 盒的选取与算法抗积分攻击能力之间的影响, 并利用代数方法证明了如下定理:

定理 8.3 *存在一个 Feistel 密码算法, 尽管该算法存在 $r-1$ 轮积分区分器, 但是所有第 r 轮密钥的猜测值都能通过平衡性检测, 即积分攻击对该密码是无效的.*

在证明过程中, 作者构造了 Pigeon 算法, 尽管该算法存在 4 轮积分区分器, 但利用该区分器并不能把正确密钥和错误密钥区分开来, 读者也可以自行评估 $\mathcal{PURE}$ 算法抗积分攻击的能力, 在实际攻击的过程中会发现, 所有密钥的猜测值都能通过平衡性检测. 尽管积分攻击对低代数次数轮函数的 Feistel 密码可能失效, 作者证明了积分攻击对 SPN 密码的有效性. 即

定理 8.4 *设一个 SPN 密码存在 $r-1$ 轮积分区分器, 若稳定字节随机选取, 则积分攻击一定可以恢复出算法第 r 轮的密钥.*

对其他著名算法如 FOX 的积分攻击可参见文献 [23], 对 CLEFIA 的积分攻击可参见文献 [30, 32], 对 HIGHT 的积分攻击见文献 [26], 对 3D 密码的积分攻击见文献 [31] 对 Rijndael-256 的积分攻击可参见文献 [7, 19] 等.

参 考 文 献

[1] Biryukov A, Shamir A. Structural cryptanalysis of SASAS[C]. EUROCRYPT 2001, LNCS 2045. Springer-Verlag, 2001: 394–405.

[2] Daemen J, Knudsen L, Rijmen V. The block cipher Square[C]. FSE 1997, LNCS 1267. Springer-Verlag, 1997: 149–165.

[3] Daemen J, Rijmen V. The design of Rijndael: AES—the Advanced Encryption Standard[M]. Information Security and Cryptography, Springer, 2002.

[4] Duo L, Li C, Feng K. New observation on Camellia[C]. SAC 2005, LNCS 3897. Springer-Verlag, 2006: 51–64.

[5] Duo L, Li C, Feng F. Square like attack on Camellia[C]. ICICS 2007, LNCS 4861. Springer-Verlag, 2007: 269-283.

[6] Ferguson N, Kelsey J, Lucks S, Schneier B, Stay M, Wagner D, Whiting D. Improved cryptanalysis of Rijndael[C]. FSE 2000, LNCS 1978. Springer-Verlag, 2001: 213–230.

[7] Galice S, Minier M. Improving integral attacks against Rijndael-256 up to 9 rounds[C]. AFRICACRYPT 2008, LNCS 5023. Springer-Verlag, 2008: 1–15.

[8] Hwang K, Lee W, Lee S, Lee S, Lim J. Saturation attacks on reduced round Skipjack[C]. FSE 2002, LNCS 2365. Springer-Verlag, 2002: 100–111.

[9] He Y, Qing S. Square attack on reduced Camellia cipher[C]. ICICS 2001, LNCS 2229. Springer-Verlag, 2001: 238–245.

[10] Hu Y, Zhang Y, Xiao G. Integral cryptanalysis of SAFER+[J]. Electronic Letters, 1999, 35(17): 1458–1459.

[11] Ji W, Hu L. Square attack on reduced-round Zodiac cipher[C]. ISPEC 2008, LNCS 4991. Springer-Verlag, 2008: 377–391.

[12] Knudsen L. Truncated and high order differentials[C]. FSE 1995, LNCS 1008. Springer-Verlag, 1995: 196–211.

[13] Knudsen L, Wagner D. Integral cryptanalysis[C]. FSE 2002, LNCS 2365. Springer-Verlag, 2002: 112–127.

[14] Liu F, Ji W, Hu L, Ding J. Analysis of the SMS4 block cipher[C]. ACISP 2007, LNCS 4586. Springer-Verlag, 2007: 158–170.

[15] Li P, Sun B, Li C. Integral cryptanalysis of ARIA[C]. To appear in Inscrypt, 2009.

[16] Li R, Sun B, Li C. Distinguishing attacks on a kind of generalized unbalanced Feistel Network[EB]. Available through http://eprint.iacr.org/2009/360.

[17] Lidl R, Niederreiter H. Finite Fields[M]. Cambridge University Press, 1997.

[18] Lucks S. The saturation attack—a bait for Twofish[C]. FSE 2001, LNCS 2365. Springer-Verlag, 2002: 1–15.

[19] Nakahara Jr. J, Freitas D, Phan R. New multiset attacks on Rijndael with large blocks[C]. Mycrypt 2005, LNCS 3715. Springer-Verlag, 2005: 277–295.

[20] Sun B, Li R, Qu L, Li C. SQUARE attack on block ciphers with low algebraic degree[J]. To appear in Sci China Ser F-Inf Sci.

[21] Sun B, Qu L, Li C. New cryptanalysis of block ciphers with low algebraic degree[C]. FSE 2009, LNCS 5665. Springer-Verlag, 2009: 180–192.

[22] Wei Y, Sun B, Li C. New integral distinguisher for Rijndael-256[EB]. Available through http://eprint.iacr.org/2009/559.

[23] Wu W, Zhang W, Feng D. Integral cryptanalysis of reduced FOX block cipher[C]. ICISC 2005, LNCS 3935. Springer-Verlag, 2006: 229–241.

[24] Yeom Y, Park S, Kim I. On the security of Camellia against the Square attack[C]. FSE 2002, LNCS 2365. Springer-Verlag, 2002: 89–99.

[25] Z'aba M, Raddum H, Henricksen M, Dawson E. Bit-pattern based integral attack[C]. FSE 2008, LNCS 5086. Springer-Verlag, 2008: 363–381.

[26] Zhang P, Sun B, Li C. Saturation attack on the block cipher HIGHT[C]. CANS 2009, LNCS 5888. Springer-Verlag, 2009: 76–86.

[27] 多磊, 李超. Rijndael 密码的逆序 Square 攻击 [J]. 电子与信息学报, 2004, 26(1): 65–71.

[28] 多磊, 李超, 赵惠文. 循环移位对 Rijndael 密码安全性的影响 [J]. 通信学报, 2003, 24(9): 153–161.

[29] 孙兵, 张鹏, 李超. Zodiac 算法新的不可能差分密码分析和积分攻击. 软件学报, 待发表.

[30] 唐学海, 李超, 谢端强. CLEFIA 密码的 Square 攻击 [J]. 电子与信息学报, 2009, 31(9): 2260–2263.

[31] 王美一, 唐学海, 李超, 屈龙江. 3D 密码的 Square 攻击 [J]. 电子与信息学报, 2010, 32(1): 157–161.

[32] 王薇, 王小云. 对 CLEFIA 算法的饱和度分析 [J]. 通信学报, 2008(10): 88–92.

第 9 章　插值攻击的原理与实例分析

由于有限域上的任意函数均有唯一的多项式函数与之对应, 因此可以将密文看作明文的多项式函数, 然后通过研究多项式的性质来分析一个加密算法所具有的密码学性质, 这就是插值攻击所采用的基本思想[3,11]. 插值攻击本质上是一种代数方法, 是确定性的, 这与差分密码分析、线性密码分析等基于统计的方法分析密码算法的安全性有着本质的不同.

衡量一个多项式是否随机有很多指标, 但插值攻击一般通过计算明密文之间多项式函数的次数和项数, 从而将一个密码与随机置换区分开来. 插值攻击最成功的例子当属对 $\mathcal{PURE}$ 算法的攻击, 因为 6 轮 $\mathcal{PURE}$ 算法就足够抵抗差分和线性密码分析, 但是插值攻击却可以从理论上攻破 32 轮该密码算法[3]. FSE 2009 上提出的改进插值攻击甚至可以将 22 轮 $\mathcal{PURE}$ 算法现实破译[11].

插值攻击的思想由 Jakobsen 和 Knudsen 等在 FSE 1997 上提出[3], 日本学者 Aoki 等在 SAC 1999 上给出了插值攻击的一般情形, 即 “线性和” 方法[1]; Kurosawa 在 SAC 2000 上指出, 利用插值攻击不能唯一得到密钥, 而是得到一系列等价密钥[4]; 由于用插值的方法分析一个密码算法时, 首先必须构造一个有限域, 尽管不同的不可约多项式构造出的有限域同构, 但是对一个具体的多项式而言, 项数会有所不同, 从而攻击复杂度也会受到一定的影响, 因此, Youssef 等研究了在不同的多项式表示下, 插值攻击的复杂度问题[12]; 孙兵等在 FSE 2009 上提出了改进的插值攻击, 通过有限域上的离散 Fourier 变换求出多项式某些项的具体系数来得到密钥的信息, 从而将插值攻击与积分攻击紧密联系到了一起[11].

本章首先介绍必要的数学基础, 主要是有限域上的多项式理论, 介绍多项式在随机选取意义下的一些指标, 在此基础上, 分析插值攻击的原理和方法.

9.1　插值攻击的基本原理

9.1.1　基本概念和数学基础

给定 $2t$ 个数 $x_1, \cdots, x_t, y_1, \cdots, y_t \in \mathbb{F}_q$, 其中 $x_i (1 \leqslant i \leqslant t)$ 两两不同, 则

$$f(x) = \sum_{i=1}^{t} y_i \prod_{1 \leqslant j \leqslant t, j \neq i} \frac{x - x_j}{x_i - x_j} \tag{9.1}$$

是 $\mathbb{F}_q[x]$ 中将 x_i 映为 y_i 的唯一的次数 $\leqslant t-1$ 的多项式. 上式也称为 Lagrange 插值公式[7].

由于有限域的元素是有限的, 因此有限域上的任意一个映射, 总可以根据 Lagrange 插值公式将这个映射写成多项式的情形, 从而研究有限域上的映射只需要研究多项式映射就可以了.

考虑一个给定的密码算法, 可以将明文和密文看作有限域上的元素, 然后将密文看作明文的多项式函数, 从而通过研究该多项式的性质来研究原密码算法的性质.

这里首先要说明一个问题, 那就是有限域上的多项式与多项式函数的区别. 有限域上的多项式是指

$$f(x) = \sum_{i=0}^{N} a_i x^i \in \mathbb{F}_q[x],$$

由于对任意 $x \in \mathbb{F}_q$, $x^q = x$ 恒成立, 因此, 多项式 $f(x)$ 对应的有限域上的多项式函数是指

$$g(x) = f(x) \mod x^q - x.$$

也就是说, 有限域 $\mathbb{F}_q$ 上的多项式函数的次数是不超过 $q-1$ 的. 由于在下面通常考虑的是多项式函数, 因此除非特别指出, 否则多项式均是指多项式函数.

对于 $\mathbb{F}_{2^n}$ 上随机给定的多项式 $P(x) = \sum_{i=0}^{2^n-1} a_i x^i \in \mathbb{F}_{2^n}[x]$, 可以计算以下指标:

性质 9.1　$\mathbb{F}_{2^n}$ 上随机给定的多项式 $P(x) = \sum_{i=0}^{2^n-1} a_i x^i \in \mathbb{F}_{2^n}[x]$, 某一指定系数为 0 的概率为 $p = \frac{1}{2^n}$.

性质 9.2　$\mathbb{F}_{2^n}$ 上随机给定的多项式 $P(x) = \sum_{i=0}^{2^n-1} a_i x^i \in \mathbb{F}_{2^n}[x]$, 指定 k 项系数为 0 的概率为 $p = \left(\frac{1}{2^n}\right)^k$.

性质 9.3　$\mathbb{F}_{2^n}$ 上随机给定的多项式 $P(x) = \sum_{i=0}^{2^n-1} a_i x^i \in \mathbb{F}_{2^n}[x]$, 其项数的期望值为 $2^n - 1$.

根据上述性质可得:

性质 9.4　$\mathbb{F}_{2^n}$ 上随机给定的多项式 $P(x) = \sum_{i=0}^{2^n-1} a_i x^i \in \mathbb{F}_{2^n}[x]$, $\deg(P(x)) = N < 2^n - 1$ 的概率为 $p = \left(1 - \frac{1}{2^n}\right)\left(\frac{1}{2^n}\right)^{2^n-1-N}$.

这是因为 $\deg(P(x)) = N$, 即 $a_{2^n-1} = a_{2^n-2} = \cdots = a_{N+1} = 0$ 且 $a_N \neq 0$.

性质 9.5 $\mathbb{F}_{2^n}$ 上随机给定的多项式$P(x)=\sum\limits_{i=0}^{2^n-1}a_ix^i\in\mathbb{F}_{2^n}[x]$, 其项数为 $N<2^n$ 的概率为 $p=\binom{2^n}{N}\left(1-\dfrac{1}{2^n}\right)^N\left(\dfrac{1}{2^n}\right)^{2^n-N}$.

由这两条性质可知, 当 $N<2^n-1$ 且 n 较大的时候, 随机给定的多项式 $P(x)$ 次数和项数几乎都不可能为 N. 当然, 若知道多项式的次数为 N, 则显然其项数 $\leqslant N+1$, 因此到目前为止, 利用插值攻击对密码算法进行攻击, 几乎都是计算了多项式的次数, 然后与随机情形进行比较, 从而决定密码的性质.

根据式 (9.1) 可知, 若知道 $\mathbb{F}_q[x]$ 中一个多项式的次数为 $\leqslant N$, 则只要知道任意 $N+1$ 个点 $(x_i,y_i)(1\leqslant i\leqslant N+1)$, 就可以将该多项式唯一地确定下来.

另外, 对 $N+2$ 个随机取定的点 $(x_1,y_1),\cdots,(x_{N+2},y_{N+2})\in\mathbb{F}_q^2$, 假设利用式 (9.1) 插值得到的多项式为 $L(x)$, 则 $\deg(L(x))=N$ 等价于 $L(x)$ 的最高项 (x^{N+1}) 的系数为 0, 因此, $\deg(L(x))=N$ 的概率为 $\dfrac{1}{q}$, 当 q 比较大时, 可以认为, 由 $N+2$ 个点插值得到的多项式的次数为 $N+1$, 几乎不可能是 N. 同样, 若随机选择 $N+3$ 个点, 利用插值得到的多项式的次数为 N 的概率为 $\dfrac{1}{q^2}$, 随机选择 $N+t$ 个点, 利用插值得到的多项式的次数为 N 的概率为 $\dfrac{1}{q^{t-1}}$. 由此可见, 当采样点数与 $N+1$ 的差越大, 在随机情形下, 利用插值所得到的多项式的次数越不可能是 N.

下面给出的定理在很多文献中已经给出证明, 为了保持完整性, 仍简要给出证明.

定理 9.1 令 $f(x)=\sum\limits_{i=0}^{q-1}a_ix^i\in\mathbb{F}_q[x]$, 则

$$a_i=\begin{cases}\sum\limits_{x\in\mathbb{F}_q}x^{q-1-i}f(x), & 若\ 1\leqslant i<q-2,\\ f(0), & 若\ i=0,\\ -\sum\limits_{x\in\mathbb{F}_q}f(x), & 若\ i=q-1.\end{cases}$$

证明 若 $j\neq 0 \mod q-1$, 则

$$\sum_{x\in\mathbb{F}_q}x^j=\sum_{x\in\mathbb{F}_q^*}x^j=\sum_{t=0}^{q-2}(g^t)^j=\sum_{t=0}^{q-2}(g^j)^t=\frac{1-(g^j)^{q-1}}{1-g^j}=0,\tag{9.2}$$

其中 g 是 $\mathbb{F}_q^*$ 的本原元.

若 $j=0 \mod q-1$ 且 $j\neq 0$, 则

$$\sum_{x\in\mathbb{F}_q}x^j=0^j+\sum_{x\in\mathbb{F}_q^*}x^j=q-1=-1.\tag{9.3}$$

从而根据式 (9.2) 和式 (9.3) 可知命题的正确性. □

考虑到在现实世界中, 对密码的攻击多考虑特征为 2 的有限域, 将这种情形的具体形式重新写作如下:

定理 9.2　令 $f(x)=\sum_{i=0}^{2^n-1} a_i x^i \in \mathbb{F}_{2^n}[x]$, 则

$$a_i=\begin{cases}\sum\limits_{x\in\mathbb{F}_{2^n}} x^{2^n-1-i}f(x), & \text{若 } 1\leqslant i<2^n-2,\\ f(0), & \text{若 } i=0,\\ \sum\limits_{x\in\mathbb{F}_{2^n}} f(x), & \text{若 } i=2^n-1.\end{cases}$$

当 $i=2^n-1$ 时, $\sum\limits_{x\in\mathbb{F}_{2^n}} f(x)$ 就是积分攻击所考虑的等式.

9.1.2　插值攻击的步骤

(1) *一般方法*

插值攻击一般对那些轮函数次数比较低且具有比较紧凑表达式的密码算法奏效, 关于这一点, 在下面的分析中将有所体现. 对一个 r 轮密码实施插值攻击的一般步骤如下:

步骤 1.　计算 $r-1$ 轮密码的密文和明文之间的多项式函数的次数, 不妨记为 N(从而项数 $\leqslant N+1$);

步骤 2.　随机选择 $N+2$ 个点 $x_1,\cdots,x_{N+2}$, 并加密, 记相应的密文为 $y_1,\cdots,y_{N+2}$;

步骤 3.　随机猜测最后一轮的子密钥 gk, 并部分解密, 相应状态值记为 $z_1,\cdots,z_{N+2}$, 对 $(x_1,z_1),\cdots,(x_{N+1},z_{N+1})$ 这 $N+1$ 个点利用插值公式, 求得多项式 $f(x)$, 使得 $f(x_i)=z_i$, $i=1,\cdots,N+1$; 检验 $f(x_{N+2})=z_{N+2}$ 是否成立, 若不成立, 则 gk 一定是错误密钥, 从而淘汰.

上述第 3 步也可以进行如下计算:

步骤 3*.　对 $(x_1,z_1),\cdots,(x_{N+2},z_{N+2})$ 这 $N+2$ 个点利用插值公式, 求得多项式 $f(x)$, 使得 $f(x_i)=z_i$, $i=1,\cdots,N+2$, 检验 $\deg(f(x))=N$ 是否成立, 若不成立, 则 gk 一定是错误密钥, 从而淘汰.

根据上述步骤, 可以粗略估计出插值攻击的复杂度：为得到明密文对, 需要 $N+2$ 次加密, 因为解密阶段需要猜测所有可能的密钥, 即每个密文需要做 $2^{|K|}$ 次解密, 从而攻击复杂度的数量级是 $N\times 2^{|K|}$, 其中 $|K|$ 表示需要猜测密钥的长度. 另外, 由于计算插值多项式时, 必须存储采样点, 因此上述插值攻击还需要 $2\times(N+2)$ 的存储.

(2) **中间相遇方法**

考虑一个 $m+n$ 轮的密码, 假设从加密方向看, 第 m 轮的输出 Z_m 可以看作输入 X 的 d_m 次多项式函数 $f_m(X)$, 从解密方向看, Z_n^* 可以看作密文 Y 的 d_n 次多项式函数 $f_n(Y)$, 根据算法流程必然有 $f_m(X)=Z_m=Z_n^*=f_n(Y)$. 利用这个等式, 可以对 $m+n+1$ 轮密码算法实施插值攻击:

步骤 1. 随机选取 d_m+d_n+3 个明文 X, 计算相应的密文 Y;

步骤 2. 假设最后一轮的密钥为 K, 部分解密得 Y^* 利用待定系数法, 设 $g(X,Y)=\sum\limits_{i=0}^{d_m} a_iX^i+\sum\limits_{j=0}^{d_m} b_jY^j$, 将 d_m+d_n+3 对 (X,Y^*) 代入 $g(X,Y)$, 则 $g(X,Y^*)=0$.

步骤 3. 解上述关于 a_i 和 b_j 的方程组, 若有非零解, 则猜测的密钥值是正确的, 无解则说明密钥的猜测值是错误的.

有关 "中间相遇法" 在插值攻击中的应用参见文献 [3].

9.2 $\mathcal{PURE}$ 算法的插值攻击

9.2.1 $\mathcal{PURE}$ 算法简介

$\mathcal{PURE}$ 算法是一个 Feistel 密码, 由 Knudsen 等在 FSE 1997 上提出, 文献 [3] 指出, 该密码只需 6 轮就可以足够抵抗差分和线性密码分析. 需要指出的是 $\mathcal{PURE}$ 只是一个试验密码, 设计这样一个密码只是为了说明某些密码学问题, 在实际应用中通常不会采用.

$\mathcal{PURE}$ 的分组长度为 64 比特, 算法流程如图 9.1 所示, 其轮函数很简单, 定义为有限域上的幂函数 $f(x)=x^3\in\mathbb{F}_{2^{32}}[x]$, 算法的轮密钥可以独立, 也可由某一扩展算法生成. 算法的轮数也没有给出确切值, 文献 [3] 中只说 6 轮就已经足够抵抗差分密码分析和线性密码攻击.

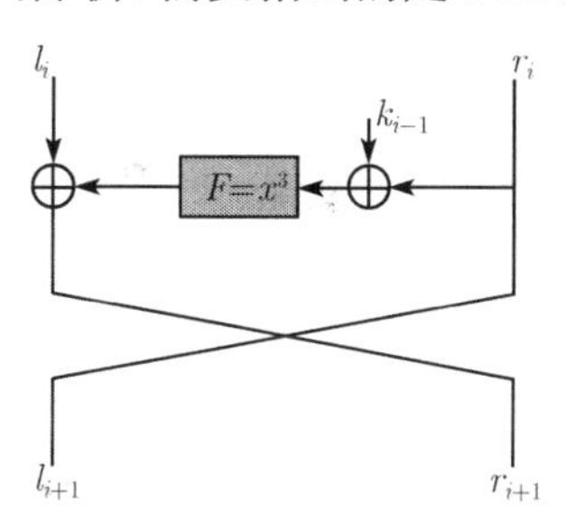

图 9.1 $\mathcal{PURE}$ 算法流程

9.2.2 对 $\mathcal{PURE}$ 算法的插值攻击

通过研究有限域上幂函数的性质可知, $f(x)=x^3\in\mathbb{F}_{2^n}[x]$ 的差分性质和线性性质是非常好的, 从而 6 轮 $\mathcal{PURE}$ 足够抵抗差分密码分析和线性密码分析. 但是, 由于表达式太过简单, 次数太低, 因此可以用插值的方法来分析这个密码算法.

插值攻击有两种类型, 首先讨论第一种, 直接利用插值的方法, 将明文和密文之间的多项式函数明确表示出来, 然后通过分析多项式的次数或者项数来分析密码算法的随机性质. 第二种方法是多项式插值, 将在下一节讲述该方法的具体应用.

首先假设算法的输入为 (x,C) 的形式, 其中 C 为某一常数. 根据轮变换的定义, 第一轮的输出形式为 $(C, x \oplus C^*)$, 其中 C^* 为另外一个常数; 第二轮的输出为 $(x \oplus C^*, x^3 \oplus g_1(x))$, 其中 $\deg g_1(x) \leqslant 3^1 - 1$; 依此类推, 第 m 轮的输出为 $(x^{3^{m-2}} \oplus g_{m-2}(x), x^{3^{m-1}} \oplus g_{m-1}(x))$, 其中 $\deg(g_i(x)) \leqslant 3^i - 1$.

只要 $3^{i-2} \leqslant 2^{32} - 1$, 则 $l_i(x) = x^{3^{i-2}} \oplus g_{i-2}(x)$ 就是一个多项式函数, 从而可以确定 $\deg(l_i(x)) = 3^{i-2}$. 进一步, $l_i(x)$ 的多项式表达式中, 项数不超过 $3^{i-2} + 1$. 上述分析可参见图 9.2.

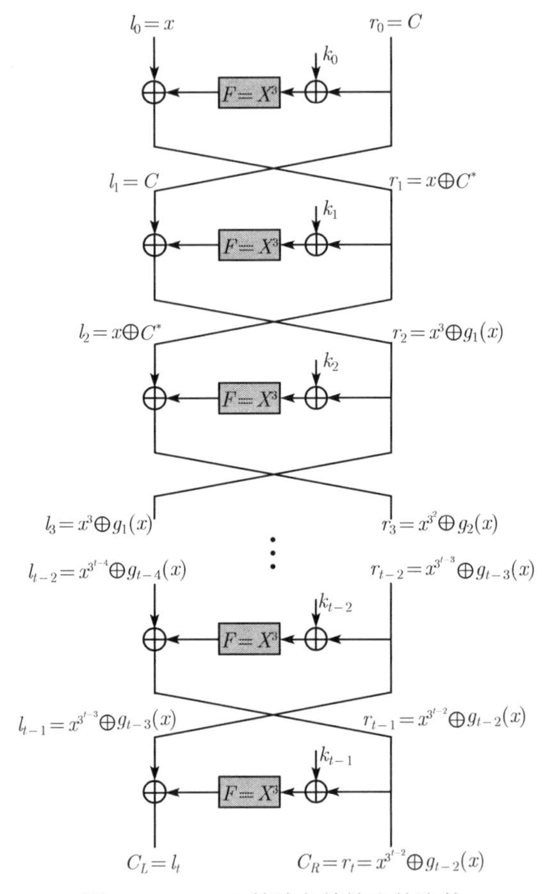

图 9.2　$\mathcal{PURE}$ 算法各轮输出的次数

假设算法的轮数 t 满足 $3^{t-3} \leqslant 2^{32} - 1$, 根据上述性质, 有如下攻击:

步骤 1.　随机选择 $3^{t-3} + 2$ 个明文 $P_i (1 \leqslant i \leqslant 3^{t-3} + 2)$, 并加密, 相应密文记作 $C_i = (C_L^{(i)}, C_R^{(i)})$, 其中 $1 \leqslant i \leqslant 3^{t-3} + 2$;

步骤 2.　猜测最后一轮子密钥, 不妨记作 k^*, 计算 $D_i = C_L^{(i)} \oplus (C_R^{(i)} \oplus k^*)^3$;

步骤 3.　利用 $(P_1, D_1), \cdots, (P_{3^{t-3}+1}, D_{3^{t-3}+1})$ 和 Lagrange 插值公式, 计算 $h(x)$ 使得当 $1 \leqslant i \leqslant 3^{t-3} + 1$ 时, $h(P_i) = D_i$;

步骤 4. 检验 $h(P_{3^{t-3}+2}) = D_{3^{t-3}+2}$ 是否成立, 若不成立, 则 k^* 一定是错误密钥, 否则, 将 k^* 作为最后一轮的轮密钥候选值.

步骤 5. 若上述步骤不能唯一确定最后一轮的轮密钥, 则选择 $P_{3^{t-3}+3}$, 计算相应的 $C_{3^{t-3}+3}$ 和 $D_{3^{t-3}+3}$, 然后检验步骤 4 是否成立.

还可以用如下方法对算法进行攻击:

步骤 1. 随机选择 $3^{t-3}+2$ 个明文 $P_i(1 \leqslant i \leqslant 3^{t-3}+2)$, 并加密, 相应密文记作 $C_i = (C_L^{(i)}, C_R^{(i)})$, 其中 $1 \leqslant i \leqslant 3^{t-3}+2$;

步骤 2. 猜测最后一轮子密钥, 不妨记作 k^*, 计算 $D_i = C_L^{(i)} \oplus (C_R^{(i)} \oplus k^*)^3$;

步骤 3. 利用 $(P_1, D_1), \cdots, (P_{3^{t-3}+2}, D_{3^{t-3}+2})$ 和 Lagrange 插值公式, 计算 $h(x)$ 使得当 $1 \leqslant i \leqslant 3^{t-3}+2$ 时, $h(P_i) = D_i$;

步骤 4. 检验 $\deg(h(x)) = 3^{t-3}$ 是否成立, 若不成立, 则 k^* 一定是错误密钥, 否则, 将 k^* 作为最后一轮的轮密钥候选值.

步骤 5. 若上述步骤不能唯一确定最后一轮的轮密钥, 则选择 $P_{3^{t-3}+3}$, 计算相应的 $C_{3^{t-3}+3}$ 和 $D_{3^{t-3}+3}$, 然后检验步骤 4 是否成立.

对 t 轮算法的攻击复杂度计算如下:

选择明文数为 3^{t-3}, 对于每个明密文对, 都需要猜测最后一轮的子密钥, 共 2^{32} 个, 相当于 $2^{32}/t$ 次加密, 因此整个攻击的复杂度大约为 $3^{t-3} \times 2^{32}/t$ 次加密运算.

上述攻击只是最基本的攻击结合中间相遇的方法, 文献 [3] 可以攻击到 32 轮 $\mathcal{PURE}$ 算法, 因此说, $\mathcal{PURE}$ 算法对插值攻击是不免疫的.

注 1 在计算复杂度时, 并没有计算求插值多项式的复杂度. 使用不同的计算平台, 计算插值所花费的时间并不一样, 在实验中我们发现, 有时计算插值多项式的复杂度比加密次数大得多.

注 2 在上述攻击中, 只是求出了多项式的次数, 对其他项的系数, 我们并不关心. 尽管插值是一种代数方法, 插值攻击也是基于代数理论刻画的, 然而上述攻击流程却是基于统计测试原理, 即一个一个测试, 因此攻击的复杂度至少为明文量和密钥量的乘积. 在实际攻击时, 可以发现, 若将某些特殊项的系数表达式求出来, 则可以大大降低攻击的复杂度. 下面将讲述如何利用代数方法恢复密钥.

利用前面的分析结果可以改进上述对 $\mathcal{PURE}$ 算法的攻击, 从而将对 $\mathcal{PURE}$ 算法的攻击从理论攻击变成现实攻击.

9.2.3 对 $\mathcal{PURE}$ 算法的改进插值攻击

上面对 $\mathcal{PURE}$ 的安全性进行了讨论, 下面针对不同的轮数给出攻击复杂度: 对 6 轮 $\mathcal{PURE}$ 而言, 攻击复杂度约为 $3^3 \times 2^{32}/6 \approx 2^{35}$; 对 10 轮 $\mathcal{PURE}$ 而言, 攻击复杂度约为 $3^7 \times 2^{32}/10 \approx 2^{40}$. 由此可见, 即使轮数很低, 上述方法也很难现实攻破 $\mathcal{PURE}$ 算法. 攻击之所以具有很高的复杂度主要是因为恢复密钥时是通过猜测并淘汰的, 因此密钥量是影响攻击复杂度的一个重要因素. 下面通过研究多项式次高项系数的性质来分析算法的安全性, 在此基础上可以得到一个对 $\mathcal{PURE}$ 算法的现实攻击.

定理 9.3 设 $\mathcal{PURE}$ 算法的输入形式为(C,x), 其中 $C \in \mathbb{F}_{2^{32}}$ 为常数, 第 m 轮的输出为 $\left(x^{3^{m-1}} \oplus g_{m-1}(x), x^{3^m} \oplus g_m(x)\right)$, 其中 $\deg(g_i(x)) \leqslant 3^i - 1$, 当 $3^m < 2^{32}$ 时, 多项式 $g_m(x)$ 中 x^{3^m-1} 的系数为 k_0.

证明 首先可以验证当 $m=1$ 时, 第一轮的输出为

$$\left(x, (x \oplus k_0)^3 \oplus C\right),$$

直接验证可知命题的正确性.

假设第 t 轮的输出为

$$\left(x^{3^{t-1}} \oplus k_0 x^{3^{t-1}-1} \oplus g_{t-1}^*(x), x^{3^t} \oplus k_0 x^{3^t-1} \oplus g_t^*(x)\right),$$

其中 $\deg(g_i^*(x)) \leqslant 3^i - 2$, 则第 $t+1$ 轮的输出为

$$\left(x^{3^t} \oplus k_0 x^{3^t-1} \oplus g_t^*(x), \left(x^{3^t} \oplus k_0 x^{3^t-1} \oplus g_t^*(x) \oplus k_t\right)^3 \oplus \cdots\right),$$

将上式展开即可知命题的正确性.

综上所述, 命题成立. □

上述定理说明, 在对 $\mathcal{PURE}$ 实施插值攻击时, 没有必要利用统计的方法来测试密钥是否正确, 因为在计算插值多项式时, 已经把 k_1 计算出来了. 通过代数方法, 观察多项式次高项系数即可得到正确密钥, 从而攻击的复杂度下降的数量级和原来猜测密钥量的数量级相当.

首先考虑对轮数 $m<22$ 的 $\mathcal{PURE}$ 的攻击, 下面分两种情况分析:

若 3^{m-1} 比较小, 此时, 用来计算插值多项式的点相对较少, 从而可以根据采样点来计算插值多项式, 然后通过观察多项式的次高项的系数来进行恢复密钥的攻击. 所需要的明文量为 $3^{m-1}+1$, 3^{m-1} 比较大的情形见 9.4 节.

步骤 1. 随机选择 $3^{m-1}+1$ 个明文 P_i 并计算相应的密文 C_i;

步骤 2. 利用 Lagrange 插值的方法计算多项式 $L(x) \in \mathbb{F}_{2^{32}}[x]$ 使得 $L(P_i) = C_i$;

步骤 3. 根据定理 9.3, 多项式 $L(x)$ 的次高项, 即 $x^{3^{m-1}-1}$ 的系数即为 k_1.

尽管上面只是计算了 $\mathcal{PURE}$ 密文与明文之间多项式函数的系数, 实际上从推导过程看, 凡是能实施多项式插值的, 就一定可以计算出某些项的系数从而利用解方程的方法实施攻击. 另外, 上述攻击只能攻击到 21 轮, 攻击 22 轮 $\mathcal{PURE}$ 时还需利用其他技巧[11].

9.3 Rijndael 算法的插值攻击

本节介绍对简化 AES 算法的有理分式插值攻击, 以此说明 AES 算法 S 盒为什么在逆变换后还需要做一个仿射变换. 文献 [3] 中对 SHARK 的分析与本节类似.

9.3.1 简化 Rijndael 算法介绍

在 AES 算法中, S 盒定义为

$$S(x) = Ax^{-1} + b,$$

本节将 S 盒简化为

$$S(x) = x^{-1},$$

即取消 S 盒中的仿射变换, 其余部件保持不变. 为方便起见, 仍称这个简化的 AES 算法为 Rijndael 算法.

9.3.2 有理分式插值攻击

不妨假设算法输入为

$$P = \begin{pmatrix} x & C & C & C \\ C & C & C & C \\ C & C & C & C \\ C & C & C & C \end{pmatrix}, \tag{9.4}$$

其中 C 为常数 (不一定相等). 则经过第 1 轮变换后的输出为

$$T_1 = \begin{pmatrix} \dfrac{a_0(x)}{b_0(x)} & C & C & C \\ \dfrac{a_1(x)}{b_1(x)} & C & C & C \\ \dfrac{a_2(x)}{a_2(x)} & C & C & C \\ \dfrac{a_3(x)}{b_3(x)} & C & C & C \end{pmatrix},$$

其中 $\dfrac{a_i(x)}{b_i(x)}$ 表示两个 1 次多项式的商. 第 2 轮的输出为

$$T_1=\begin{pmatrix}\dfrac{f_0^{(1)}(x)}{g_0^{(1)}(x)} & \dfrac{f_1^{(1)}(x)}{g_1^{(1)}(x)} & \dfrac{f_2^{(1)}(x)}{g_2^{(1)}(x)} & \dfrac{f_3^{(1)}(x)}{g_3^{(1)}(x)}\\ \dfrac{f_4^{(1)}(x)}{g_4^{(1)}(x)} & \dfrac{f_5^{(1)}(x)}{g_5^{(1)}(x)} & \dfrac{f_6^{(1)}(x)}{g_6^{(1)}(x)} & \dfrac{f_7^{(1)}(x)}{g_7^{(1)}(x)}\\ \dfrac{f_8^{(1)}(x)}{g_8^{(1)}(x)} & \dfrac{f_9^{(1)}(x)}{g_9^{(1)}(x)} & \dfrac{f_{10}^{(1)}(x)}{g_{10}^{(1)}(x)} & \dfrac{f_{11}^{(1)}(x)}{g_{11}^{(1)}(x)}\\ \dfrac{f_{12}^{(1)}(x)}{g_{12}^{(1)}(x)} & \dfrac{f_{13}^{(1)}(x)}{g_{13}^{(1)}(x)} & \dfrac{f_{14}^{(1)}(x)}{g_{14}^{(1)}(x)} & \dfrac{f_{15}^{(1)}(x)}{g_{15}^{(1)}(x)}\end{pmatrix},$$

其中 $\dfrac{f_i^{(1)}(x)}{g_i^{(1)}(x)}$ 表示两个一次多项式的商. 进而第 3 轮的输出的每个字节均可表示为

$$T_2=\begin{pmatrix}\dfrac{f_0^{(4)}(x)}{g_0^{(4)}(x)} & \dfrac{f_1^{(4)}(x)}{g_1^{(4)}(x)} & \dfrac{f_2^{(4)}(x)}{g_2^{(4)}(x)} & \dfrac{f_3^{(4)}(x)}{g_3^{(4)}(x)}\\ \dfrac{f_4^{(4)}(x)}{g_4^{(4)}(x)} & \dfrac{f_5^{(4)}(x)}{g_5^{(4)}(x)} & \dfrac{f_6^{(4)}(x)}{g_6^{(4)}(x)} & \dfrac{f_7^{(4)}(x)}{g_7^{(4)}(x)}\\ \dfrac{f_8^{(4)}(x)}{g_8^{(4)}(x)} & \dfrac{f_9^{(4)}(x)}{g_9^{(4)}(x)} & \dfrac{f_{10}^{(4)}(x)}{g_{10}^{(4)}(x)} & \dfrac{f_{11}^{(4)}(x)}{g_{11}^{(4)}(x)}\\ \dfrac{f_{12}^{(4)}(x)}{g_{12}^{(4)}(x)} & \dfrac{f_{13}^{(4)}(x)}{g_{13}^{(4)}(x)} & \dfrac{f_{14}^{(4)}(x)}{g_{14}^{(4)}(x)} & \dfrac{f_{15}^{(4)}(x)}{g_{15}^{(4)}(x)}\end{pmatrix},$$

其中 $\dfrac{f_i^{(4)}(x)}{g_i^{(4)}(x)}$ 表示两个次数不超过 4 的多项式的商. 第 4 轮的输出为

$$T_3=\begin{pmatrix}\dfrac{f_0^{(16)}(x)}{g_0^{(16)}(x)} & \dfrac{f_1^{(16)}(x)}{g_1^{(16)}(x)} & \dfrac{f_2^{(16)}(x)}{g_2^{(16)}(x)} & \dfrac{f_3^{(16)}(x)}{g_3^{(16)}(x)}\\ \dfrac{f_4^{(16)}(x)}{g_4^{(16)}(x)} & \dfrac{f_5^{(16)}(x)}{g_5^{(16)}(x)} & \dfrac{f_6^{(16)}(x)}{g_6^{(16)}(x)} & \dfrac{f_7^{(16)}(x)}{g_7^{(16)}(x)}\\ \dfrac{f_8^{(16)}(x)}{g_8^{(16)}(x)} & \dfrac{f_9^{(16)}(x)}{g_9^{(16)}(x)} & \dfrac{f_{10}^{(16)}(x)}{g_{10}^{(16)}(x)} & \dfrac{f_{11}^{(16)}(x)}{g_{11}^{(16)}(x)}\\ \dfrac{f_{12}^{(16)}(x)}{g_{12}^{(16)}(x)} & \dfrac{f_{13}^{(16)}(x)}{g_{13}^{(16)}(x)} & \dfrac{f_{14}^{(16)}(x)}{g_{14}^{(16)}(x)} & \dfrac{f_{15}^{(16)}(x)}{g_{15}^{(16)}(x)}\end{pmatrix},$$

其中 $\dfrac{f_i^{(16)}(x)}{g_i^{(16)}(x)}$ 表示两个次数不超过 16 的多项式的商. 第 5 轮的输出为

$$T_4 = \begin{pmatrix} \frac{f_0^{(64)}(x)}{g_0^{(64)}(x)} & \frac{f_1^{(64)}(x)}{g_1^{(64)}(x)} & \frac{f_2^{(64)}(x)}{g_2^{(64)}(x)} & \frac{f_3^{(64)}(x)}{g_3^{(64)}(x)} \\ \frac{f_4^{(64)}(x)}{g_4^{(64)}(x)} & \frac{f_5^{(64)}(x)}{g_5^{(64)}(x)} & \frac{f_6^{(64)}(x)}{g_6^{(64)}(x)} & \frac{f_7^{(64)}(x)}{g_7^{(64)}(x)} \\ \frac{f_8^{(64)}(x)}{g_8^{(64)}(x)} & \frac{f_9^{(64)}(x)}{g_9^{(64)}(x)} & \frac{f_{10}^{(64)}(x)}{g_{10}^{(64)}(x)} & \frac{f_{11}^{(64)}(x)}{g_{11}^{(64)}(x)} \\ \frac{f_{12}^{(64)}(x)}{g_{12}^{(64)}(x)} & \frac{f_{13}^{(64)}(x)}{g_{13}^{(64)}(x)} & \frac{f_{14}^{(64)}(x)}{g_{14}^{(64)}(x)} & \frac{f_{15}^{(64)}(x)}{g_{15}^{(64)}(x)} \end{pmatrix},$$

其中 $\frac{f_i^{(64)}(x)}{g_i^{(64)}(x)}$ 表示两个次数不超过 64 的多项式的商. 作为例子, 下面讲述如何利用上述区分器对 6 轮 Rijndael 算法实施有理分式插值攻击. 为方便起见, 仅恢复第 6 轮轮密钥的首字节.

步骤 1. 随机选取 140 个形如式 (9.4) 的明文 P_i, 并加密;

步骤 2. 猜测第 6 轮轮密钥的首字节, 不妨记为 gk, 并部分解密, 得到的结果不妨记为 D_i;

步骤 3. 根据上面的分析, 5 轮输出的首字节一定可以写成 $\frac{\sum_{i=0}^{64} a_i x^i}{\sum_{i=0}^{64} b_i x^i}$;

步骤 4. 解关于 a_i 和 b_i 的方程组

$$\frac{\sum_{i=0}^{64} a_i P_j^i}{\sum_{i=0}^{64} b_i P_j^i} = D_j, \quad j = 1, \cdots, 140, \tag{9.5}$$

若有解, 则认为 gk 是正确密钥, 否则淘汰.

在解式 (9.5) 时, 可通过将原方程变形为

$$\sum_{i=0}^{64} a_i P_j^i = D_j \sum_{i=0}^{64} b_i P_j^i. \tag{9.6}$$

尽管会产生增根, 但是增根很容易验证. 这样的变形以后, 方程变为线性方程:

$$\sum_{i=0}^{64} (a_i + D_j b_i) P_j^i = 0, \tag{9.7}$$

随机给 140 个方程, 系数矩阵的秩通常为 130(因为一共只有 130 个变量), 此时方程 (9.7) 只有 0 解, 显然 0 是方程的增根; 只有系数矩阵的秩 < 130 时方程 (9.7) 才有非零解.

对于错误的密钥猜测值, 相当于多加密 1 轮, 因此输出将更加复杂, 从而方程 (9.7) 的系数矩阵可以看作随机矩阵. 此时方程只有 0 解. 只有对于正确的密钥, 方程 (9.7) 才有非零解. 因此在具体操作时, 只要计算系数矩阵的秩即可, 无需解方程.

该攻击的数据复杂度为 140, 时间复杂度为 $140 \times 2^8 < 2^{16}$ 次查表运算.

尽管上述攻击被称作 “有理分式插值攻击”, 但在攻击过程中并未用到插值. 由于上述攻击和多项式插值都利用了多项式的性质, 出于习惯, 仍称上述攻击为 “插值攻击”, 有关有理分式插值攻击更详细的介绍, 参见文献 [3] 对 SHARK 的分析和文献 [8] 对 SNAKE 的分析.

9.4 高次积分攻击

9.4.1 高次积分

在第 8 章中详细讨论了积分攻击的原理. 一个函数 f 在集合 V 上的积分定义为

$$\int_V f = \sum_{x \in V} f(x).$$

将上式与定理 9.1 比较可知, 当 $f(x) = \sum_{i=0}^{q-1} a_i x^i \in \mathbb{F}_q[x]$ 是定义在有限域 $\mathbb{F}_q$ 上的多项式函数, 且 $V = \mathbb{F}_q$ 时, 则 $\int_V f = \sum_{x \in V} f(x) = -a_{q-1}$, 这说明积分攻击的原理仅仅是考虑了 $f(x)$ 诸多系数中的一个, 那么能不能考虑其他系数呢?

定义 9.1 若 $f(x) = \sum_{i=0}^{q-1} a_i x^i \in \mathbb{F}_q[x]$ 是定义在有限域 $\mathbb{F}_q$ 上的多项式函数, 则 $f(x)$ 在集合 V 上的 i 次积分定义为

$$\int_V (f, i) = \sum_{x \in V} x^i f(x).$$

根据定理 9.1, 当 $V = \mathbb{F}_q$, $i \neq q-1$ 时,

$$\int_{\mathbb{F}_q} (f, i) = \sum_{x \in \mathbb{F}_q} x^i f(x) = a_{q-1-i}.$$

插值攻击通过研究多项式的性质来刻画一个算法是否安全, 而积分和高次积分都可以计算出多项式的某一项系数, 从这个角度看, 积分攻击可以看作插值攻击的一个特例, 因此有如下结果[10]:

定理 9.4 一个算法抗插值攻击的必要条件是, 这个算法必须抗积分攻击.

这个定理说明, 在评估一个算法是否抗插值攻击的时候, 可以评估其抗积分攻击的能力作为一个初步的衡量.

9.4.2 对 $\mathcal{PURE}$ 算法的插值–高次积分攻击

9.2.3 节指出, 若 3^{m-1} 比较大, 一般电脑内存不够存储足够多的数据, 此时要现实破译 $\mathcal{PURE}$ 是困难的. 根据前面的定义 9.1, 多项式的系数可以通过求高次积分得到, 因此

$$\sum_{x\in\mathbb{F}_{2^n}} x^{2^{32}-3^{m-1}}C_R(x)=k_0. \tag{9.8}$$

此时需对 2^{32} 个明文加密, 但对计算机的存储几乎没有要求, 因此这是一种牺牲数据复杂度换取存储空间的一种方法.

利用 Magama 代数软件, 可以实现对不同轮数 $\mathcal{PURE}$ 算法的攻击, 作为例子, 给出对轮数 $m=21$ 时的攻击代码如下, 若返回值 $\mathrm{sum}=0$, 则说明攻击成功. 对不同轮数 $\mathcal{PURE}$ 算法攻击结果如表 9.1 所示.

```
F := GF(2) ;
G := ext<F|32> ;
g := PrimitiveElement(G) ;
k := [] ;
for i in [1..20] do
    Append(~k,Random(G)) ;
end for ;
p := 2^32 - 3^20 ;
sum := 0 ;
for x in G do
    xr := x ;
    xl := 0 ;
    for r in [1..20] do
        temp := (xr+k[r])^3 + xl ;
        xl := xr ;
        xr := temp ;
    end for ;
    xl := (xr+k[21])^3 + xl ;
    sum := sum + (x^p * xr) ;
end for ;
```

```
sum := sum + k[1] ;
sum ;
```

表 9.1 对不同轮数 $\mathcal{PURE}$ 算法的攻击结果

轮数	算法	数据	内存	时间	CPU
8	1	3^7+1	3^7+1	3.5 秒	Pentium(R)4,3.06GHz
8	2	3^6+1	3^6+1	1 秒	Pentium(R)4,3.06GHz
10	1	3^8+1	3^8+1	4.5 分钟	Pentium(R)4,3.06GHz
10	2	3^9+1	3^9+1	1.5 分钟	Pentium(R)4,3.06GHz
15	3	2^{32}	可忽略	31 小时	Pentium(R)4,3.06GHz
22	4	3×2^{32}	可忽略	148 小时	Pentium(R)4,3.06GHz

9.5 进一步阅读建议

20 世纪 90 年代, 差分密码分析和线性密码分析的提出促进了密码分析学的发展. 密码学界利用差分和线性的手段对一系列密码算法的安全性进行了分析, 取得了可喜的成就. 为了说明抗差分密码分析和线性密码分析只是一个密码算法安全的必要条件, 密码学者设计了 $\mathcal{KN}$ 算法和 $\mathcal{PURE}$ 算法, 这两个算法都具有对差分密码分析和线性密码分析的可证明安全性. 但是, 前者很容易受到高阶差分密码分析, 而后者则容易受到插值攻击.

在 FSE 1997 上, Jakobsen 和 Knudsen 首次提出了插值攻击的思想[3], 并成功将该方法应用到 $\mathcal{PURE}$ 上. 尽管 6 轮 $\mathcal{PURE}$ 有对差分密码分析和线性密码分析足够的安全强度, 插值攻击却可以利用很少的明文将密钥恢复出来. 直接利用多项式插值, 可以对轮数 $\leqslant 22$ 的 $\mathcal{PURE}$ 构成安全威胁, 同时, 作者还提出了如何利用中间相遇的方法来实施插值攻击, 直接利用插值攻击时所需数据量和多项式函数的次数相当, 利用中间相遇法相当于把多项式分为两个多项式的复合, 所需的数据量仅为这两个多项式次数的和, 因此, 利用中间相遇的方法可以分析更多轮数的 $\mathcal{PURE}$ 算法, 如作者利用中间相遇法说明了 32 轮以下 $\mathcal{PURE}$ 的不安全性.

在插值攻击的方法提出后, 日本学者 Aoki 等在 SAC 1999 上从理论上给出了插值攻击的一般情形, 即 “线性和” 方法[1]. Aoki 等认为, 若把 $T=\{1,x,x^2,\cdots,x^{m-1}\}$ 看作一组基, 则插值攻击就是想办法找到尽可能小的 m, 使得 T 中的元素尽可能少. 进一步, Aoki 等指出, 插值也可以在其他合适的基下进行, 即找到 $T'=\{b_0(x),b_1(x),\cdots,b_{m-1}(x)\}$(其中 $b_i\in\mathbb{F}_q[x]$ 且线性无关), 使得密文可以写成

$$c(x)=\sum_{i=0}^{m-1}a_ib_i(x).$$

文献 [1] 中详细给出了搜索基 T' 的算法, 并指出了不同基对插值攻击复杂度的影响.

利用插值攻击的方法对现实密码进行分析的第一个例子是 SNAKE 算法. 在 FSE 1999 上, Morial 等利用有理分式插值的方法对 SNAKE 算法的安全性进行了评估. 由于 SNAKE 算法采用的 S 盒代数结构过于简单, 因此作者结合了一些专用代数软件计算后, 发现了低轮 SNAKE 算法的一些缺陷[8].

Kurosawa 在 SAC 2000 上指出, 利用插值攻击不能唯一得到 $\mathcal{PURE}$ 算法密钥, 而是得到一系列等价密钥[4]. 若一个简化轮数算法的代数次数为 $t-1$, 则利用 $t+1$ 个选择明文不可能唯一确定正确密钥, 同时利用 Rabin 算法给出了求等价密钥算法.

由于用插值的方法分析一个密码算法时, 首先必须构造一个有限域, 尽管不同的不可约多项式构造出的有限域同构, 但是对一个具体的多项式而言, 项数会有所不同, 从而攻击复杂度也会受到一定的影响, 因此, Youssef 等研究了在不同的多项式表示下, 插值攻击的复杂度问题[12].

若将一个变换写成多项式的商, 则没有像多项式插值那样的好办法, 通常通过待定系数的方法来实施有理分式的插值攻击. 一个比较好的例子就是对 SNAKE 算法的插值攻击[8].

插值攻击本质上属于一种代数攻击, 但 Jakobsen 和 Knudsen 给出的恢复密钥攻击却是一种统计方法, 因此这不是彻底的代数方法. 在 FSE 2009 上, 孙兵等发现多项式函数某些项的系数可以写成密钥和明文的简单函数, 在此基础上将基于多项式函数的插值方法彻底代数化, 利用改进的插值攻击, 现实破译了轮数 $\leqslant 22$ 的 $\mathcal{PURE}$ 算法[11].

尽管插值攻击利用代数方法对密码算法实施攻击, 但与术语 “代数攻击” 有所不同. 插值攻击寻找区分器, 而代数攻击着重于列方程和解方程. 另外, 代数攻击目前尚处于初步研究阶段, 密码学界对该方法的可行性、有效性等方面都存有不少疑问.

参 考 文 献

[1] Aoki K. Efficient evaluation of security against generalized interpolation attack[C]. SAC 1999, LNCS 1785. Springer-Verlag, 1999: 135–146.

[2] Jackobsen T. Cryptanalysis of block ciphers with probabilistic non-linear relations of low degree[C]. CRYPTO 1998, LNCS 1462. Springer-Verlag, 1998: 212–222.

[3] Jakobsen T, Knudsen L. The interpolation attack on block cipher[C]. FSE 1997, LNCS 1267. Springer-Verlag, 1997: 28–40.

[4] Kurosawa K, Iwata T, Quang V. Root finding interpolation attack[C]. SAC 2000, LNCS

2012. Springer-Verlag, 2001: 303–314.

[5] Knudsen L, Wagner D. Integral cryptanalysis[C]. FSE 2002, LNCS 2365. Springer-Verlag, 2002: 112–127.

[6] Lee C, Cha Y. The block cipher: SNAKE with provable resistance against DC and LC attacks[C]. JW-ISC, 1997: 3–17.

[7] Lidl R, Niederreiter H. Finite Fields[M]. Cambridge University Press, 1997.

[8] Morial S, Shimoyama T, Kaneko T. Interpolation attacks of the block cipher: SNAKE[C]. FSE 1999, LNCS 1636. Springer-Verlag, 1999: 275–289.

[9] Nyberg K, Knudsen L. Provable security against differential cryptanalysis[C]. Crypto 1992, LNCS 740. Springer-Verlag, 1992: 566–574.

[10] Sun B, Li R, Qu L, Li C. SQUARE attack on block ciphers with low algebraic degree[J]. To appear in Sci China F-Inf Sci.

[11] Sun B, Qu L, Li C. New cryptanalysis of block ciphers with low algebraic degree[C]. FSE 2009, LNCS 5665. Springer-Verlag, 2009: 180–192.

[12] Youssef A, Gong G. On the interpolation attacks on block ciphers[C]. FSE 2000, LNCS 1978. Springer-Verlag, 2001: 109–120.

第 10 章　相关密钥攻击的原理与实例分析

相关密钥攻击对密钥扩展方案简单的分组密码算法比较有效, 近几年设计的分组密码如 FOX 算法、CLEFIA 算法等, 其密钥扩展方案都具有比较强的密码学性质, 对这些算法实施相关密钥攻击比较困难. 但是, 相关密钥攻击作为一个典型的密码分析方法对密钥扩展方案的设计仍然具有很强的指导作用. 本章介绍相关密钥攻击的基本原理, 并通过 LOKI 和 AES 两个算法讲解相关密钥攻击的实施过程.

10.1　相关密钥攻击的基本原理

相关密钥攻击主要利用密钥扩展方案的一些性质, 通过研究不同密钥之间的关系对加密的影响来得到密钥信息. 通常, 该方法总是结合其他攻击手段以降低某一特殊攻击的复杂度, 比如相关密钥攻击结合生日悖论. 相关密钥攻击一般随算法的加密特点和密钥扩展方案的不同而有所不同.

经典的分组密码攻击模型包括已知明文攻击、选择明文攻击等, 这些攻击模型均假设攻击者能够通过某种方式获得明文及其在某个未知密钥下所对应的密文. 而在相关密钥攻击模型下, 攻击者能够通过某种方式获得明文及其在某些未知密钥下所对应的密文. 攻击者虽然并不知道这些密钥的具体取值, 但知道甚至可以选取这些密钥之间的关系.

相关密钥攻击也可以与差分攻击相结合, 称为相关密钥差分攻击. 它是相关密钥攻击的一种特例, 即攻击者选择的密钥关系正好是密钥的差分.

10.2　LOKI 算法的相关密钥攻击

本节以 LOKI 算法为例讲述相关密钥攻击的基本原理. LOKI 算法有诸多不同版本, 包括 LOKI89, LOKI91 和 LOKI97 等. 本节主要对 LOKI89 进行分析, 为方便起见, 以下均用 LOKI 代表 LOKI89.

LOKI 算法采用 Feistel 结构, 假设种子密钥为 K, 明文为 P, 密文为 C, 如图 10.1, 加密流程如下：首先, P 与 K 先进行异或运算, 然后通过 16 轮轮密钥控制下的迭代变换, 最后将迭代结果与 $\mathrm{Swap}(K)=(K_R,K_L)$ 进行异或得到密文 C.

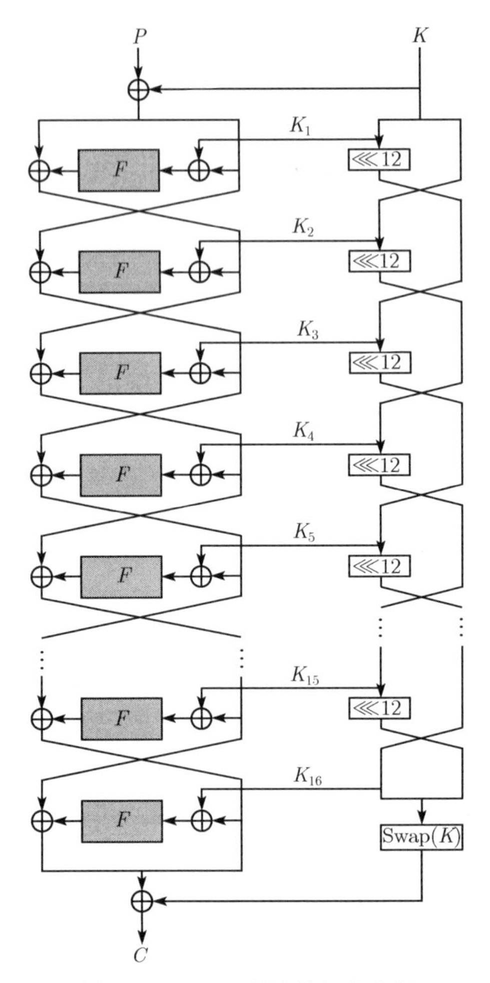

图 10.1　LOKI 算法的加密流程

下面介绍 LOKI 的密钥扩展方案. 设种子密钥为 $K = (K_L, K_R)$, 则轮密钥按如下方式生成:

(1) 初始密钥加所采用的白化密钥就是种子密钥 $K = (K_L, K_R)$.

(2) 第 1 轮和第 2 轮的轮密钥分别定义为 $K_1 = K_L$, $K_2 = K_R$.

(3) 当 $i \geqslant 3$ 时, 轮密钥定义为 $K_i = K_{i-2} \lll 12$, 其中 $\lll$ 表示循环左移变换.

(4) 最后密钥加所采用的白化密钥为 $\mathrm{Swap}(K) = (K_R, K_L)$.

可见, LOKI 算法的密钥扩展方案十分简单, 故容易受到下面介绍的相关密钥攻击. 注意到在相关密钥攻击模型下, 攻击者只知道密钥之间的关系, 但不知道这些密钥的具体值. 比如, 给定两个种子密钥 K 和 K^*, 攻击者不知道 K 和 K^* 的具体值, 但知道甚至可以选择 K 和 K^* 的某个特殊关系, 如 $K^* = K \oplus 1$ 或 $K^* = K \lll 3$

等等. 事实上, 这种假设在某些场合也是合理的, 比如说某人与第一个人通信时, 选择自己的生日 19800101 作为通信密钥; 与第二个人通信时, 他把生日中的 "月" 改变, 譬如选择 19800201 作为通信密钥. 显然, 这两个密钥是相关的.

对 LOKI 算法的相关密钥攻击方法很多, 这里只介绍文献 [5] 中的第一个攻击方法, 即 "选择密钥攻击".

假定针对 LOKI 算法攻击者选择的两个相关密钥为 K 和 K^*. 不妨设 $K=(K_L,K_R)$, 相应轮密钥为 $(K_1,K_2,\cdots,K_{16})$; $K^*=(K_L^*,K_R^*)$, 相应轮密钥为 $(K_1^*,K_2^*,\cdots,K_{16}^*)$. 攻击者并不知道 K 和 K^* 的具体值, 但可以按照如下方式选择它们之间的关系, 即 $K_1^*=K_2,K_2^*=K_3,\cdots,K_{15}^*=K_{16}$, 此时只要求

$$K^*=(K_L^*,K_R^*)=(K_1^*,K_2^*)=(K_2,K_3)=(K_R,K_L\lll 12).$$

假设密钥为 $K=(K_L,K_R)$ 时的明文输入为 $P=(P_L,P_R)$, 第 i 轮的输入输出分别记为 $(\alpha_{i-1},\beta_{i-1})$ 和 (α_i,β_i), 则第 2 轮的输入为

$$\begin{aligned}(\alpha_1,\beta_1)&=(P_R\oplus K_R,P_L\oplus K_L\oplus F(P_R\oplus K_R\oplus K_1))\\&=(P_R\oplus K_R,P_L\oplus K_L\oplus F(P_R\oplus K_R\oplus K_L)),\end{aligned}$$

假设密钥为 $K^*=(K_L^*,K_R^*)$ 时的明文输入为 $P^*=(P_L^*,P_R^*)$, 第 i 轮的输入输出分别记为 $(\alpha_{i-1}^*,\beta_{i-1}^*)$ 和 (α_i^*,β_i^*), 则第 1 轮的输入为

$$(\alpha_0^*,\beta_0^*)=(P_L^*\oplus K_L^*,P_R^*\oplus K_R^*)=(P_L^*\oplus K_R,P_R^*\oplus(K_L\lll 12)).$$

如果存在这样的 (P,P^*), 满足 $(\alpha_1,\beta_1)=(\alpha_0^*,\beta_0^*)$, 则根据 K 和 K^* 的关系, 参考图 10.2 可知, 对任意 $2\leqslant i\leqslant 16$, 均有 $(\alpha_i,\beta_i)=(\alpha_{i-1}^*,\beta_{i-1}^*)$.

由 $(\alpha_1,\beta_1)=(\alpha_0^*,\beta_0^*)$ 得

$$P^*=(P_L^*,P_R^*)=(P_R,P_L\oplus K_L\oplus(K_L\lll 12)\oplus F(P_R\oplus K_R\oplus K_L)).\tag{10.1}$$

这表明 P^* 的左半部分等于 P 的右半部分.

由 $(\alpha_{16},\beta_{16})=(\alpha_{15}^*,\beta_{15}^*)$ 得

$$(\alpha_{15}^*,\beta_{15}^*)=(C_L\oplus K_R,C_R\oplus K_L),$$

注意到

$$K_{16}^*=K_{14}^*\lll 12=\cdots=K_2^*\lll(12\times 7)=K_R^*\lll(12\times 7)=K_L\lll(12\times 8)=K_L,$$

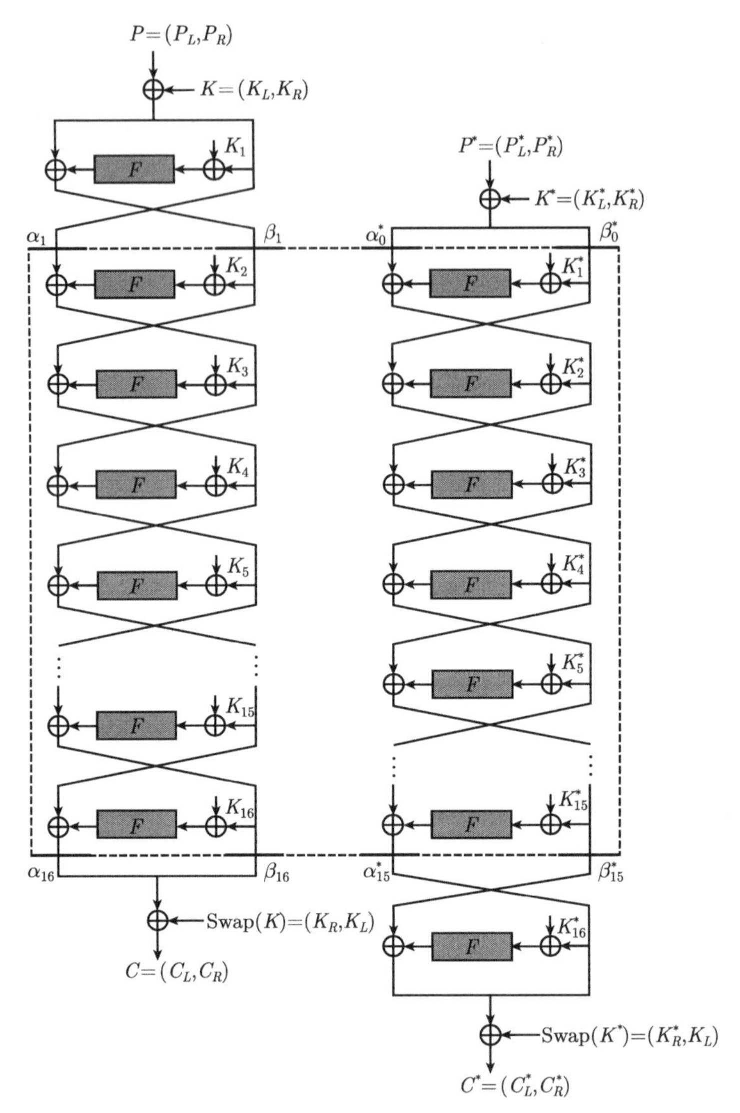

图 10.2　LOKI 算法的相关密钥攻击示意图

故

$$\begin{aligned}C^* = (C_L^*, C_R^*) &= (\beta_{15}^* \oplus F(\alpha_{15}^* \oplus K_{16}^*) \oplus K_R^*, \alpha_{15}^* \oplus K_L^*)\\ &= (C_R \oplus K_L \oplus F(C_L \oplus K_R \oplus K_L) \oplus (K_L \lll 12), C_L \oplus K_R \oplus K_R)\\ &= (C_R \oplus K_L \oplus F(C_L \oplus K_R \oplus K_L) \oplus (K_L \lll 12), C_L),\end{aligned} \tag{10.2}$$

这表明 C^* 的右半部分等于 C 的左半部分.

由式 (10.1) 和式 (10.2) 得

$$P_R^* \oplus P_L \oplus C_L^* \oplus C_R = F(P_R \oplus K_R \oplus K_L) \oplus F(C_L \oplus K_R \oplus K_L). \tag{10.3}$$

根据上述讨论, 可以对 LOKI 实施如下的相关密钥攻击:

步骤 1. 选择任意常数 $a \in \mathbb{F}_2^{32}$, 分别选择两组明文 (x_i, a) 和 (a, y_j), 每组 2^{16} 个, 即 $0 \leqslant i, j \leqslant 2^{16} - 1$, 且 $x_i, y_j \in \mathbb{F}_2^{32}$ 取值随机.

步骤 2. 用密钥 $K = (K_L, K_R)$ 对第 1 组明文 (x_i, a) 进行加密, 获得相应密文; 用另外一个相关密钥 $K^* = (K_R, K_L \lll 12)$ 对第 2 组明文 (a, y_j) 进行加密, 获得相应密文. 这两组明文一共产生 2^{32} 个明文对, 根据生日悖论, 存在某个明文对, 不妨记为 (x_s, a) 与 (a, y_t), 使得 $y_t = x_s \oplus K_L \oplus (K_L \lll 12) \oplus F(a \oplus K_R \oplus K_L)$. 假设已经找到这个明文对, 则式 (10.1) 成立, 此时式 (10.2) 亦成立, 而式 (10.2) 表明 $E_{K^*}(a, y_t)$ 的右半部分等于 $E_K(x_s, a)$ 的左半部分, 对随机给定的明文对, 能够符合这一条件的概率为 2^{-32}, 故可以过滤掉大多数明文对, 而对剩下的明文对可以认为能够使式 (10.1) 成立.

步骤 3. 在上一步过滤出的明密文对中, 将相关数据代入式 (10.3), 此时该等式左边已知, 等式右边轮函数的输入值 P_R 和 C_L 已知, 故可对轮函数 F 进行差分分析, 恢复出未知变量 $K_L \oplus K_R$ 的值. 将 $K_L \oplus K_R$ 带入式 (10.1) 或式 (10.2), 即可求出 K_L, 从而可求出 K_R.

除了上述对 LOKI 的相关密钥攻击外, 利用相关密钥差分的概念也可以对 LOKI 进行分析, 此时, 攻击者设法寻找一个三维数组 $(\Delta K, \Delta P, \Delta C)$, 使得

$$E_{K \oplus \Delta K}(P \oplus \Delta P) \oplus E_K(P) = \Delta C \tag{10.4}$$

以高概率成立. 对于一般密码算法而言, 找到这样的数组十分困难, 但对于密钥扩展方案比较简单的算法, 找到这样的数组仍有可能.

实际上, 基于 DES 算法存在补密钥这一性质 (即对于任意的密钥 K 和明文 P, 若 $\mathrm{DES}_K(P) = C$, 则 $\mathrm{DES}_{\overline{K}}(\overline{P}) = \overline{C}$, 其中 $\overline{X} = X \oplus (1, 1, \cdots, 1)$ 表示对变量 X 逐比特取反), 就可以得出 DES 算法存在如上的三元数组, 满足 $\Delta P = \Delta C = \Delta K = (1, 1, \cdots, 1)$, 且使得表达式 (10.4) 恒成立. 据此, 可以将穷尽搜索攻击 DES 算法的复杂度由 2^{56} 降低为 2^{55}.

更一般地, 基于上述三元数组, 可以采用如下的算法对分组密码进行更加有效的穷尽搜索攻击:

步骤 1. 寻找所有可能的三元数组 $(\Delta K, \Delta P, \Delta C)$, 使得

$$E_{K \oplus \Delta K}(P \oplus \Delta P) = E_K(P) \oplus \Delta C,$$

假设所有可能的 $(\Delta K, \Delta P, \Delta C)$ 的个数为 t, 而具体取值为

$$\left(\delta K^{(i)}, \delta P^{(i)}, \delta C^{(i)}\right), \quad i = 1, \cdots, t.$$

步骤 2. 对明文 P 以及相应的 $P \oplus \delta P^{(i)}$ 加密, 相应的密文记为 C 和 $C^{(1)}, \cdots, C^{(t)}$.

步骤 3. 猜测密钥 K^*, 并计算 $E_{K^*}(P) = C^*$. 若 $E_{K^*}(P) = C$, 则正确密钥为 K^*; 若对某个 i, 有 $C^* \oplus C^{(i)} = \delta C^{(i)}$, 则正确密钥为 $K^* \oplus \delta K^{(i)}$.

由于需要预先计算不同明文所对应的密文, 同时这些明密文对需要存储, 因此, 算法的空间复杂度为 $2 \times |\Delta P|$. 由于每猜测一个 K^*, 都有 $|\Delta K|$ 个密钥可能是正确密钥, 因此, 攻击时只需要搜索 $|K|/|\Delta K|$ 个不同的密钥.

下面介绍如何针对 LOKI 寻找上述三维数组, 并据此降低对 LOKI 穷尽搜索的复杂度. 寻找的方法基于 LOKI 较为简单的密钥扩展方案, 这样可以选择相关密钥差分使得进入每轮轮函数的差分均为 0.

假设攻击者选择密钥差分为 $\Delta K = (\Delta K_L, \Delta K_R)$, $\Delta P = (\Delta P_L, \Delta P_R)$. 根据算法流程可知, 明文经过初始密钥加后, 输出差分为

$$\Delta K \oplus \Delta P = (\Delta K_L \oplus \Delta P_L,\ \Delta K_R \oplus \Delta P_R),$$

考虑算法的第 1 轮, 根据图 10.3, 此时 F 函数的输入差分为

$$\Delta_1 = \Delta K_R \oplus \Delta P_R \oplus \Delta K_1 = \Delta K_R \oplus \Delta P_R \oplus \Delta K_L,$$

若 $\Delta_1 \neq 0$, 由于 F 是非线性函数, 此时 F 的输出差分不可控, 因此, 令 $\Delta_1 = 0$, 此时经过第一轮变换后的输出差分为

$$(\Delta K_R \oplus \Delta P_R,\ \Delta K_L \oplus \Delta P_L).$$

考虑算法的第 2 轮, 此时 F 函数的输入差分为

$$\Delta_2 = \Delta K_L \oplus \Delta P_L \oplus \Delta K_2 = \Delta K_L \oplus \Delta P_L \oplus \Delta K_R,$$

令 $\Delta_2 = 0$, 则经过第二轮变换后的输出差分为

$$(\Delta K_L \oplus \Delta P_L,\ \Delta K_R \oplus \Delta P_R).$$

依此类推, 对于第 r 轮变换, $3 \leqslant r \leqslant 16$:

(1) 若 r 为奇数, 则要求 $\Delta_r = \Delta K_R \oplus \Delta P_R \oplus (\Delta K_L \lll (12 \times (r-1)/2)) = 0$.

(2) 若 r 为偶数, 则要求 $\Delta_r = \Delta K_L \oplus \Delta P_L \oplus (\Delta K_R \lll (12 \times (r-2)/2)) = 0$.

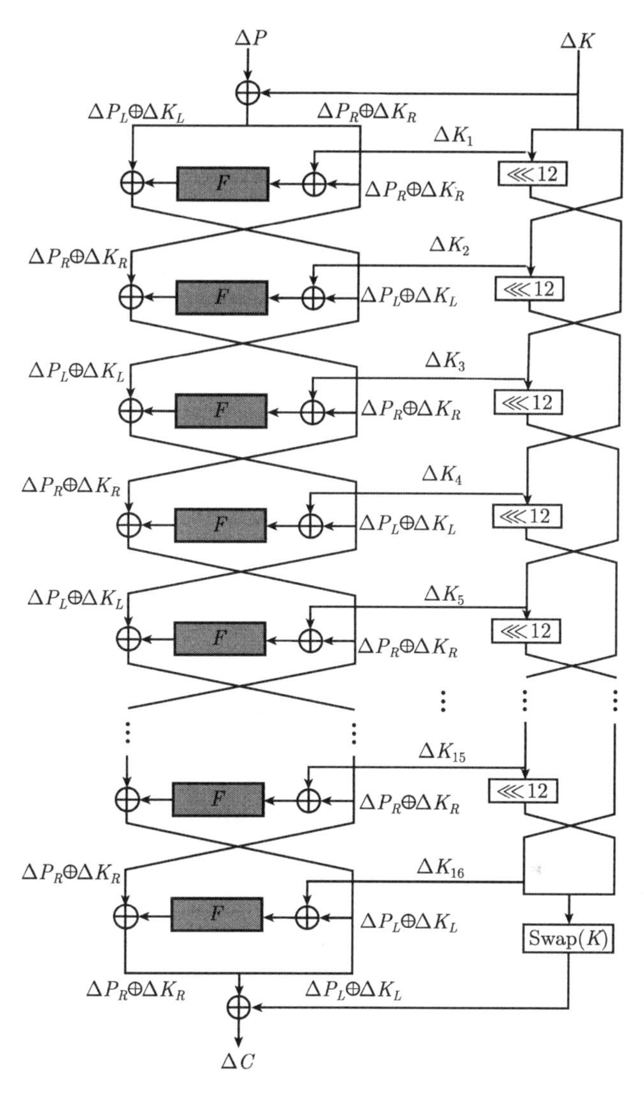

图 10.3 对 LOKI 算法的相关密钥差分攻击示意图

求解关于 $\Delta K_L, \Delta K_R, \Delta P_L$ 和 ΔP_R 的方程组

$$\begin{cases} \Delta_1 = 0, \\ \Delta_2 = 0, \\ \quad \cdots\cdots \\ \Delta_{16} = 0, \end{cases}$$

得

$$\begin{cases}\Delta K_L = (a)_8, \\ \Delta K_R = (b)_8, \\ \Delta P_L = (a \oplus b)_8, \\ \Delta P_R = (a \oplus b)_8,\end{cases}$$

其中 $a, b \in \mathbb{F}_2^4$, $(x)_8$ 表示 8 个 x 串联, 即 $(x)_8 = xxxxxxxx$.

可以检验, 此时密文差分为 $\Delta C = (\Delta C_L, \Delta C_R) = (\Delta P_R \oplus \Delta K_R, \Delta P_L \oplus \Delta K_L) \oplus (\Delta K_R, \Delta K_L) = (\Delta P_R, \Delta P_L)$. 这说明当三元数组 $(\Delta P, \Delta K, \Delta C)$ 满足式 (10.5) 时,

$$\begin{aligned}\Delta P &= ((a \oplus b)_8, (a \oplus b)_8), \\ \Delta K &= ((a)_8, (b)_8), \\ \Delta C &= ((a \oplus b)_8, (a \oplus b)_8).\end{aligned} \tag{10.5}$$

等式 $E_{K \oplus \Delta K}(P \oplus \Delta P) = E_K(P) \oplus \Delta C$ 恒成立.

基于上述三元数组对 LOKI 算法进行穷尽搜索攻击时, 存储复杂度为 $2 \times |\Delta P| = 2^5$, 攻击时可固定密钥的高 8 位为 0, 此时需遍历的密钥量仅为 $2^{64}/2^8 = 2^{56}$, 穷尽搜索攻击的复杂度可以降低 2^8.

最后需要指出的是, 如果令 $a = b$, 则 $\Delta P = \Delta C = 0$, 即对任意给定的明文 P, 它在密钥 K 和 $K \oplus \Delta K$ 作用下的密文相同. 由于 $a \in \mathbb{F}_2^4$ 有 16 种可能, 因此无论用什么攻击方法, 最后总是得到 16 个不可区分的密钥. 从另一个角度看, 算法的有效密钥仅为 60 比特, 而不是 64 比特, 即 LOKI 算法中存在大量的等价密钥[17].

10.3　AES 算法的相关密钥攻击

本节主要讲解对 AES-192 的 6 轮相关密钥差分攻击[20]. 在非相关密钥攻击模型下, AES 算法的任何一条 4 轮差分特征至少含有 25 个活跃 S 盒. 然而, 如果考虑 AES 算法的密钥扩展方案, 比如针对 AES-192 密钥扩展方案扩散较慢这一特点, 攻击者可以构造 5 轮的相关密钥差分特征, 该特征仅含有 15 个活跃 S 盒.

AES-192 的加密流程和密钥扩展方案见第 2.3 节. 为方便起见, 本节采用如下标记: $x_i^I, x_i^S, x_i^P, x_i^M, x_i^O$ 分别表示第 i 轮的输入, SubBytes 变换后的输出, ShiftRows 变换后的输出, MixColumns 变换后的输出和 AddRoundKey 变换后的输出, 第 i 轮轮密钥记为 k_i. a_{ij} 记为状态 a 第 j 列的第 i 个字节, $i \in \{0,1,2,3\}$, $j \in \{0,1,2,3,4,5\}$.

首先构造 5 轮 AES-192 的相关密钥差分特征, 在这里密钥差分选取

$$\Delta k = (0000)\ (0000)\ (0\Delta 00)\ (0\Delta 00)\ (0000)\ (0000),$$

而明文差分选取

$$\Delta x = (0000)\ (0000)\ (0\Delta 00)\ (0\Delta 00).$$

根据 AES-192 的密钥扩展方案, 种子密钥的差分 Δk 将以某种形式传播到轮密钥中去, 表 10.1 显示了前 6 轮轮密钥的差分值.

注意到第 $i+1$ 轮的输入 $x_{i+1}^I = x_i^O \oplus k_{i+1}$, 从而 $\Delta x_{i+1}^I = \Delta x_i^O \oplus \Delta k_{i+1}$. 根据上述轮密钥差分, 跟踪明文差分在加密过程中的传播状态, 就可以自上而下, 构造如表 10.2 所示的 5 轮相关密钥差分特征, 使其仅包含 15 个活跃 S 盒: 第 3 轮包括 1 个活跃 S 盒, 第 4 轮包括 4 个活跃 S 盒, 第 5 轮包括 10 个活跃 S 盒. 若将 S 盒的差分传播概率记为 $P_S(\alpha \to \beta)$, 则上述 5 轮相关密钥差分特征的存在需要如下几个限制条件: $P_S(\Delta \to \Delta) > 0$, $P_S(\Delta \to \Delta') > 0$, $P_S(\Delta' \to \Delta) > 0$, $P_S('03' \cdot \Delta' \to \Delta'') > 0$ 且 $'02' \cdot \Delta' = \Delta$.

表 10.1 AES-192 前 6 轮轮密钥的差分值

j	Δk_j
0	(0000) (0000) $(0\Delta 00)$ $(0\Delta 00)$
1	(0000) (0000) (0000) (0000)
2	$(0\Delta 00)$ (0000) (0000) (0000)
3	(0000) (0000) $(0\Delta 00)$ $(0\Delta 00)$
4	$(0\Delta 00)$ $(0\Delta 00)$ $(\Delta_1 000)$ $(\Delta_1 000)$
5	$(\Delta_1 \Delta 00)$ $(\Delta_1 000)$ $(\Delta_1 \Delta 00)$ $(\Delta_1 000)$
6	$(\Delta_1 00\Delta_2)$ $(000\Delta_2)$ $(\Delta_1 \Delta 0\Delta_2)$ $(0\Delta 0\Delta_2)$

表 10.2 AES-192 前 5 轮变换的状态差分值

j	Δx_j^I
0	(0000) (0000) $(0\Delta 00)$ $(0\Delta 00)$
1	(0000) (0000) (0000) (0000)
2	(0000) (0000) (0000) (0000)
3	$(0\Delta 00)$ (0000) (0000) (0000)
4	(0000) (0000) $(0\Delta 00)$ $('03' \cdot \Delta' \| 0\Delta' \Delta')$
	$\Delta x_4^S = (0000)\ (0000)\ (0\Delta 00)\ (\Delta'' \| 0\Delta\Delta)$
5	$(\Delta 0 \| '03' \cdot \Delta \| '02' \cdot \Delta)$ $('02' \cdot \Delta \| 0 \| '03' \cdot \Delta \| 0)$
	$(\Delta_1 000)$ $('02' \cdot \Delta'' \oplus \Delta_1 \| \Delta'' \Delta'' \| '03' \cdot \Delta'')$

基于上述相关密钥差分特征, 可以给出对 6 轮 AES-192 的相关密钥差分攻击, 攻击步骤与差分攻击类似, 这里不再赘述, 具体可参考文献 [20].

10.4 进一步阅读建议

相关密钥攻击最初由 Biham 和 Knudsen 分析 LOKI 系列算法时独立发现[5,18], 相关密钥攻击所需的条件比一般意义下的攻击模型更强, 因而适用性不广. 但是对基于分组密码设计的 Hash 函数, 相关密钥攻击将是主要的分析工具之一. 相关密钥攻击的一个直接推广是相关密钥差分攻击, 最初由 Kelsey 等提出[21,22], Jakimoski 等首次将相关密钥差分攻击推广至 AES 算法, 同时提出了相关密钥不可能差分密码分析的概念[20]. 文献 [7,24] 进一步给出了对 AES 算法相关密钥不可能差分密码分析更好的分析结果.

相关密钥攻击还可以与高级差分技术结合, 比如相关密钥矩阵攻击[6,13,15,16]、相关密钥回旋棒攻击[6] 等. Hawkes[12] 第一次给出了相关密钥差分 – 线性密码分析的概念, 张文涛等[25] 则第一次将该攻击应用于 AES 算法的安全性分析. Biryukov 等[4] 采用相关密钥回旋棒攻击第一次从理论上完全破译了 AES-192 和 AES-256. 关于相关密钥与高级差分技术相结合的相关文献, 可参考文献 [10,14].

Biryukov 和 Wanger 推广了相关密钥攻击的概念, 并在文献 [1] 中提出了滑动攻击的方法. 滑动攻击并不需要相关密钥模型那么严格的条件, 但对算法的密钥扩展方案有适当的要求. 一般而言, 如果算法的密钥扩展方案呈现良好的周期性质, 则它容易遭受滑动攻击的威胁. 通过 "生日悖论", 攻击者可以找到特定的 "滑动对", 在此基础上完成密钥恢复攻击. 关于滑动攻击的一些高级技术, 可参考文献 [2,9,11].

分组密码的 "已知密钥区分器" 的概念首先由 Knudsen 和 Rijmen 提出[19], Minier 给出了 "已知密钥区分器" 的形式化定义[23], Biryukov 等将 "已知密钥区分器" 的概念推广至 "选择密钥区分器"[3], 并在此基础上给出了差分 q 重碰撞 (differential q-multicollision) 的概念, 结合相关密钥差分攻击, 他们对采用 AES-256 和 D-M 模式构造的压缩函数能够以较低的复杂度找到伪碰撞.

在对分组密码实施某个攻击时, 一般均假设轮密钥之间不相关, 假如为了得到某个字节的部分解密, 需要猜测 10 个字节的密钥量, 则攻击的复杂度大概就是 10 个字节密钥量的复杂度. 但对某些具体算法而言, 很难保证轮密钥之间是不相关的, 轮密钥之间往往通过密钥扩展方案而存在一些简单的关系, 比如, 可以通过当前轮密钥来计算下一轮的轮密钥. 这样, 轮密钥之间肯定是相关的. 攻击者一旦发现了某个比较明显的相关性, 就有可能降低密钥的猜测量. 需要注意的是, 这与本节提到的相关密钥攻击不是一个概念, 相关密钥攻击需要攻击者至少利用两个以上的密钥 (相关密钥) 所对应的明密文对.

参 考 文 献

[1] Biryukov A and Wagner D. Slide attack[C]. FSE 1999, LNCS 1636. Springer-Verlag, 1999: 245–259.

[2] Biryukov A and Wagner D. Advanced slide Attack[C]. EUROCRYPT 2000, LNCS 1807. Springer-Verlag, 2000: 589–606.

[3] Biryukov A, Khovratovich D, Nikolió I. Distinguisher and related-key attack on the full AES-256[C]. CRYPTO 2009, LNCS 5677. Springer-Verlag, 2009: 231–249.

[4] Biryukov A, Khovratovich D. Related-key cryptanalysis of the full AES-192 and AES-256[C]. ASIACRYPT 2009, LNCS 5912. Springer-Verlag, 2009: 1–18.

[5] Biham E. New types of cryptanalytic attacks using related keys[C]. EUROCRYPT 1993, LNCS 765. Springer-Verlag, 1994: 398–409.

[6] Biham E, Dunkelman E, Keller O. Related-key boomerang and rectangle attacks[C]. EUROCRYPT 2005[C], LNCS 3494. Springer-Verlag, 2005: 507–525.

[7] Biham E, Dunkelman O, Keller N. Related-key impossible differential attacks on 8-round AES-192[C]. CT-RSA 2006, LNCS 3860. Springer-Verlag, 2006: 21–33.

[8] Biham E, Dunkelman O, Keller N. A unified approach to related-key attacks[C]. FSE 2008, LNCS 5086. Springer-Verlag, 2006: 73–96.

[9] Biham E, Dunkelman E, Keller O. Improved slide attacks[C]. FSE 2007, LNCS 4539. Springer-Verlag, 2007: 245–259.

[10] Dunkelman O. Techniques for cryptanalysis of block ciphers[D]. Doctoral dissertation. Technion, 2006.

[11] Furuya S. Slide attacks with a known-plaintext cryptanalysis[C]. ICISC 2001, LNCS 2288. Springer-Verlag, 2001: 214–225.

[12] Hawkes P. Differential-linear weak-key classes of IDEA[C]. EUROCRYPT 1998, LNCS 1403. Springer-Verlag, 1998: 112–126.

[13] Hong S, Kim J, Lee S, et al. Related-key rectangle attacks on reduced versions of SHACAL-1 and AES-192[C]. FSE 2005, LNCS 3557. Springer-Verlag, 2005: 368–683.

[14] Kim J. Combined differential, linear and relate-key attacks on block ciphers and MAC algorithms[D]. Doctoral dissertation, 2006.

[15] Kim J, Hong S, Preneel B. Related-key rectangle attacks on reduced AES-192 and AES-256[C]. FSE 2007, LNCS 4593. Springer-Verlag, 2007: 225–241.

[16] Kim J, Kim G, Hong S, et al. The related-key rectangle attack–application to SHACAL-1[C]. ACISP 2004, LNCS 3108. Springer-Verlag, 2004: 123–136.

[17] Knudsen L. Cryptanalysis of LOKI[C]. ASIACRYPT 1991, LNCS 739. Springer-Verlag, 1993: 22–35.

[18] Knudsen L. Cryptanalysis of LOKI91[C]. AUSCRYPT 1992, LNCS 718. Springer-Verlag, 1993: 196–208.

[19] Knudsen L., Rijmen V. Known-Key Distinguishers for some block ciphers[C]. ASIACRYPT 2007, LNCS 4833. Springer-Verlag, 2007: 315–324.

[20] Jakimoski G, Desmedt Y. Related-key differential cryptanalysis of 192-bit key AES Variants[C]. SAC 2003, LNCS 3006. Spring-Verlag, 2004: 208–221.

[21] Kelsey J, Schneier B, and Wanger D. Key-Schedule Cryptanalysis of IDEA, G-DES, GOST, SAFER, and Triple–DES[C]. CRYPTO 1996, LNCS 1109. Springer-Verlag, 1996: 237–251.

[22] Kelsey J, Schneier B, and Wanger D. Related-key cryptanalysis of 3-WAY, Biham-DES, CAST, DES-X, NewDES, RC2, and TEA[C]. ICICS 1997, LNCS. Springer-Verlag, 1997: 233–246.

[23] Minier M, Phan P, and Pousse B. Distinguishers for ciphers and known key attack

against Rijndael with large blocks[C]. AFRICACRYPT 2009, LNCS 5580. Springer-Verlag, 2009: 60–76.

[24] Zhang W, Wu W, Zhang L, and Feng D. Improved related–key impossible differential attak on reduced–round AES-192[C]. SAC 2006, LNCS 4356. Springer-Verlag, 2007: 15–27.

[25] Zhang W, Wu W, Zhang L, and Feng D. Related-key differential-linear attacks on reduced AES-192[C]. Indocrypt 2007, LNCS 4859. Springer-Verlag, 2007: 73–85.

[26] Zhang W, Wu W, Zhang L and Feng D. Related-key impossible differential attacks on reduced-round AES-256[J]. Journal of Software, 2007, 18: 2893–2901.